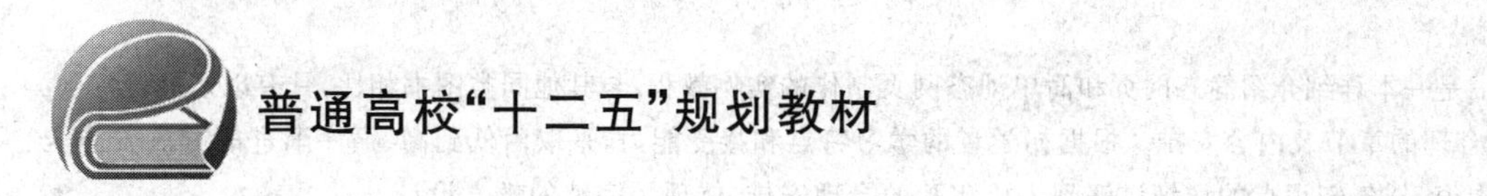

网页制作实例教程
(第3版)

主　编　潘明寒　张建华
副主编　田　会　郭建利　张峰庆

北京航空航天大学出版社

内容简介

本书是一本详细介绍静态网页和简单动态网页制作的实例教程，与其他同类图书相比，具有以下显著特点：

1. 合理的章节及内容安排。根据初学者的学习特点和接受能力，采取由低到高、循序渐进的方法安排全书章节内容，从各知识点的详细讲解到上机实验的合理安排，体现了完整的教学设计。

2. 精彩实用简单易学的实例。书中包含113个有针对性的实例，每个实例都有详细的操作说明，使课堂教学简明生动。通过实例使读者举一反三，体现了案例教学的优越性。

3. 可视化操作与代码操作紧密结合。本书不仅介绍网页制作的可视化操作，还详细介绍了网页的HTML代码、CSS代码、脚本代码以及简单的ASP代码，使学生对网页制作有全面了解和较高起点，为知识扩散延伸打下坚实基础。

4. 详细的光盘资料。本书光盘提供全部实例的源程序和素材，可以根据章节在光盘对应目录下查找实例并演示结果。另外，光盘还提供教学PPT课件，供教师和学生参考。

本书主要面向初次学习网页制作的大学本科各专业学生，也可供专科和高职学生以及对网页制作感兴趣的业余爱好者学习。

图书在版编目(CIP)数据

网页制作实例教程 / 潘明寒，张建华主编. --3版
--北京 ：北京航空航天大学出版社，2013.4
ISBN 978-7-5124-1020-6

Ⅰ.①网… Ⅱ.①潘… ②张…Ⅲ.①网页制作工具
—教材 Ⅳ.①TP393.092

中国版本图书馆CIP数据核字(2012)第273579号

网页制作实例教程(第3版)
主　编　潘明寒　张建华
副主编　田　会　郭建利　张峰庆
责任编辑　罗晓莉
*
北京航空航天大学出版社出版发行
北京市海淀区学院路37号(邮编100191)　http://www.buaapress.com.cn
发行部电话:(010)82317024　传真:(010)82328026
读者信箱:goodtextbook@126.com　邮购电话:(010)82316936
北京兴华昌盛印刷有限公司印装　各地书店经销
*
开本:787×1 092　1/16　印张:17.25　字数:442千字
2013年4月第1版　2013年4月第1次印刷　印数:3 000册
ISBN 978-7-5124-1020-6　定价:34.00元(含光盘1张)

若本书有倒页、脱页、缺页等印装质量问题，请与本社发行部联系调换。联系电话:(010)82317024

前　言

网页是重要的宣传窗口，网页制作成为各行各业的普遍需求。本书从初学者的角度出发设计学习流程，介绍了流行的网页制作软件 Dreamweaver CS4 的基本操作，以及网页制作的相关代码，借助 113 个实例，使读者初步掌握静态网页和简单动态网页的制作方法。

根据本书前两版的使用情况和目前网页制作技术的发展，对本书做了全面更新。改动后，全书共分 11 章，各章内容安排如下：

第 1 章为“Dreamweaver CS4 基础”，介绍了网页制作基础知识、Dreamweaver CS4 的界面、HTML 代码基本结构。通过上机实验题演示了用可视化方法和代码方法制作网页的步骤。本章有 4 个实例。

第 2 章为“制作文本网页”，介绍了在网页中使用文本、文本属性、文本列表、滚动文字、文本标记等。通过上机实验题演示了文本网页的制作过程。本章有 14 个实例。

第 3 章为“制作图文并茂的网页”，介绍了在网页中使用图像、图像属性、图像与文本对齐、图像滚动、图像标记等。通过上机实验题演示了图文并茂网页的制作过程。本章有 7 个实例。

第 4 章为“网页中的使用表格”，介绍了建立表格、表格和单元格属性、用表格布局网页、表格和单元格标记等。通过上机实验题演示了用表格布局网页的过程。本章有 9 个实例。

第 5 章为“站点建设与管理”，介绍了建立站点、编辑站点和发布站点。通过上机实验题演示了将本地站点发布到网上的操作步骤。本章有 2 个实例。

第 6 章为“网页中使用超链接”，介绍了各种类型的超链接以及超链接标记。通过上机实验题演示了给网页添加不同类型超链接的方法。本章有 12 个实例。

第 7 章为“建立相同的网页布局”，介绍了框架和模板。通过上机实验题演示了用框架和模板建立相同网页布局的操作步骤。本章有 8 个实例。

第 8 章为“使用多媒体对象和资源”，介绍了多媒体对象和站点资源的使用方法。通过上机实验题演示了多媒体网页的制作过程。本章有 9 个实例。

第 9 章为“使用 CSS 样式”，介绍了 CSS 样式的概念、CSS 内部样式、CSS 外部样式等。通过上机实验题演示了使用 CSS 样式格式化网页的方法。本章有 13 个实例。

第 10 章为“使用 AP 元素和行为”，介绍了图层、行为、简单的脚本代码。通过上机实验题演示了制作网页特殊效果的操作步骤。本章有 18 个实例。

第 11 章为“制作简单动态网页”，介绍了动态网页和 ASP 的入门知识。通过上机实验题演示了“留言簿”的制作过程。本章有 17 个实例。

本书的最大特点是通俗易懂,实例丰富,课堂教学与上机练习结合紧密。本书光盘提供全部实例的源程序和PPT课件,希望能对读者有所帮助。

本书面向普通高等院校学生,亦可作为网页制作爱好者自学参考书。全书约40万字,参考学时为40学时(授课20学时,上机20学时)。

本书由潘明寒、张建华担任主编,田会、郭建利、张峰庆担任副主编。其中,第1~2章由田会编写,第3~4章由郭建利编写,第5~7章由张建华编写,第8~9章由张峰庆编写,其余章节由潘明寒编写,潘明寒负责全书统稿、审阅。

由于水平有限,书中难免有不妥之处,欢迎读者及同行与作者本人(wfu_jzy@163.com)切磋。

编　者

2012年11月

本书为任课老师免费提供思考题答案,如申请索取或与本书相关的其他问题,请联系理工事业部,电子邮箱 goodtextbook@126.com,联系电话 010-82317036,010-82317037。

目　录

第 1 章　Dreamweaver CS4 基础 …… 1

1.1　网页设计基础知识 …… 1
1.2　Dreamweaver CS4 简介 …… 4
1.3　设置页面属性 …… 14
1.4　Dreamweaver CS4 的文件操作 …… 19
1.5　创建第一个网页 …… 20
1.6　HTML 简介 …… 23
1.7　上机实验　制作第一个网页 …… 27
思考题与上机练习题一 …… 29

第 2 章　制作文本网页 …… 31

2.1　设置文本属性 …… 31
2.2　输入字符 …… 35
2.3　创建列表 …… 39
2.4　文本的 HTML 标记 …… 46
2.5　其他文本操作 …… 49
2.6　上机实验　制作文本网页 …… 53
思考题与上机练习题二 …… 55

第 3 章　制作图文并茂的网页 …… 57

3.1　网页中使用图像 …… 57
3.2　图像的属性设置 …… 62
3.3　图像的简单编辑 …… 65
3.4　图像的 HTML 标记 …… 68
3.5　上机实验　制作图文并茂的网页 …… 71
思考题与上机练习题三 …… 73

第 4 章　网页中使用表格 …… 75

4.1　制作表格网页 …… 75
4.2　设置表格属性 …… 80
4.3　设置单元格属性 …… 84
4.4　用表格布局网页 …… 87
4.5　表格的 HTML 标记 …… 89
4.6　上机实验　使用表格制作网页 …… 92
思考题与上机练习题四 …… 96

第 5 章 站点建设与管理 …… 98

5.1 站点概述 …… 98
5.2 建立本地站点 …… 99
5.3 管理站点文件 …… 103
5.4 管理站点 …… 106
5.5 发布站点 …… 107
思考题与上机练习题五 …… 110

第 6 章 网页中使用超链接 …… 111

6.1 认识超链接 …… 111
6.2 建立超链接 …… 113
6.3 检查超链接 …… 123
6.4 超链接的 HTML 标记 …… 125
6.5 上机实验 网页中使用超链接 …… 128
思考题与上机练习题六 …… 132

第 7 章 建立相同的网页布局 …… 133

7.1 用复制网页方法建立相同网页布局 …… 133
7.2 用框架方法建立相同网页布局 …… 134
7.3 用模板建立相同网页布局 …… 142
7.4 框架的 HTML 标记 …… 149
7.5 上机实验 建立相同的网页布局 …… 151
思考题与上机练习题七 …… 155

第 8 章 使用多媒体对象和资源 …… 156

8.1 认识多媒体对象 …… 156
8.2 插入 Flash 动画 …… 157
8.3 插入 FLV 视频 …… 160
8.4 插入音频文件 …… 161
8.5 使用资源 …… 164
8.6 上机实验 使用多媒体对象和资源 …… 167
思考题与上机练习题八 …… 169

第 9 章 使用 CSS 样式 …… 171

9.1 认识 CSS 样式 …… 171
9.2 建立和使用内部 CSS 样式表 …… 173
9.3 建立和使用外部 CSS 样式 …… 177
9.4 编辑 CSS 样式 …… 179

9.5　CSS 样式代码 …… 183
9.6　上机实验　使用 CSS 样式 …… 188
思考题与上机练习题九 …… 193

第 10 章　使用 AP 元素和行为 …… 194

10.1　使用 AP 元素 …… 194
10.2　AP 元素样式 …… 201
10.3　认识行为 …… 204
10.4　使用行为 …… 207
10.5　调用 JavaScript 脚本 …… 216
10.6　上机实验　使用 AP 元素和行为 …… 222
思考题与上机练习题十 …… 227

第 11 章　制作简单动态网页 …… 228

11.1　制作表单 …… 228
11.2　表单的 HTML 标记 …… 232
11.3　ASP 简介 …… 238
11.4　ASP 的内置对象 …… 241
11.5　用 ASP 处理数据库信息 …… 250
11.6　上机实验　制作留言簿 …… 262
思考题与上机练习题十一 …… 266

参考文献 …… 267

第1章　Dreamweaver CS4 基础

无论做任何事情，好的开始都是成功的第一步。本章从入门的角度出发，介绍了网页设计基础知识和 Dreamweaver CS4 的操作界面，并用可视化方法制作第一个网页，用 HTML 代码制作了一个网页，简单介绍了网页的 HTML 代码结构。

1.1　网页设计基础知识

在学习网页制作之前，先简单了解相关知识和常用名词。

1.1.1　网　页

网页从字面意思来说就是网络上的页面，是通过浏览器显示信息的文档。一般情况下，网页由文本、表格、图像、超链接、表单、Flash 动画等内容组成。网页的出色之处是把超链接嵌入其中，使用户能够方便地从一个网页转换到另一个网页，从一个站点转换到另一个站点。

网页分为静态网页和动态网页两种，它们之间的主要区别在于能否与服务器进行交互。

静态网页是一个用 HTML 编写的文件，扩展名是 html 或 htm，服务器传送 HTML 代码文件到浏览器，再由浏览器解释成为可见的对象呈现给浏览者。

静态网页的工作原理如图 1－1 所示。

动态网页是能与服务器进行交互的网页，文件扩展名主要有 3 种：asp、jsp、php。通常在服务器端有一个数据库，专门存储网页表单提交的信息，经过服务器的处理，把生成的结果显示在浏览器中。如用户注册和网上投票等，都需用动态网页实现。

动态网页的工作原理如图 1－2 所示。

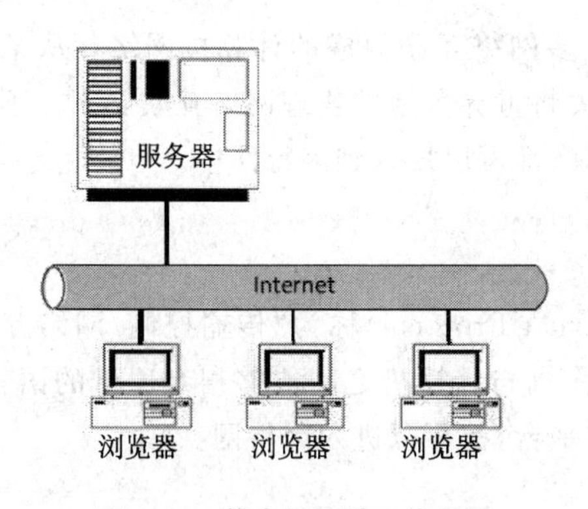

图 1－1　静态网页的工作原理

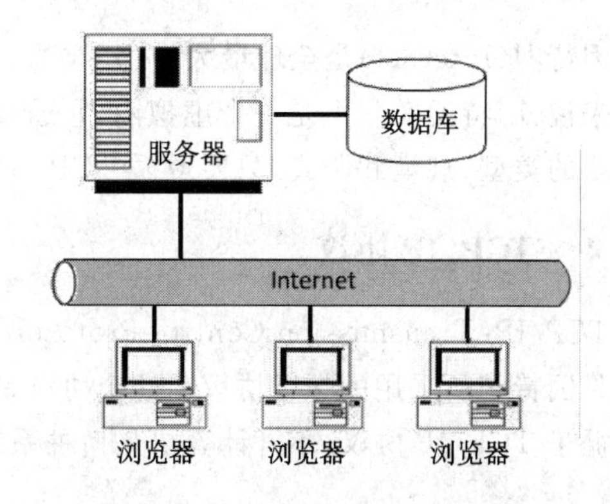

图 1－2　动态网页的工作原理

1.1.2　网　站

网站又被称为站点，是由主页和相关网页构成的超文本信息的集合，网页按一定的组织结构和顺序组合起来，浏览者访问网站时能连接到各个网页。网站通常是一个文件夹，存放与网站相关的所有资源和页面文件，如主页、网页、图片、音像文件等。

站点分为本地站点和远端站点，存储在本地机上的站点文件夹称为“本地站点”，存储在互联网服务器上的站点文件夹称为“远端站点”。通常先在本地机把网站调试完毕，再上传到服务器中。

网站中一般包含一个主页和若干个子页，访问网站时默认打开的第一个网页称为“主页”，主页是站点的出发点和汇总点。如图 1-3 所示是某高校精品课程“电路分析”网站的主页。

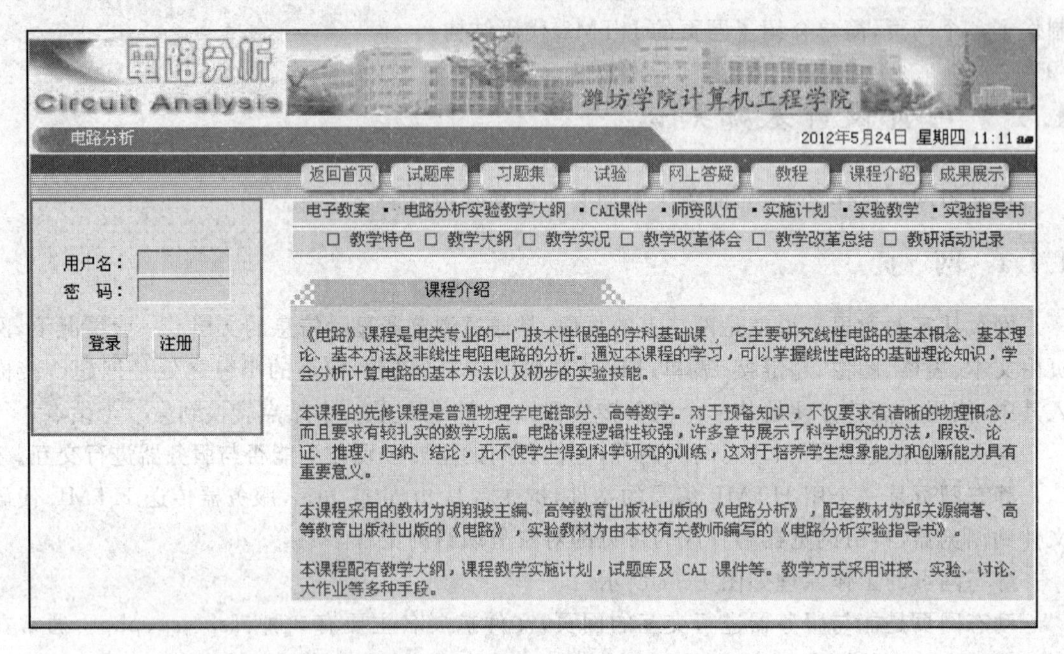

图 1-3 精品课程网站的主页

1.1.3 因特网

因特网(Internet)是全球最大的、开放的、由众多网络互联而成的计算机网络。从某种意义上来说，因特网实际上是一个虚拟网，它通过网关将世界各地的物理网络互联起来。不论物理网络的类型、规模和距离，只要遵循 TCP/IP 协议，都可以加入到因特网中。

1.1.4 TCP/IP 协议

TCP/IP(Transmission Control Protocol/Internet Protocol)称为“传输控制/网络互联协议”，是因特网所采用的标准协议。这个协议是计算机与计算机之间能够相互通讯的语言，只要遵循了 TCP/IP 协议，不管计算机是何种系统或平台，都可以进入因特网。

1.1.5 HTTP 协议

HTTP 协议(Hypertext Transfer Protocol)称为“超文本传输协议”，是支持在因特网上传输超文本的协议，具体分为以下 4 个步骤实现超文本传输。

① 客户端与指定的服务器建立连接。

② 由客户端向服务器发出请求,请求内容包括:所使用的通信协议、所请求的对象名称、对象在服务器的位置、请求方式等。

③ 服务器端收到请求后做出响应,将请求的内容发送到客户端。

④ 客户端接受请求内容并显示在浏览器上。

1.1.6 WWW

WWW(World Wide Web)的中文名称是"万维网",是由遍布全世界的Web服务器组成,通过HTTP协议在因特网上提供丰富的服务,用超链接将服务器中的文档有机地组织起来,成为一个庞大的信息网。用户在因特网上浏览到的各种网站实际上是存储在服务器上的网页文档及其相关资源,每一个存储在服务器上的网站都是WWW中的一个节点。

1.1.7 URL

URL(Uniform Resource Locations)称为"统一资源定位器",是网上资源的存放地址,根据URL的引导,用户可以用浏览器顺利地找到所要查找的资源。

URL地址格式为:协议名://主机名/资源所在目录名/文件名

例如:http://wfu/jsj/aa.asp

大部分情况下,URL地址只包括协议名和主机名,服务器会指定默认的主页。

1.1.8 FTP协议

FTP(File Transfer Protocol)称为"文件传输协议",使文件能够在网上传输,主要用来进行文件的上传和下载,是URL地址中经常使用的一种协议。

FTP协议使用户足不出户就可以从网上获得文件和各种软件。

1.1.9 服务器

服务器是提供网络服务的计算机,网络服务如WWW服务、FTP服务、Email服务。Web服务器主要用于存储Web站点和页面。浏览网页时不需要知道该网页所在服务器的实际位置,只要在浏览器地址栏输入网址并按下回车键,就能实现对网页的访问。

本地机与服务器之间通过各种通信线路连接,以实现相互通信。

1.1.10 IP地址

就像每个电话用户有一个全世界唯一的电话号码一样,因特网中的每一台计算机也有唯一地址,地址由一组数字组成,称为IP(Internet Protocol Address)地址。

IP地址由4组数字组成,之间用圆点隔开,每一组数字都在0~255之间。

如:"202.102.96.44"就是一个主机服务器的IP地址。

1.1.11 域 名

IP地址的数字单调难记,为了克服这个缺点,给主机起一个文字名称,这个文字名称就是"域名"(Domain Name,DN)。一个域名对应一个IP地址,所以域名也是唯一的。

域名服务器系统(Domain Name System,DNS)专门用来将文字型域名翻译成对应的IP

地址,通过IP、DN和DNS(域名系统),就把每一台主机在网上唯一定位。

域名由26个英文字母、10个阿拉伯数字、减号和下画线组成,用圆点分隔成几节,字母不区分大小写。域名分级别,右边为最高级(也称为顶级),从右向左依次降低。

如:“www.163.com”就是一个主机服务器的域名。

顶级域名有2类:机构域和地理域,从顶级域名就可以大概了解网站的类型和地理位置。

机构域如表1-1所列。

地理域如表1-2所列。

表1-1　机构域

域　名	类　型
.com	商业性的机构或公司
.org	非盈利的组织、团体
.gov	政府部门
.mil	军事部门
.edu	教育部门
.net	与因特网相关的网络服务机构或公司

表1-2　地理域

域　名	国家和地区
.cn	中国
.hk	中国香港
.tw	中国台湾
.jp	日本
.uk	英国
.us	美国

1.1.12　网站设计

网站设计是指用HTML把多种媒体信息有效地组织起来,使浏览者能够高效、便捷地获取这些信息。

网站设计主要包括两个方面:

① 信息的处理和组织,内容包括:文字排版、图片制作、平面设计、动画制作、影像制作等。

② 网站的延伸设计,内容包括:网站主题定位、浏览群定位、智能交互、制作策划、形象包装、宣传营销等。

1.2　Dreamweaver CS4 简介

Dreamweaver CS4 由 Adobe 公司出品,是当今最流行的、功能强大的专业网页制作软件。在介绍使用该软件制作网页之前,先简单介绍软件的特点和操作界面。

1.2.1　Dreamweaver CS4 的特点

概括来说,Dreamweaver CS4 主要有以下几个特点。

1. 可视化编辑界面

Dreamweaver CS4 具有强大的可视化编辑界面,可以方便快捷地插入和生成页面元素,并能直接观看到网页效果,所见即所得,大大减少了代码编写,使网页制作变得很容易。

2. 强大的站点管理

Dreamweaver CS4 集网页制作和网站管理于一身,具有对本地站点和远端站点的建设、管理和更新功能，并且还具备 FTP 上传和下载文件的传输能力。

3. 灵活编写网页

Dreamweaver CS4 提供脚本代码编辑界面，能在可视化编辑界面与代码编辑界面之间自由转换，随时查看代码编辑效果。不仅适用 HTML 代码，还适用其他多种脚本语言，可满足专业网页设计师的需求。

4. 跨平台、跨浏览器

Dreamweaver CS4 既可以用来制作静态网站和静态网页，也可以用来制作动态网站和动态网页，具有跨平台、跨浏览器的特点。

5. 具有集成性

Dreamweaver CS4 将 Adobe 公司的其他网页制作软件 Photoshop、Flash 和 Shockwave 集成在一起，可以在这些创作工具之间自由切换。

6. 媒体支持能力

Dreamweaver CS4 具有强大的媒体支持能力和媒体处理能力，能轻松实现网页元素的动作和交互操作，使网页效果更丰富。

1.2.2　Dreamweaver CS4 的起始页

安装 Dreamweaver CS4 以后，单击桌面左下角"开始"→单击"所有程序"→单击"Adobe Dreamweaver CS4"。

启动 Dreamweaver CS4 以后首先显示起始页，如图 1-4 所示。

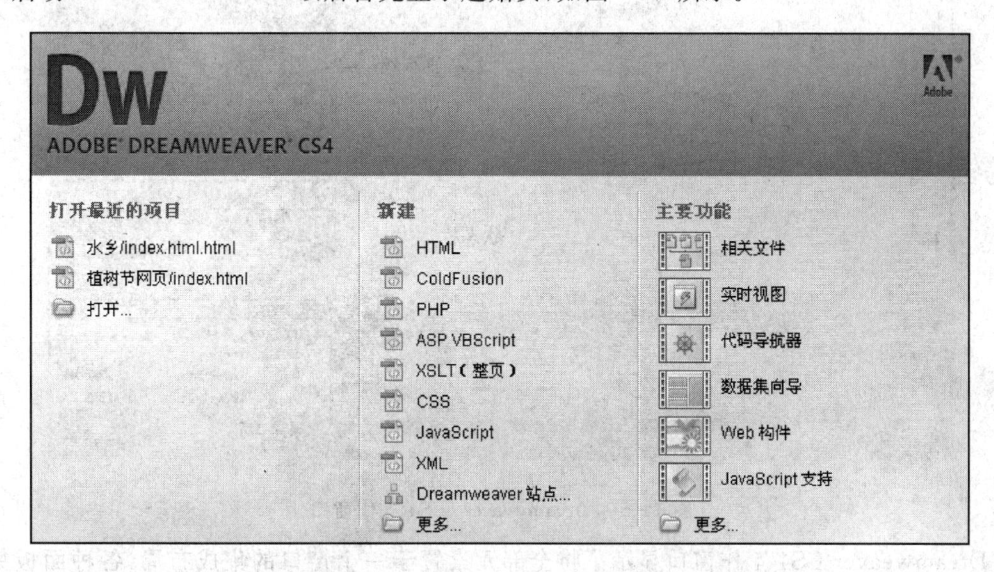

图 1-4　Dreamweaver CS4 起始页

起始页有 3 列，从左到右依次是：打开最近的项目、新建、主要功能。

1. 打开最近的项目

单击"打开最近的项目"列表中的"打开"项，在本地机中查找并打开指定的网页文件。"打开"选项的上方显示了最近打开过的网页文件列表,单击其中一项可以快速打开该网页。

2. 新 建

在"新建"列表中显示系统提供的网页文件类型,如 HTML、PHP、ASP VBScript、CSS 等,不同类型的网页作用不同,文件名的后缀也不同。其中,HTML 类型的是静态网页文件,PHP 和 ASP VBScript 类型的是动态网页文件,CSS 类型的是 CSS 样式表文件。单击列表下方的"更多"按钮,显示更多网页类型供选择,如 JSP、ASP. NET、C# 等。

如果单击列表中 "Dreamweaver 站点"项,则进入新建本地站点的操作。

3. 主要功能

在"主要功能"列表中显示一些 Dreamweaver CS4 的新增功能,如"实时视图"和"代码导航器"等。

1.2.3 Dreamweaver CS4 的工作窗口

在起始页单击"HTML",打开 Dreamweaver CS4 工作窗口,并自动新建一个 HTML 类型的网页文件。

Dreamweaver CS4 的工作窗口如图 1-5 所示。

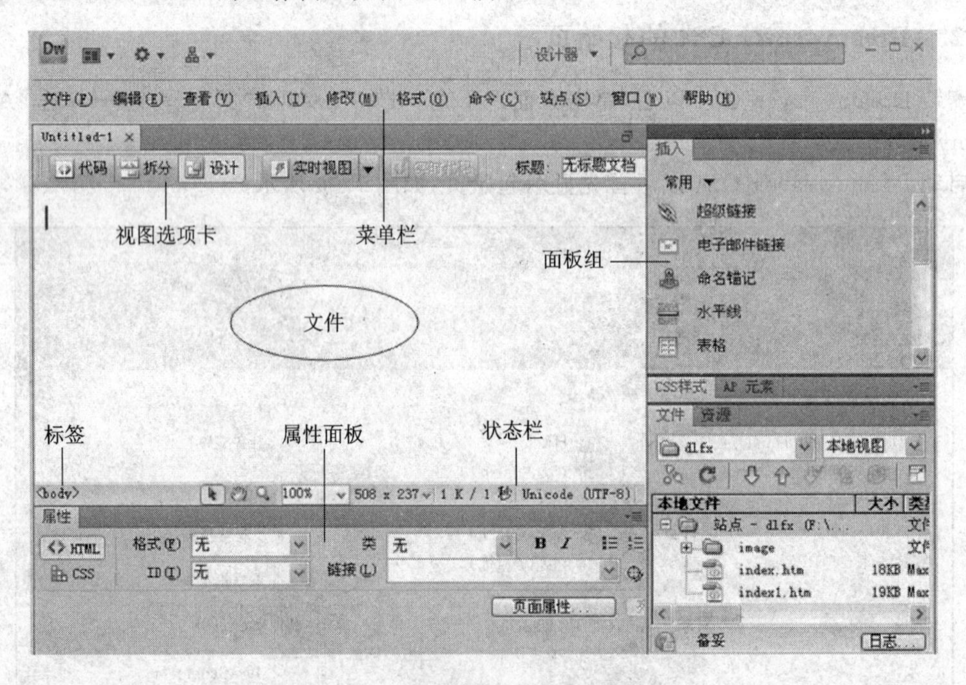

图 1-5 Dreamweaver CS4 工作窗口

Dreamweaver CS4 工作窗口显示了将全部元素置于一个窗口的集成布局,各种面板集成在一起,为网页制作提供各种功能。

默认的工作窗口包括菜单栏、状态栏、面板组、标签、属性面板、视图选项卡等。工作窗口中间最大的地方用来显示和编辑网页文件的内容,被称为"文件"窗口。

系统提供多种不同布局的工作窗口,设计者可根据自己的使用习惯选择。默认的工作窗口为"设计器"布局。

“窗口”菜单→“工作区布局”，显示系统提供的所有工作窗口布局，如图 1-6 所示。

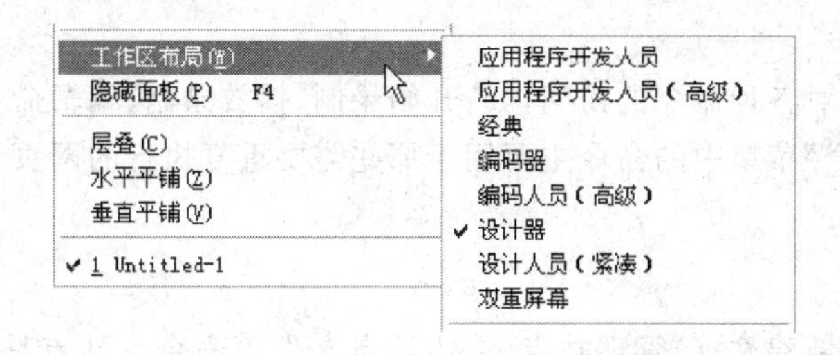

图 1-6 系统提供的工作窗口布局

1.2.4 菜单栏

菜单栏位于工作窗口顶端，提供创建站点和制作网页的全部命令，包括：文件、编辑、查看、插入、修改、格式、命令、站点、窗口、帮助。单击菜单栏中的任一菜单项会打开相对应的下拉菜单，下拉菜单中显示了该菜单项所包含的菜单命令，每个菜单命令都能完成特定功能。下拉菜单中有些选项包含级联子菜单，使用的命令须在级联子菜单中查找。

1. “文件”菜单

“文件”菜单包含对网页文件的基本管理命令，如：新建、打开、保存、关闭、另存为、在浏览器中预览、退出等，这些操作与 word 中的文件菜单基本相同。

2. “编辑”菜单

“编辑”菜单包含基本的编辑命令，如：剪切、复制、粘贴、撤消、清除、全选、查找和替换、首选参数等。Dreamweaver CS4 增强了查找功能，既可以在当前文件中查找，也可以在站点中查找。

“编辑”菜单中的“首选参数”命令非常有用，包含了“常规”、“CSS 样式”、“标记颜色”等选项的设置，在网页编辑中这些设置自动生效。

3. “查看”菜单

“查看”菜单是一个辅助工具，可以切换网页文档的视图，如从“设计”视图切换到“代码”视图。利用“查看”菜单可以定义页面元素在工作窗口的显示与隐藏，如：标尺、网格、工具栏、面板等。

“查看”菜单提供的功能不会显示在浏览器上，但在编辑网页中不可缺少。

4. “插入”菜单

“插入”菜单提供向网页中插入网页元素的命令，插入的对象包括：图像、表格、图层、超链接、表单、动画等。

实际上，熟练掌握了“插入”菜单中命令的使用方法，就基本掌握了网页制作技巧。

5. “修改”菜单

“修改”菜单提供修改网页对象属性的命令，如：页面属性、表格属性、图像属性等，使被修改的网页对象达到理想状态。利用“修改”菜单还可以编辑标签、将对象排列对齐、将图层与表格相互转换，并为库和模板提供“更新”等操作。

6. “格式”菜单

“格式”菜单包含了用于设置文本格式的命令，如：字体、样式、CSS 样式、对齐、颜色、段落格式、列表等。

7. “命令”菜单

“命令”菜单提供对各种命令的访问,如:开始录制、播放录制、编辑命令列表、拼写检查、创建网站相册等。“命令”菜单中的命令主要用于那些需要重复执行的网页制作步骤可以大大提高工作效率。

8. “站点”菜单

“站点”菜单提供新建站点、管理站点、上传站点文件等命令。站点是网站管理的基础,所有的网页最好都放在站点中编辑制作。

9. “窗口”菜单

“窗口”菜单提供的命令负责控制 Dreamweaver CS4 中所有面板的打开和关闭,“窗口”菜单选项前带对勾的面板为打开状态,不带对勾的面板为关闭状态。

10. “帮助”菜单

“帮助”菜单提供对 Dreamweaver CS4 网页文件访问的帮助信息,遇到问题,可以从“帮助”菜单提供的操作解释中找到答案。Adobe 公司提供一系列关于 Dreamweaver 的在线辅助教学,从相关网站中获得帮助。

1.2.5 “文件”工具栏

“文件”工具栏包含一些常用的文件按钮,提供文件的不同视图,还提供一些预览文件的选项,以及一些本地站点和远端站点之间文件传输的操作按钮。

“文件”工具栏如图 1-7 所示。

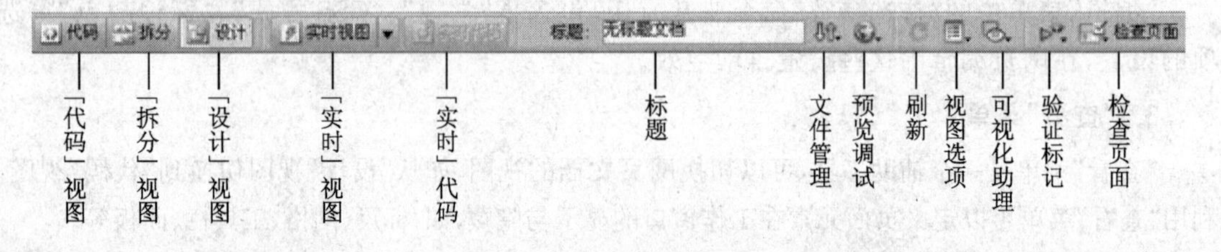

图 1-7 “文件”工具栏

“文件”工具栏的按钮从左到右共有 13 个,按钮功能简单介绍如下。

1. “代码”视图

“代码”视图是仅在“文件”窗口显示网页代码的视图。“代码”视图是一个编码环境,用来编辑 HTML、JavaScript、服务器语言代码以及其他类型代码。在“代码”视图中编辑 HTML 代码以后,转到“设计”视图便即刻看到网页效果。“代码”视图如图 1-8所示。

2. “拆分”视图

“拆分”视图在“文件”窗口同时显示“代码”视图和“设计”视图。编辑代码以后,不用切换就能看到网页效果。“拆分”视图如图 1-9 所示。

```
代码  拆分  设计  实时视图  实时代码  标题: 电路分析精品课程
16  <body>
17  <table width="364" border="0" align="center">
18    <tr>
19      <td width="188" height="81"><img src="image/logo.JPG" />
20      </td>
21      <td width="160" align="center" bgcolor="#FFFFFF" class="a1">
22      精品课程网站
23      </td>
24    </tr>
25  </table>
26  </body>
27  </html>
<head><style>                16 K / 3 秒 Unicode (UTF-8)
```

图 1－8　“代码”视图

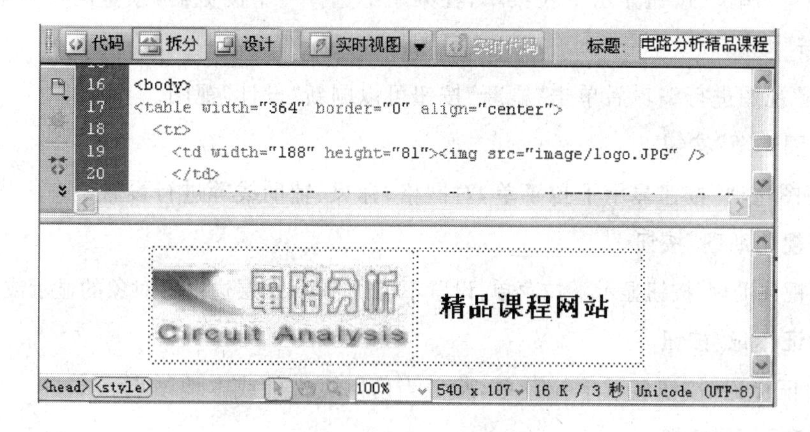

图 1－9　“拆分”视图

3. “设计”视图

“设计”视图是仅在“文件”窗口显示和编辑网页效果的视图网页设计环境，在“设计”视图看到的网页效果类似在浏览器中看到的页面，“设计”视图如图 1－10所示。

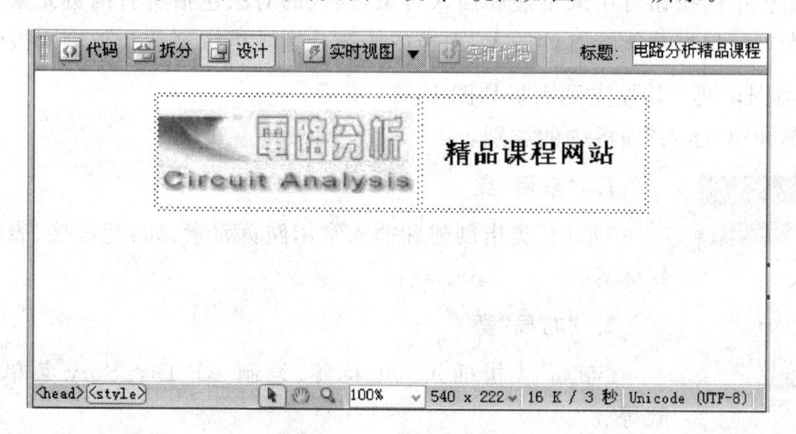

图 1－10　“设计”视图

4. “实时”视图

“实时”视图是不可编辑的、交互的、基于浏览器的文件视图。

5. “实时代码”视图

“实时代码”视图显示浏览器用于执行该网页的实际代码。

6. “标题”框

在“标题”框中输入或修改文档标题,标题内容将显示在浏览器的标题栏中。

7. “文件管理”按钮

单击“文件管理”按钮显示下拉菜单,菜单提供上传或下载文件等操作命令。

8. “预览/调试”按钮

单击“预览/调试”按钮显示下拉菜单,在菜单中选择一个浏览器,预览网页效果。

9. “刷新”按钮

在“代码”视图进行编辑后单击“刷新”按钮可以刷新“设计”视图。

10. “视图选项”按钮

单击“视图选项”按钮显示下拉菜单,对网格、标尺、辅助线等进行设置。

11. “可视化助理”按钮

单击“可视化助理”按钮显示下拉菜单,设置不可见元素、图层边框等对象的显示或隐藏。

12. “验证标记”按钮

单击“验证标记”按钮显示下拉菜单,验证当前网页文件或本地站点。

13. “检查页面”按钮

单击“检查页面”按钮显示下拉菜单,用于检查浏览器的兼容性。

1.2.6 “插入”面板

“插入”面板中的按钮可用来创建和插入对象,插入的对象包括所有网页元素,如:图像、图层、表单、脚本等。根据功能特点,“插入”面板的按钮分别被组织到几个类别面板中,单击向下按钮▼进行类别切换。切换类别面板如图 1-11 所示。

下面简单介绍“插入”面板中的类别。

图 1-11 切换类别

1. “常用”类

“常用”类指创建和插入常用网页元素,如:超链接、表格、图像、媒体等。

2. “布局”类

“布局”类指插入 Div 标签、绘制 AP Div、Spry 菜单栏、表格、框架等。

3. “表单”类

“表单”类指插入表单和表单元素,如:文本框、复选按钮、单选按钮、图像域等。

4. “数据”类

“数据”类指插入记录集、动态数据、插入记录、更新记录、删除记录等。

5. “Spry”类

“Spry”类指插入 Spry 数据集、Spry 验证文本域、Spry 验证密码、Spry 可折叠面板等。

6. “InContext Editing”选项卡

“InContext Editing”选项卡指创建重复区域和可编辑区域，管理可用的 CSS 类。

7. “文本”类

“文本”类指定义文本的字体样式，如：粗体、斜体，插入项目列表、编号列表等。

1.2.7　状态栏

状态栏提供当前文档的相关信息以及选取、移动、缩放网页内容的工具，还提供更改缩放比率的文本框。状态栏如图 1-12 所示。

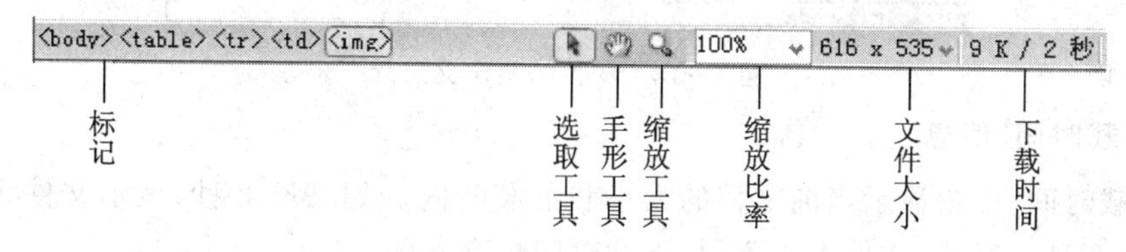

图 1-12　状态栏

1. “标记”信息

“标记”信息位于状态栏左边，显示当前选定内容的 HTML 标记及层次结构，单击一个标记可选中该标记的全部内容，用这种方法可以方便快捷的选取指定对象。

2. “选取”工具

“选取”工具用来在“设计”视图中选取网页元素。

3. “手形”工具

当“设计”视图中的网页元素大于“文件”窗口时，可以用“手形”工具移动网页元素，使指定内容显示在“文件”窗口中。

4. “缩放”工具

用“缩放”工具单击“设计”视图中的网页元素，增大网页元素的缩放比率。按住 Alt 键不松手使用缩放工具，减少网页元素的缩放比率。对应的缩放比率值显示在“缩放比率”文本框中。

5. 缩放比率

在“缩放比率”文本框中调整网页文档的缩放比率，网页中的对象会相应放大或缩小。单击“缩放比率”框右边的向下箭头，可以在系统提供的缩放比率列表中选一项。也可以直接在“缩放比率”框中输入一个列表中没有的比率值。系统提供的缩放比率列表如图 1-13 所示。

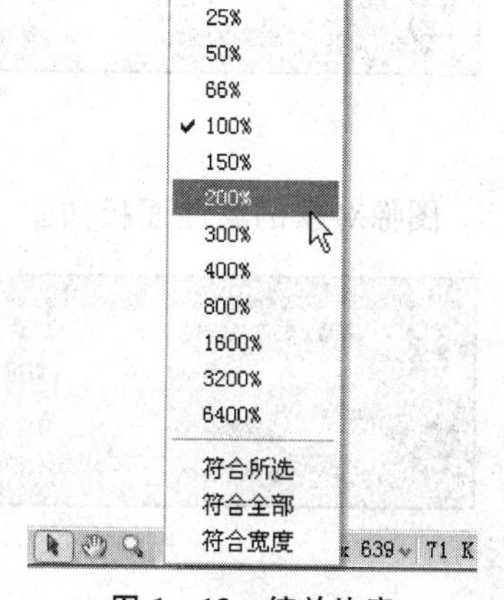

图 1-13　缩放比率

6. “文件大小”框

在“文件大小”信息处显示的是当前网页的宽度和高度尺寸。

单击“文件大小”信息旁的下三角箭头,显示系统提供的网页预定义尺寸列表,选择一项可以调整网页文档到预定义尺寸。

单击列表下方“编辑大小”项,可以在随后打开的对话框中定义网页的宽度和高度,使网页文档调整到自定义尺寸。

系统为网页提供的预定义尺寸如图1-14所示。

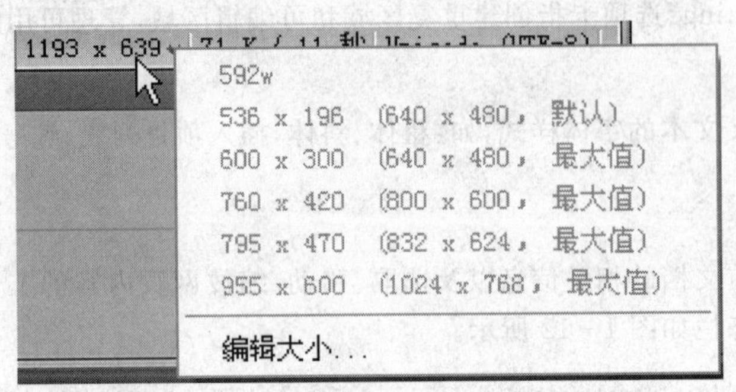

图1-14 网页的预定义尺寸

7. “下载时间”信息

在“下载时间”位置显示当前文档的大小和下载时间。如:9K/2秒,表示文件大小为9K,下载时间为2秒。显然,文件大小不同,下载时间也会不同。

1.2.8 属性面板

属性面板是制作和编辑网页时最常用的面板,主要用于显示和修改网页元素的属性,如图像、文字、表格等元素的属性。选定不同的网页元素,属性面板的内容也会不同,属性面板总会根据所选对象匹配相应的选项设置。

单元格对象的属性面板如图1-15所示。

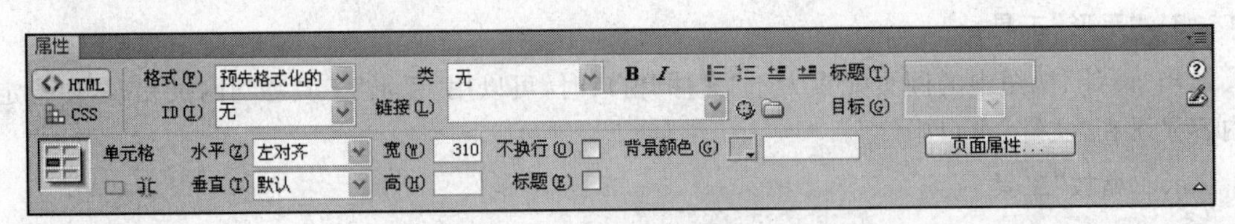

图1-15 单元格对象的属性面板

图像对象的属性面板如图1-16所示。

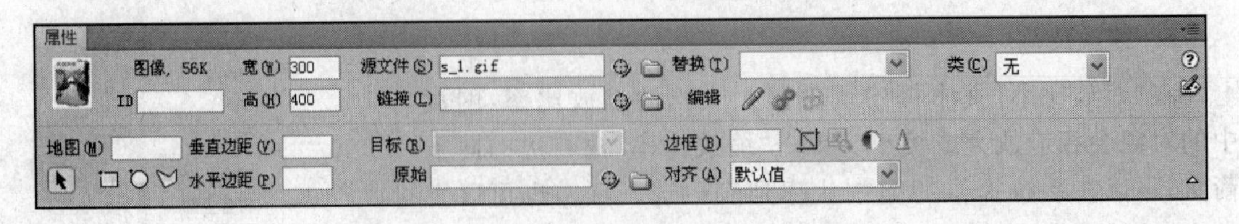

图1-16 图像对象的属性面板

属性面板的内容分为上下两部分,上半部分显示的属性是基本属性,下半部分显示的属性是扩展属性,单击属性面板右下角的三角形按钮,可以选择显示或隐藏扩展属性。

属性面板的右边位于三角形按钮的上方还有一个铅笔形状的按钮,是"快速标签编辑器"按钮。选中某个网页元素,单击该按钮会显示当前对象的 HTML 标记。如果没有选中任何网页元素,单击该按钮会显示尖括号(空标记)和标记列表,在列表中双击一个标记名,该标记会显示在一对尖括号中。

标记列表如图 1 - 17 所示。

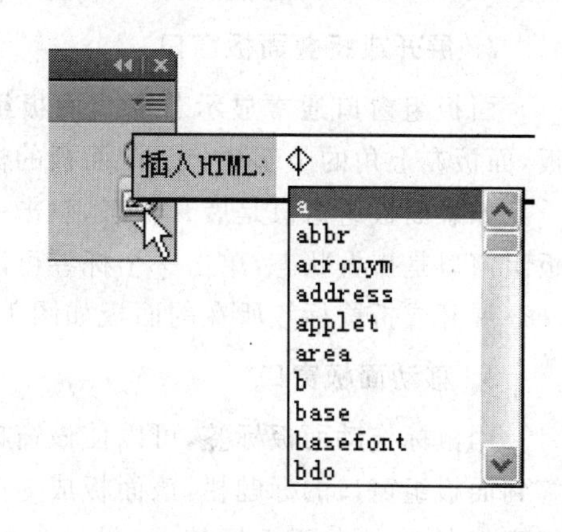

图 1 - 17 标记列表

属性面板的具体使用方法和选项设置,将在后面的章节中做详细介绍。

1.2.9 面板组

面板组位于工作区的右端,在"窗口"菜单设置各面板的打开与关闭。针对面板组窗口的常用操作有:展开或折叠面板组窗口、展开或折叠面板窗口、关闭面板窗口、移动面板窗口等。

1. 展开或折叠面板组窗口

面板组窗口标题栏右角有一个"展开/折叠"按钮,按钮图标是两个三角形,三角形向右时面板组窗口处于展开状态,三角形向左时面板组窗口处于折叠状态。面板组窗口展开时,单击按钮会折叠面板组窗口。面板组窗口折叠时,单击按钮会展开面板组窗口。双击面板组窗口的标题栏,也能展开或折叠面板组窗口,面板组窗口如图 1 - 18 所示。

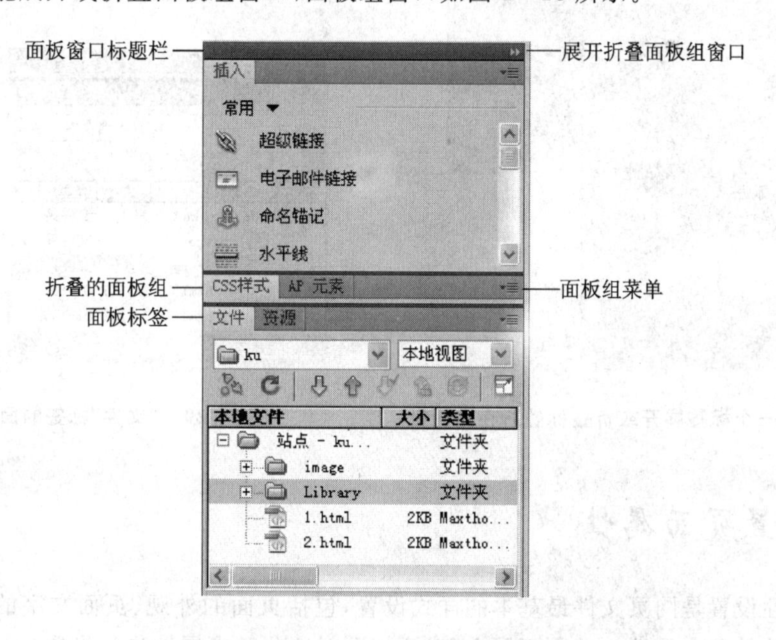

图 1 - 18 面板组窗口

2. 展开或折叠面板窗口

面板组窗口通常显示若干个面板组,每个面板组称为“标签组”,标签组中包含若干个面板,面板左上角的凸起部分是该面板的标签。

如果面板组窗口是展开状态,双击一个标签可以展开或折叠标签所在的标签组。如果面板组窗口是折叠状态,单击一个标签可以展开或折叠标签所在的面板。

展开或折叠标签所在的面板如图 1-19 所示。

3. 移动面板窗口

用鼠标拖动面板标签,可以使该窗口脱离面板组窗口成为独立的浮动面板。拖动面板标签到面板组窗口的标题栏,该面板成为面板组窗口中的独立面板。拖动一个面板标签到面板组窗口的另一个面板标签上,松开鼠标以后,拖动过来的面板与另一个面板在同一个标签组中。

4. 关闭面板窗口

关闭面板窗口可以用“窗口”菜单和面板菜单 2 种方法。

方法 1:在“窗口”菜单中单击要关闭的面板名,使得面板名前原有的对勾取消,该面板被关闭,关闭的面板从面板组窗口消失。

方法 2:在面板组窗口单击面板标签选中一个面板,单击面板右上角的面板菜单,选择“关闭”命令,当前面板被关闭。若选择“关闭标签组”命令,则关闭当前面板所在的标签组。

“文件”标签的面板菜单如图 1-20 所示。

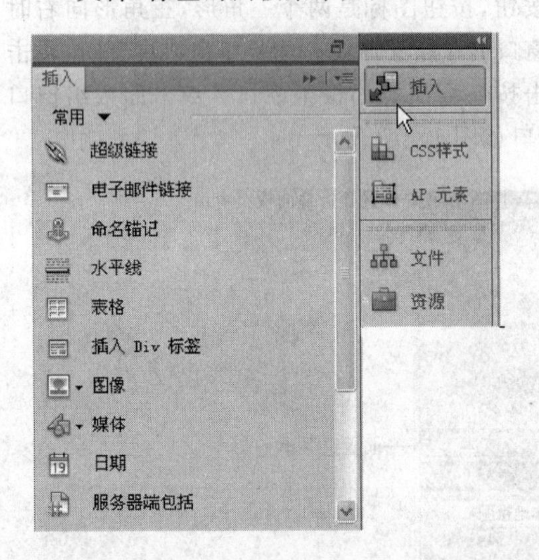

图 1-19 单击一个标签展开或折叠标签所在的面板

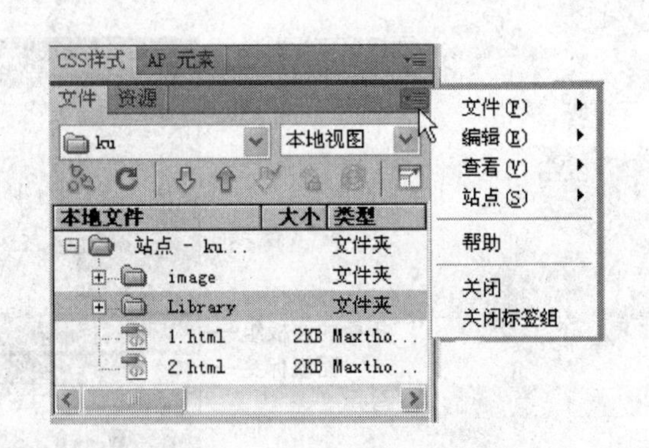

图 1-20 “文件”标签的面板菜单

1.3 设置页面属性

页面属性设置是网页文件最基本的样式设置,包括页面的外观、页面文字的标题、链接颜色等网页文件的基本属性,在“页面属性”对话框可对这些基本属性进行设置。

1.3.1　“页面属性”对话框

“修改”菜单→选“页面属性”，打开“页面属性”对话框。

页面属性对话框左边是“分类”列表，显示 6 个分类项：外观（CSS）、外观（HTML）、链接（CSS）、标题（CSS）、标题/编码、跟踪图像。对话框右边显示与分类项对应的设计内容。

Dreamweaver CS4 加强了对 CSS 层叠式样式表的运用，仅设置外观就有“外观（CSS）”和“外观（HTML）”2 种，带有“CSS”的选项将设置内容以 CSS 样式的形式写入网页的＜head＞区域或单独的样式表中，带有“HTML”的选项将设置内容写入 HTML 代码中。

页面属性作用于整个网页，局部的特殊外观需要专门设置。

1.3.2　设置页面的“外观(CSS)”

在“页面属性”对话框的“分类”列表中单击“外观（CSS）”，在右边的选项中设置“外观（CSS）”，设置“外观（CSS）”如图 1－21 所示。

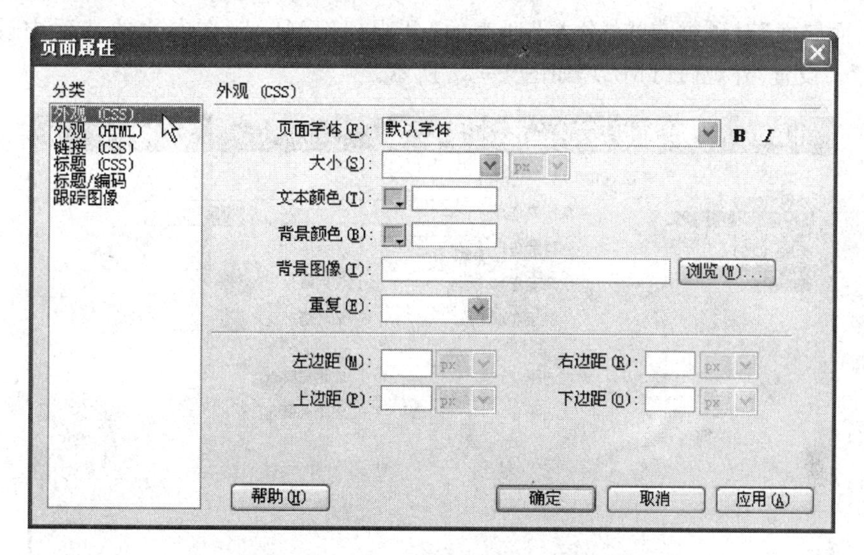

图 1－21　设置“外观(CSS)”

各选项含义如下：

① 页面字体，单击下三角按钮选择网页文本的字体，框的右边有 2 个按钮，分别设置文字的加粗和斜体，这 2 个按钮都是开关按钮，再次单击按钮会取消所做的设置。

② 大小，单击下三角按钮选择文字大小，也可以输入文字大小的数值。文字大小的默认单位是 px（像素），数值越大文字越大。网页中的普通文字大小通常在 10～14 像素之间。

③ 文本颜色，单击“颜色”按钮，在颜料盒选择文字颜色，颜色值显示在“颜色”按钮右边的文本框中。

④ 背景颜色，单击“颜色”按钮，在“颜料”盒中选择网页的背景色，颜色值显示在“颜色”按钮右边的文本框中。

⑤ 背景图像，单击“浏览”按钮，选一个图像文件作为网页的背景图像，图像的地址和名字显示在按钮左边的文本框中，也可以直接输入图像的地址和名字。如果同时设置了背景颜色

和背景图像,背景图像优先显示。

⑥ 重复,如果背景图像不能填满整个页面,单击“重复”框的下三角按钮选择背景图像在页面中的显示方式,选项有 4 个。

· no - repeat(不重复),背景图像按当前大小显示在页面中央。

· repeat(重复),背景图像以横向和纵向方式重复显示,布满整个页面。

· repeat - x(横向重复),背景图像仅横向平铺,排成一行。

· repeat - y(纵向重复),背景图像仅纵向平铺,排成一列。

默认情况下,系统会自动将尺寸较小的背景图像布满整个页面。

⑦ 左边距、右边距、上边距、下边距,分别用来设置页面内容与页面边缘的间距。如果设置左边距为 50 像素,用浏览器浏览网页时,页面内容与浏览器左边框之间会有 50 像素的间距。

1.3.3 设置页面的“外观(HTML)”

在“页面属性”对话框单击“分类”列表的“外观(HTML)”,在右边的选项中设置“外观(HTML)”。设置“外观(HTML)”如图 1 - 22 所示。

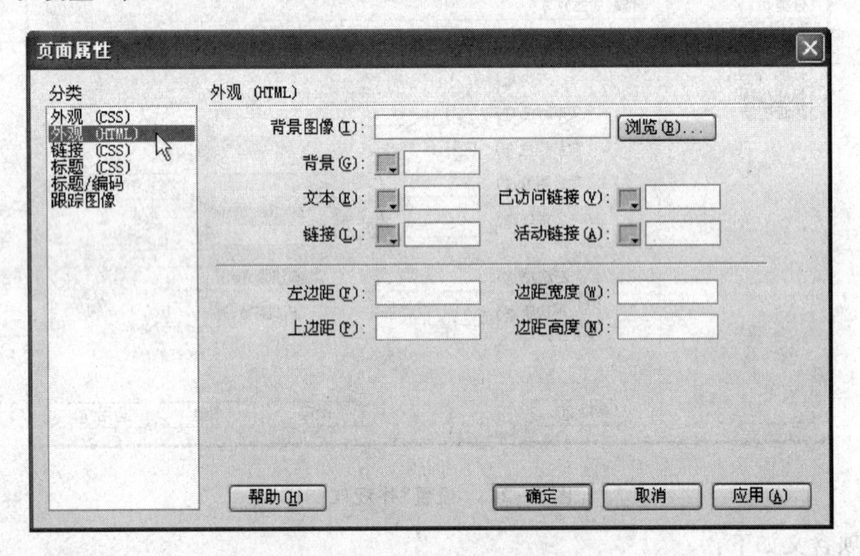

图 1 - 22 设置“外观(HTML)”

各选项含义如下:

① 背景图像,单击“浏览”按钮,选一个图像文件作为网页的背景图像。

② 背景,单击“颜色”按钮,为网页设置背景色。

③ 文本,单击“颜色”按钮,为网页文字设置文字颜色。

④ 链接,单击“颜色”按钮,设置未访问过的链接文字的颜色。

⑤ 已访问链接,单击“颜色”按钮,设置已访问过的链接文字的颜色。

⑥ 活动链接,单击“颜色”按钮,设置正在访问的链接文字的颜色。

⑦ 左边距,设置页面的左边距,单位是像素。

⑧ 上边距,设置页面的上边距,单位是像素。

1.3.4　设置页面的“链接(CSS)”

在“页面属性”对话框单击“分类”列表的“链接(CSS)”，在右边的选项中设置“链接(CSS)”。设置“链接(CSS)”如图 1－23 所示。

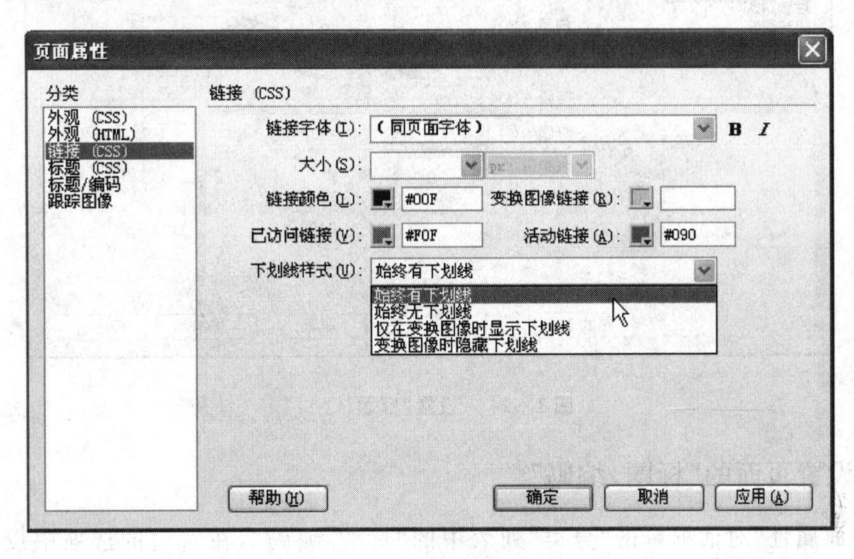

图 1－23　设置“链接(CSS)”

各选项含义如下：

① 链接字体，设置链接文字的字体。

② 大小，设置链接文字的大小。

③ 链接颜色，单击“颜色”按钮，设置链接的文字颜色。

④ 已访问链接，设置已访问过的链接的文字颜色。

⑤ 活动链接，设置正在访问的链接的文字颜色。

⑥ 变换图像链接，设置变换图像的链接颜色。

⑦ 下画线样式，单击下三角按钮，在下拉列表中设置是否需要下画线和下画线如何隐藏。如果修改了下画线链接样式，当前网页的链接样式都会被更改。

1.3.5　设置页面的“标题(CSS)”

在“页面属性”对话框单击“分类”列表中的“标题(CSS)”，在右边的选项中设置“标题(CSS)”。“标题(CSS)”设置如图 1－24 所示。

“标题(CSS)”设置是给 HTML 的系列标题标记<h1>至<h6>定义字体大小与颜色，用来快速格式化页面中的文字。

① “标题字体”框中设置标题标记文字的字体，“标题字体”框右边的按钮设置粗体字和斜体字。

② “标题 1”至“标题 6”框中设置标题标记使用的字体大小和颜色，一共可以定义 6 个不同级别的标题标记。

标题标记<h1>至<h6>通常用默认值，不需要设置。

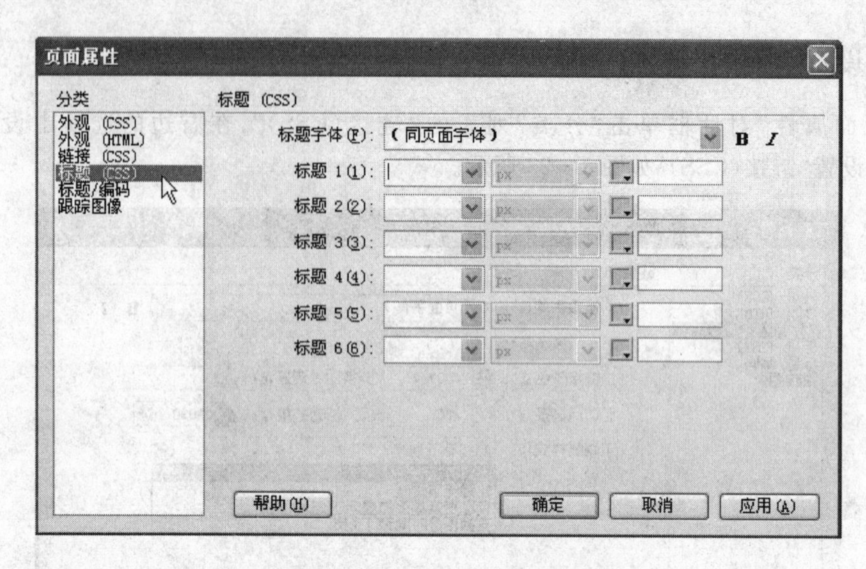

图 1-24　设置"标题(CSS)"

1.3.6　设置页面的"标题/编码"

在"页面属性"对话框单击"分类"列表中的"标题/编码",在右边的选项中设置"标题/编码"。

"标题/编码"设置如图 1-25 所示。

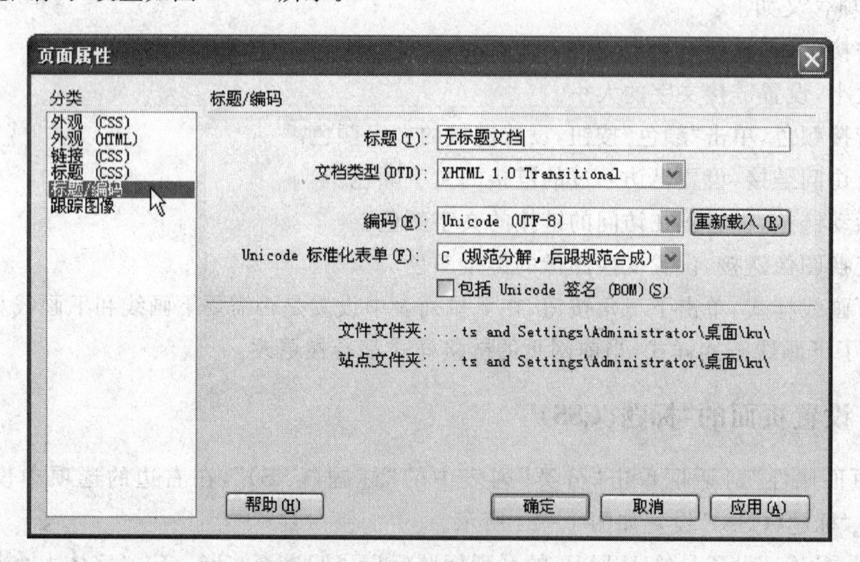

图 1-25　设置"标题/编码"

各选项含义如下:

① 标题,在文本框中输入文字作为网页标题,网页标题将显示在"文件"窗口的"标题"框中,浏览网页时网页标题显示在浏览器窗口的标题栏上。

② 文档类型(DTD),单击下三角按钮选择文档类型。

③ 编码,指定网页文件中字符所用的编码。通常选择 Unicode (UTF-8)作为文件编码,

因为 UTF-8 可以完整地表示所有字符。

“标题/编码”的所有设置一般均选默认值即可，网页标题可在“文件”窗口设置。

1.4 Dreamweaver CS4 的文件操作

Dreamweaver CS4 的文件操作包括：新建文件、打开文件、存储文件等。

14.4.1 新建文件

网页文件有许多类型，如：HTML、ASP、层叠式样式表等。对于初学者来说，主要学习创建 HTML 文件，所有网页元素都是基于 HTML 在浏览器中显示。

新建 HTML 网页文件的操作方法有如下几种：

① 启动 Dreamweaver CS4→在起始页单击 HTML，系统自动创建一个空白文件。

② 如果 Dreamweaver CS4 已经启动，用组合键 Ctrl+N 创建一个空白文件。

③ 如果 Dreamweaver CS4 已经启动，“文件”菜单→“新建”→在“新建文档”对话框中单击“空白页”项→“页面类别”项选“HTML”→“布局”项选“无”→单击“创建”按钮。创建了一个空白文件。

④ 如果构建了本地站点，在站点中新建文件，然后打开文件进行内容编辑。这种方法最符合 Dreamweaver CS4 的网页设计流程，建议使用这种方法。

“新建文档”对话框如图 1-26 所示。

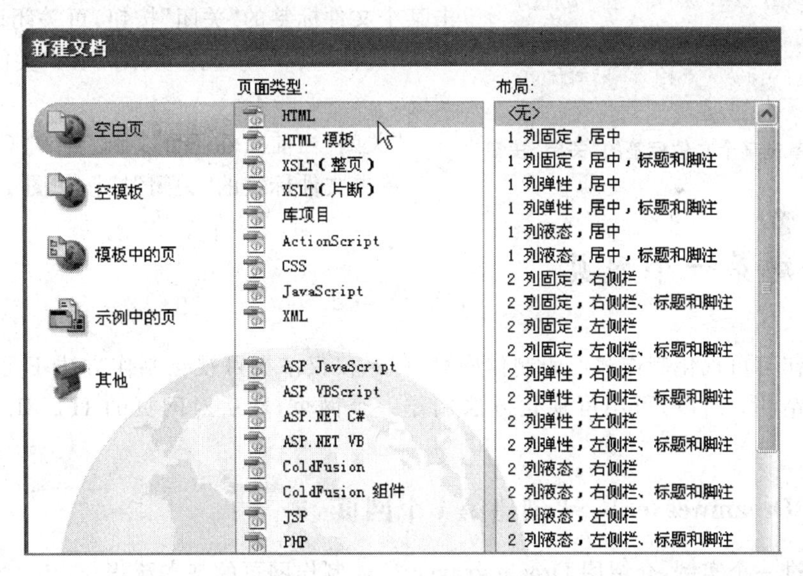

图 1-26 “新建文档”对话框

1.4.2 打开文件

打开现有文件可采用以下方法：

① 在 Windows 窗口中右击选中的网页文件→在快捷菜单中选“打开方式”→选“Adobo Dreamweaver CS4”，选中的文件在 Dreamweaver CS4 中打开。

② 在 Dreamweaver CS4 窗口打开“文件”菜单→选择“打开”→在“打开”对话框中选网页文件→单击“打开”按钮,选中的文件在 Dreamweaver CS4 中打开。

1.4.3 保存文件

为网页文件起名时尽量不要使用中文名称,也不要使用特殊符号。默认情况下,保存的网页类型是 HTML 文件,也可以根据需要在保存文件时选择其他不同的文件类型。

文件的保存常用“保存”和“另存为”2 种方式。

1. 保存文件

在 Dreamweaver CS4 窗口打开“文件”菜单→选“保存”→选择文件保存位置→为文件起名→选择文件类型→单击“保存”按钮。

2. 文件另存为

在 Dreamweaver CS4 窗口打开“文件”菜单→选“另存为”→选择文件保存位置→为文件起名→选择文件类型→单击“保存”按钮。

文件另存以后,当前文件名变成另存的名字,另存以后对文件的编辑和修改与原来的文件没有关系。

1.4.4 关闭文件

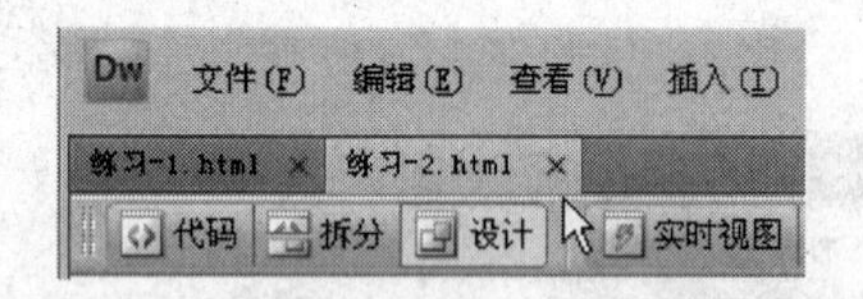

图 1-27 单击某个文件标签的“关闭”按钮

Dreamweaver CS4 支持同时打开多个文件,单击某个文件标签的“关闭”按钮,可关闭该文件。

“文件”菜单→选择“关闭”项,“关闭”当前网页文件。

“关闭”当前文件还可以用组合键 Ctrl+W。

单击文件标签的“关闭”按钮如图 1-27 所示。

1.5 创建第一个网页

网页制作有可视化制作和代码制作两种方法,仅仅掌握可视化制作方法不足以全面了解网页制作的精髓。所以,可用可视化方法制作一个网页,然后对网页的 HTML 代码做简单介绍。

1.5.1 用 Dreamweaver CS4 创建第 1 个网页

下面通过一个实例,介绍用 Dreamweaver CS4 制作网页的基本流程。

例 1-1 用 Dreamweaver CS4 制作第 1 个网页

操作步骤如下:

① 单击桌面左下角“开始”按钮→选“所有程序”→选“Adobe Dreamweaver CS4”→在起始页“新建”列表中选 HTML。系统在 Dreamweaver 工作窗口建立一个空白文档。

② 在窗口中输入文字“这是我做的第一个网页”。这段文字就是本网页的内容。

③ 选中输入的文字→在属性面板单击“HTML”→单击“格式”框的下三角按钮→选“标题 3”。

④ 在标题框中输入文字“第一个网页”，这是本网页的标题。

工作窗口如图 1-28 所示。

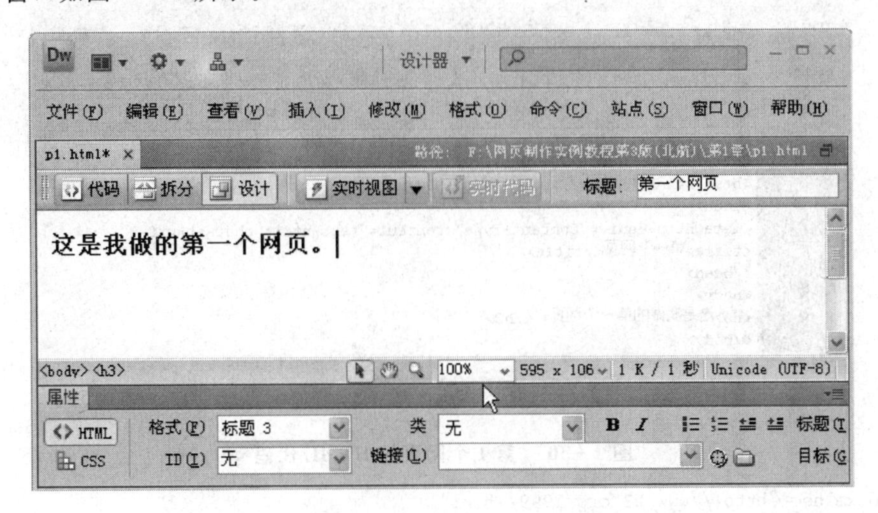

图 1-28　用 Dreamweaver　CS4 制作第 1 个网页

⑤ 单击“文件”菜单→选“保存”→给文件起名为“p1. html”→选择文件保存位置→单击“保存”按钮。

⑥ 单击工作窗口工具栏的“预览调试”按钮→选“预览在 IExplore”。

网页文件 p1. html 的预览结果如图 1-29 所示。

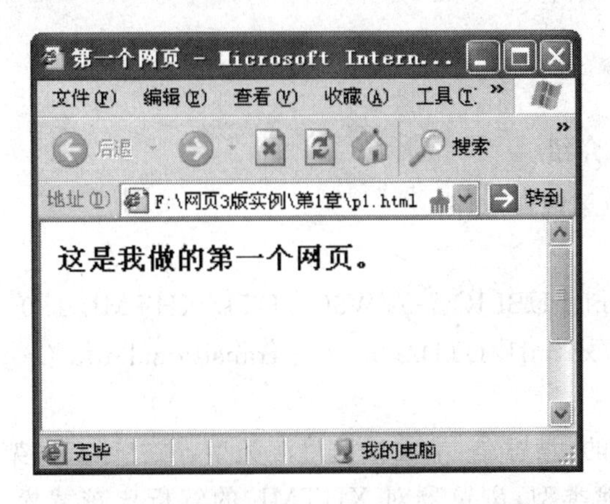

图 1-29　网页文件 p1. html 的预览结果

1.5.2　Dreamweaver 文档的 HTML 代码

在例 1-1 的工作窗口单击工具栏的“代码”按钮，“代码”视图里显示了第 1 个网页的 HTML 代码，如图 1-30 所示。

1. HTML 代码

这段 HTML 代码如下：

```
<! DOCTYPE html PUBLIC "-//W3C//DTD XHTML 1.0 Transitional//EN"
"http://www.w3.org/TR/xhtml1/DTD/xhtml1-transitional.dtd">
```

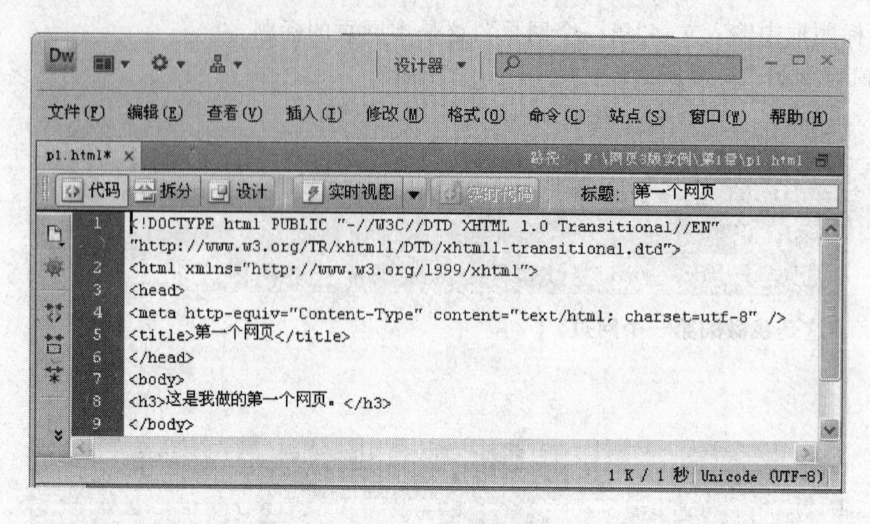

图 1-30　第 1 个网页的 HTML 代码

```
<html xmlns="http://www.w3.org/1999/xhtml">
<head>
<meta http-equiv="Content-Type" content="text/html; charset=utf-8" />
<title>第一个网页</title>
</head>
<body>
<h3>这是我做的第一个网页。</h3>
</body>
</html>
```

2. HTML 代码简单介绍

这段 HTML 代码简单解释如下：

(1) 第 1 句代码

<! DOCTYPE html PUBLIC "-//W3C//DTD XHTML 1.0 Transitional//EN" "http://www.w3.org/TR/xhtml1/DTD/xhtml1-transitional.dtd">

说明：

这是针对 XHTML 的，意思是：本文档是过渡类型，另外还有框架和严格类型。

目前一般都采用过渡类型，浏览器对 XHTML 的解析比较宽松，允许使用 HTML 4.01 中的标记，但必须符合 XHTML 的语法。许多人在制作页面时喜欢把这句删除，但删除它容易引起某些样式表失效或其他意想不到的问题，建议大家保留这句代码。

(2) 第 2 句代码

<html xmlns="http://www.w3.org/1999/xhtml">

说明：

<html>是网页的开始标记，</html>是网页的结束标记。

如果写的是 XHTML 文档，需要一个 XML 命名空间来规范它的语法。因为 XHTML 是用 XML 的语法来规范的 HTML 语言，这个标准位于 http://www.w3.org/1999/xhtml" 网址。

对于 HTML 文档，不需要写“xmlns=http://www.w3.org/1999/xhtml”。

(3) 第 3 句代码

<head>

说明：

<head>是网页头部的开始标记，</head>是网页头部的结束的标记。

(4) 第 4 句代码

<meta http-equiv="Content-Type" content="text/html; charset=utf-8" />

说明：

告诉浏览器本文档使用的语言编码，这里的 utf-8 是国际通用的编码。

还有一种常用的编码是“gb2312”，它是简体中文编码，可以替换成如下代码：

<meta http-equiv="Content-Type" content="text/html; charset=gb2312" />

不管采用哪种编码，以后学习的 CSS 样式表和其他文件也必须使用相同编码，否则就会出现乱码。

(5) 第 5 句代码

<title>第一个网页</title>

说明：

<title>是网页标题的开始标记，</title>是网页标题的结束标记，中间的文字是标题内容。

(6) 第 7 句代码

<body>

说明：

<body>是网页主体的开始的标记，</body>是网页主体的结束标记，<body>与</body>之间的内容显示在浏览器窗口中。

(7) 第 8 句代码

<h3>这是我做的第一个网页。</h3>

说明：

<h3>是 HTML 的段落标题格式，位于<h3>与</h3>之间的文字按照该格式显示。

1.6　HTML 简介

HTML 是 WWW 上通用的网页描述语言，是制作网页的基础。学习网页制作，必须对 HTML 代码有所了解，以便更精确的控制页面的排版，实现更多功能。

1.6.1　HTML 概述

HTML(Hypertext Markup Language)称为超文本标记语言，它用超链接把因特网里存放在不同计算机上的网站信息联系在一起，形成有机整体。HTML 文件不需要编译，由浏览器解释执行。其他脚本通常都要嵌入到 HTML 文件中。

HTML 是标记语言，不是程序语言，它的格式非常简单，只是由网页元素和 HTML 标记组成。网页元素包括文字、图像、表格、表单等，而标记则用来分隔和标记文档中的各个网页元素，元素的显示方式以及元素在网页中的位置由标记属性规定。

HTML 文件是标准的 ASCII 文本文件,用 Dreamweaver CS4 可视化编辑的网页,系统会自动给出对应代码。HTML 文件也可以用任意一个文本编辑器打开和编辑,如 Windows 系统自带的“记事本”。

HTML 文件保存时要将文件扩展名定义为“.htm”或者“.html”。

1.6.2 HTML 标记

在 HTML 中,标记又称标识或标签,用来界定各种网页元素,如标题、列表、表格等。由“<”和“>”来界定的标记称为“起始标记”,由“</”和“>”来界定的标记称为“结束标记”,标记属性放在起始标记里。

例如:<title>我的第一个网页</title >

<title>是起始标记,</title>是结束标记,“我的第一个网页”是网页的文本元素。

其中,关于标记的书写有如下注意事项:

① 标记名与“<”之间不能有空格。

② 标记字母不区分大小写,建议都用小写。

③ 标记分为单标记和双标记。

· 单标记,只有起始标记没有结束标记,如
或
,后一种写法是 XHTML 代码书写的规范。

· 双标记,成对出现,如<body>和</body>。

④ 标记属性加在起始标记中,如 <font size="4" color="red">你好</font> 。

⑤ 标记和元素可以写在一行中,也可以写在多行中。

1.6.3 HTML 代码的书写规则

HTML 代码的书写规则如下:

① HTML 代码中所有的符号都是半角符号,代码不区分大小写,建议用小写。

② 标记中的属性不分先后,属性之间用空格分隔,属性值可以写在双引号中,也可以不用引号直接书写。建议写在双引号中。

③ 标记不能交叉,但可以嵌套。

如:<head><title>…</head></title>是错误的,而<head><title>…</title></head>则是正确的。

④ 回车键和空格键在 HTML 源代码中不起作用。

⑤ HTML 源代码的注释语句以“<! --”开始,以“-->”结束。注释语句的内容仅出现在源代码中,方便代码阅读,不会显示在浏览器中。

1.6.4 HTML 文件的基本结构

HTML 文件的基本结构如图 1-31 所示。

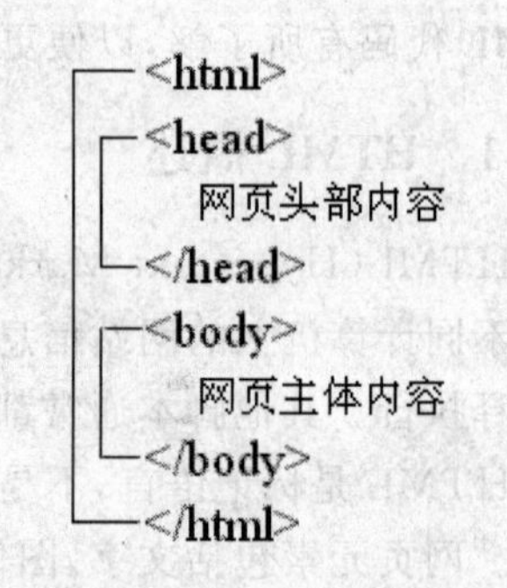

图 1-31 HTML 文件的基本结构

说明:

① <html>与</html>是 HTML 文件的开始和结束标记,告诉浏览器 HTML 文件的开始和结束,其他

HTML代码都要放在<html>与</html>之间。

② <head>与</head>是 HTML 文件头部的开始和结束标记，用来放置页面标题和文件信息等内容。标题的内容会显示在网页标题栏上，头部的其他内容主要包括对浏览器做一些提示，以及对嵌入的脚本做说明。这些内容通常情况下不会显示在网页中，而是通过另外方式起作用。

③ <body>与</body>是 HTML 文件主体的开始和结束标记，用来放置显示在网页上的内容，绝大多数 HTML 内容都放在这个区域里。

1.6.5　用 HTML 代码建立网页

下面通过一个实例，讲解用 HTML 制作网页的基本流程。

例 1-2　用 HTML 代码制作网页

操作步骤如下：

① 在 Windows 桌面单击“开始”→选“所有程序”→选“附件”→选“记事本”。

② 在空的记事本文档中输入如下代码。

```
<html>
<head><title>用 HTML 制作网页</title></head>
<body size="3">
这是我用 HTML 代码制作的网页<br>
<font color="#FF0000" size="4" face="黑体">
这是我用 HTML 代码制作的网页
</font>
</body>
</html>
```

③ 保存文件到指定文件夹→给文件起名为“p2”，保存后的文件名为“p2. txt”。

④ 在文件夹窗口单击“工具”菜单→选“文件夹选项”→单击“查看”选项卡→将“隐藏已知文件的扩展名”前面的对勾去掉。本操作使文件夹中的文件显示扩展名。

⑤ 关闭记事本→将文件的扩展名 txt 更改为 html，现在的文件名为“p2. html”。

⑥ 双击 p2. html，显示结果如图 1-32 所示。

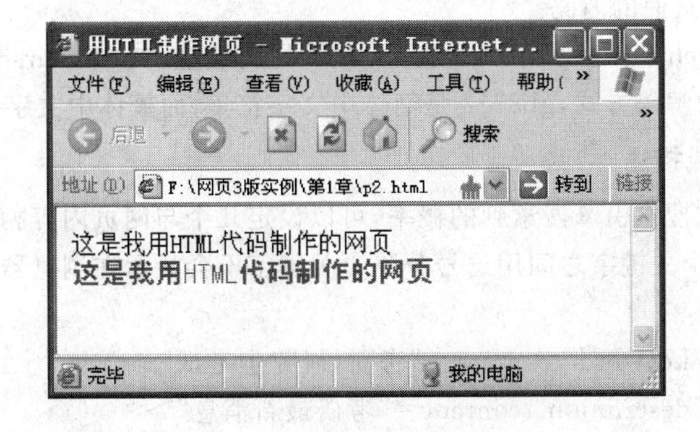

图 1-32　用 HTML 代码制作的网页

说明:

① 代码<body size="3">有1个属性"size=3",属性定义了文字的大小。在<body>标记中的属性对网页主体的所有文字有效。

② 代码<font color="#FF0000" size="4" face="黑体">有3个属性,分别定义了文字的颜色、文字的大小和文字的字体。在<font>标记中的属性仅对包含在<font>与</font>之间的文字有效,<font>中的文字属性优先于<body>中的文字属性。

③ 嵌套在最里层标记的属性优先。

1.6.6　元数据标记

<meta>被称为元数据标记,属于网页头部内容,放置在<head>与</head>之间。<meta>标记用来给搜索引擎提供网页的关键字、作者、描述等信息,在HTML文件的头部可以包括任意数量的<meta>标记。

<meta>标记是单标记,单标记不需要结束标记。

<meta>标记的常用属性如表1-3所列。

表1-3　<meta>标记的常用属性

属　性	作　用
http-equiv	生成一个HTTP标题域,它的取值由content确定
name	指定关键字,keyword或description
content	指定元数据的数值

1. 设定字符集

HTML页面的内容能以不同的字符集来显示,首先将页面的字符集告知浏览器,然后浏览器以相应的内码显示页面内容。对于浏览器不支持的字符集,页面中会显示乱码。

例如:

<meta http-equiv="Content-Type" content="text/html; charset=gb2312">

说明:

① http-equiv传送HTTP通信协议的表头,使HTTP服务器响应页面的头部信息。

② content定义页面的内码。

③ "text/html; charset=gb2312" 是content的属性值,其中charset用来指定字符集,也可以理解为文字的解码方式,gb2312是简体中文字符集,而繁体中文字符集通常是big5。

2. 设定关键字或描述

为了提高网页被搜索引擎搜索到的概率,可以设定几个与网页内容相关的关键字,关键字可以一个或多个,多个关键字之间用逗号分隔。关键字不会显示在浏览器中。

例如:

<meta name="keyword" content="考研,研究生考试">

<meta name="description" content="考研最新消息">

在搜索引擎中输入"考研"或"研究生考试"或"考研最新消息"等词句,搜索引擎会搜索到含有这个头部信息的网页。

说明：

将 name 的值设为“keyword”或“description”，然后在 content 中给出具体的值。

3. 设定网页作者

首先将 name 的值设为“author”，在 content 中写入网页作者的姓名，就可以在搜索引擎中以网页作者的姓名作为搜索内容。

例如：

<meta name="author" content="张三">

在搜索引擎中输入“张三”，会搜索到这个页面。

4. 刷新网页

有些网页需要有定时刷新功能，例如“聊天室”，刷新功能可以从服务器上读取最新聊天信息显示在网页中，利用元数据可以设置网页刷新的时间间隔。

将 http-equiv 属性值设为“refresh”，在 content 属性值中写入刷新间隔的秒数。

例如：

<meta http-equiv="refresh" content=3>

每隔 3 s 刷新网页内容。

1.7　上机实验　制作第一个网页

1.7.1　实验 1——用可视化方法制作第一个网页

1. 实验目的

用 Dreamweaver CS4 制作第一个网页，初步了解可视化制作网页的方法。

2. 实验要求

实验的具体要求如下：

① 定制工作窗口。

② 设置网页属性。

③ 添加网页标题和网页文字。

④ 预览网页效果。

3. 实验步骤

① 启动 Dreamweaver CS4→在开始窗口的“新建”列表中单击“HTML”。

② “查看”菜单→“颜色图标”，“颜色图标”命令前会显示对勾，此操作可以使各种工具图标用彩色显示，以便更容易的区分不同工具。

“颜色图标”命令如图 1-33 所示。

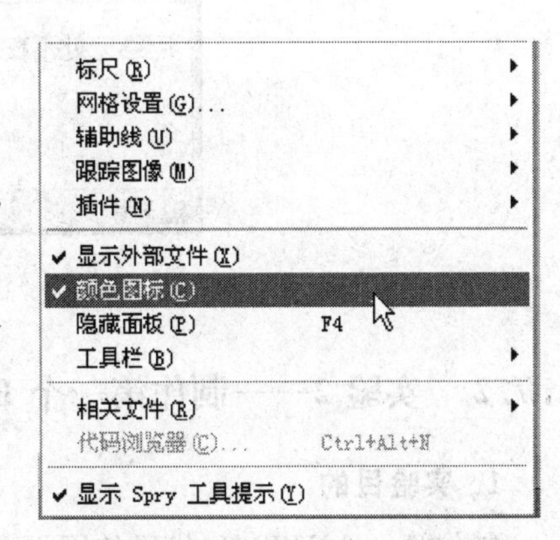

图 1-33　“颜色图标”命令

③ “查看”菜单→“显示外部文件”，使该命令前显示对勾，此操作可以在 Dreamweaver CS4 中打开各种外部

文件,以便查看和编辑其中的代码。

④“窗口”菜单→“工作区布局”→“经典”,此时,“插入”栏显示在工作区顶部。“窗口”菜单→“工作区布局”→“设计器”,此时“插入”栏作为面板显示在工作区右部。

网页制作初学者最常用的是这两种工作区布局。

⑤“修改”菜单→“页面属性”→在“页面属性”对话框中将“背景颜色”设置为淡黄色(#FF9)→将“文本颜色”设置为蓝色(#00F)→单击“确定”按钮。

设置“文本颜色”和“背景颜色”如图 1-34 所示。

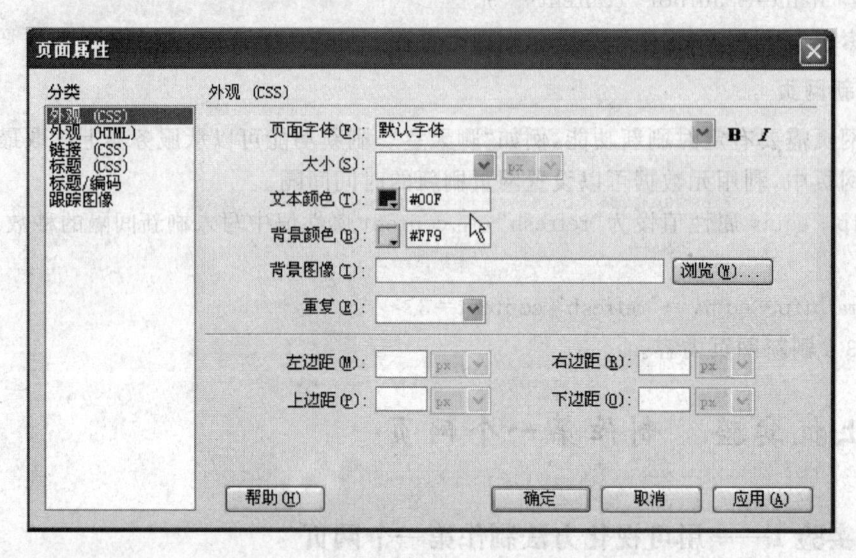

图 1-34 设置“文本颜色”和“背景颜色”

⑥ 在“标题”框输入“我的第 1 个网页”→在“文件”窗口输入“网络无处不在”。

⑦ 以“page1-1.html”为名保存文件→单击“在浏览器中预览/调试”按钮或按 F12 键。网页预览效果如图 1-35 所示。

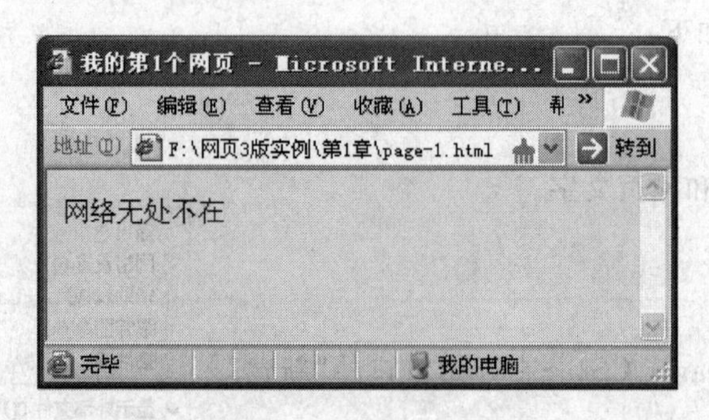

图 1-35 预览网页

1.7.2 实验 2——制作第一个 HTML 代码网页

1. 实验目的

制作第一个 HTML 代码的网页,初步了解代码制作网页的方法。

2. 实验要求

实验的具体要求如下：

① 复制、粘贴、编辑代码。

② 更改文本文件扩展名。

③ 查看网页效果。

3. 实验步骤

① 在实验 1 的工作窗口单击“代码”选项卡→拖动鼠标选取全部代码→Ctrl＋C 键复制代码。

② 打开 Windows 的“记事本”→Ctrl＋V 键将代码粘贴到记事本中→以“page1－2” 为名保存记事本文件。

③ 整理编辑代码内容如下：

```
<html>
<head>
<title>我的第 1 个 HTML 代码网页</title>
</head>
<body text = red bgcolor = #FFFF99>
我们生活在网络时代
</body>
</html>
```

④ 关闭文件→将文件扩展名改为“html”→用浏览器打开网页文件“page1－2.html”，显示效果如图 1－36 所示。

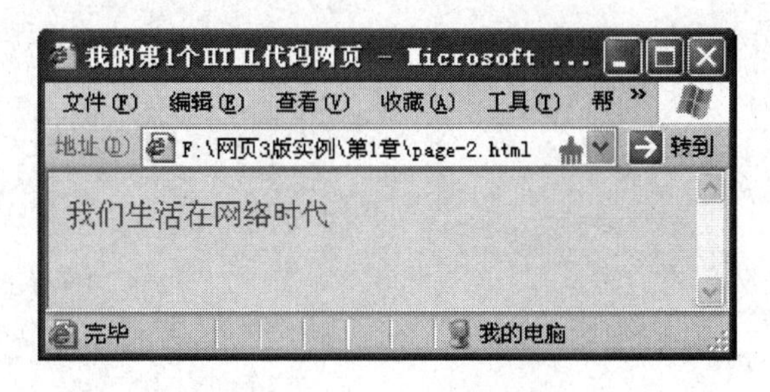

图 1－36　用代码制作网页

说明：有关颜色的属性值既可以用颜色值，也可以用颜色的英文单词。

思考题与上机练习题一

1. 思考题

(1) 什么是网站？

(2) 静态网页与动态网页的主要区别是什么？

(3) IP 地址是如何构成的？

(4) 域名的命名规则是什么？

(5) 什么是 HTTP 协议?

(6) 什么是 TCP/IP 协议?

(7) 什么是主页?

(8) HTML 文档的内容由哪几部分组成?

(9) HTML 文档的基本结构是怎样的?

(10) 元数据标记的作用是什么?

2. 上机练习题

(1) 用 Dreamveaver CS4 制作网页,在“页面属性”中定义网页背景色为淡黄色,定义文字为红色,在文件窗口输入一首唐诗,网页标题为“唐诗”,预览网页效果,用浏览器查看网页效果。

(2) 用 HTML 代码制作网页,网页背景为紫色(#800080/purple),网页文字为白色(#FFFFFF/white),写一行文字,用浏览器查看网页效果。

第2章 制作文本网页

文本是网页的重要元素，也是网站信息的主要表达方式。本章介绍文本输入、文本属性、文本列表以及滚动文字等内容，使读者掌握文本网页的制作方法。

2.1 设置文本属性

网页文本的默认设置由网页的"页面属性"决定，如果要另外设置文本属性，通常用文本的属性面板或"格式"菜单中的命令完成。设置之前首先要选定文本或将光标置于某个段落内，所进行的设置只作用于选定的文本或选定的段落。

Dreamweaver CS4 的文本属性面板可以用 HTML 格式和 CSS 格式两种方法设置文本。应用 HTML 格式时，系统将文本属性添加到 HTML 代码中。应用 CSS 格式时，系统将文本属性添加到 HTML 文件头部的 CSS 样式表中，或添加到单独的 CSS 样式表中。

2.1.1 文本属性面板(HTML)

在文本属性面板中单击"HTML"按钮，显示文本属性的 HTML 面板，如图 2-1 所示。

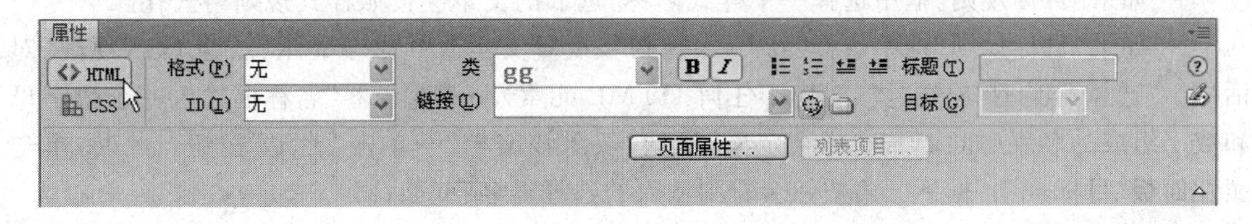

图 2-1 文本属性面板(HTML)

各选项含义如下：

① 格式，提供若干格式预选项，选项有"无"、"标题 1"至"标题 6"、段落等，可用来设置文本的段落格式。单击下三角按钮进行选择，其选项与"格式"菜单的"段落格式"子菜单大致相同。将鼠标放在一段文本中，选取"格式"框的某项，当前段落的所有文字都被格式化。

② 类，选择已经定义的样式或样式表。如果"格式"框中选择"段落"，"类"框中选择一个类名，则光标所在段落的文本将按照指定类的规则被格式化。

③ "类"框旁边有几个按钮，从左到右依次为：粗体字、斜体字、项目列表、编号列表、文本凸出、文本缩进。按钮按下去设置生效，否则为无效。

④ ID，给选中的文本定义名称，以便定义 CSS 样式。

⑤ 链接，显示链接目标的 URL，旁边有"指向文件"按钮和"浏览文件"按钮，用鼠标拖动"指向文件"按钮到站点的某个文件上，可建立到该目标的超链接。单击"浏览文件"按钮，在"选择文件"对话框选择文件，选中的文件成为链接的目标。链接目标的 URL 会自动显示在"链接"框中。

⑥ 目标,为链接对象设置显示的位置,主要用于“框架”网页。

⑦ 标题,为框架中的链接对象设置标题文字,当鼠标指针指向链接对象,标题文字显示在鼠标下方。

⑧ 页面属性,单击该按钮打开“页面属性”对话框,设置页面属性。

⑨ “列表项目”按钮,单击该按钮编辑列表样式,如列表类型、样式、开始计数等。只有进行文本列表设置时,“列表项目”按钮才是可用状态。

⑩ “快速标签编辑器”按钮,单击该按钮显示标签编辑器,在编辑器中输入 HTML 标记和标记的属性。

2.1.2 文本属性面板(CSS)

在文本属性面板中单击“CSS”按钮,显示文本的 CSS 面板,如图 2-2 所示。

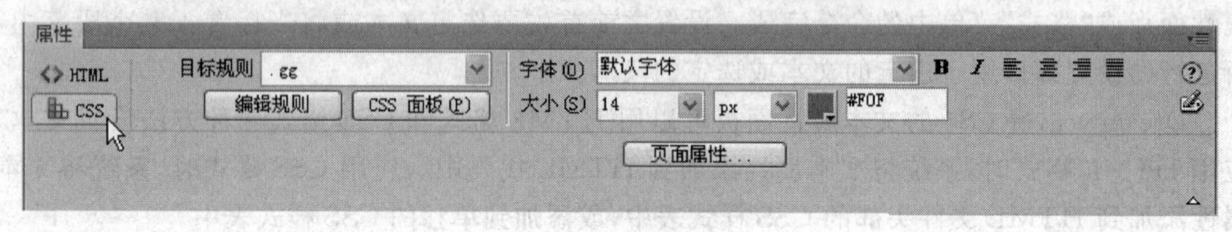

图 2-2 文本“属性”面板(CSS)

各选项含义如下:

① 目标规则,显示和应用 CSS 样式。

· 如果“目标规则”框中选择一个样式名称,选取的文本会按照样式规则格式化。

· 如果“目标规则”框中选择“新 CSS 规则”,设置文本属性时会显示“新建 CSS 规则”对话框。“选择器类型”框选“类(对应于任何 HTML 元素)”→“选择器”名称框输入一个由字母和数字组成的名字(如:k1)→“规则定义”框选“仅限该文档”→单击“确定”按钮。此时,单击属性面板“目标规则”框下三角按钮会看到输入的选择器名字(如:k1)。

“新建 CSS 规则”对话框如图 2-3 所示。

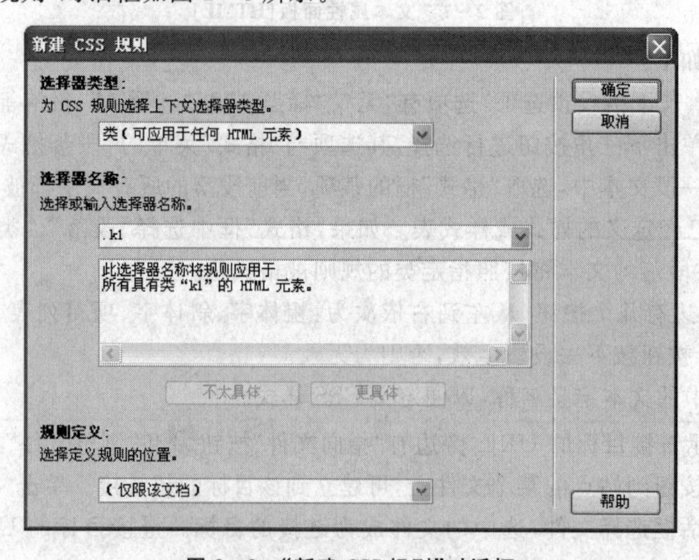

图 2-3 “新建 CSS 规则”对话框

·"目标规则"框选输入的选择器名字(如:k1),然后给文本设置字体、颜色等属性。这些属性作为 CSS 样式添加在文件头部。其中"选择器"名字不要与 HTML 的标记重名。

② 字体,单击下三角按钮给选中的文本设置字体。如果单击字体列表最下方的"编辑字体列表"选项,可以打开"编辑字体列表"对话框,给字体列表添加字体。在"编辑字体列表"对话框的"可用字体"中双击一个字体名,该字体就添加到字体列表中。

"编辑字体列表"对话框如图 2-4 所示。

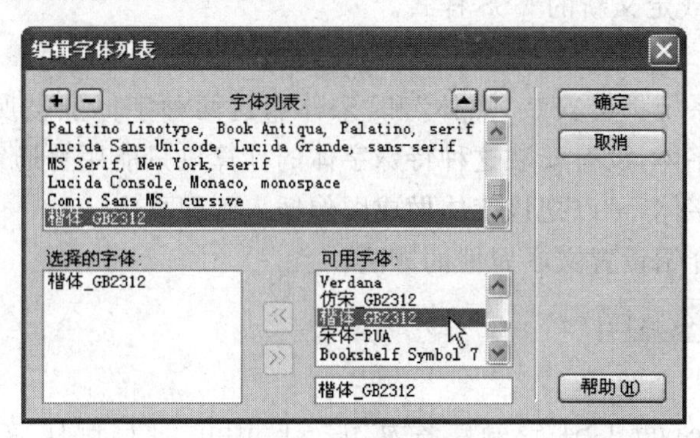

图 2-4　添加字体

③ 粗体字和斜体字按钮,位于"字体"框旁边,按钮按下去设置生效,否则为无效。

④ "对齐"按钮组,用来设置段落的对齐方式,从左到右依次为:左对齐、居中对齐、右对齐、两端对齐、默认左对齐。

⑤ 大小,单击下三角按钮选择字号,右边文本框定义字号单位,默认单位是 px(像素)。

⑥ "颜色"按钮,单击按钮打开颜料盒,设置文本颜色,按钮旁边的文本框中显示该颜色的十六进制颜色值。也可以在"颜色"按钮旁边的文本框中直接输入表示颜色的英文单词,或以#号开头的十六进制数。例如,输入"red"或"#FF0000",选中的文本都是红色。清空颜色框的内容,将取消当前的颜色设置。

⑦ "编辑规则"按钮,如果"目标规则"框显示一个样式名,单击该按钮编辑已有的样式。如果"目标规则"框显示"新建 CSS 规则",单击该按钮新建 CSS 规则。

⑧ "CSS 面板"按钮,单击该按钮将"CSS 样式"面板显示在面板组窗口。如果"CSS 样式"面板已经打开,则"CSS 面板"按钮是不可用状态。

2.1.3　"格式"菜单

用"格式"菜单可以方便的设置文本属性,"格式"菜单如图 2-5所示。

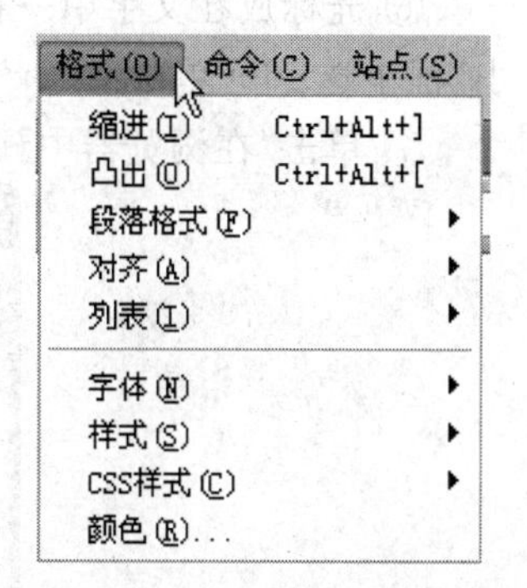

图 2-5　"格式"菜单

文本格式包括段落格式和字符格式两部分,这两部分在"格式"菜单中用一条灰色线分隔。灰色线上面的命令设置段落格式,灰色线下面的命令设置字符格式。

1. 段落格式

段落格式对光标所在段落起作用。将鼠标置于一段文本中,在属性面板"格式"框选"段落",在"类"框选一个样式名,整个段落文字将按照指定样式格式化。

其他段落格式还有缩进、凸出、标题1至标题6、对齐、列表等。其中,标题号的数值越小,标题文本的字越大。

2. 字符格式

常用字符格式包括字体、字号、文本颜色、粗体字、斜体字等。

“格式”菜单中的“样式”子菜单用来设置粗体字、斜体字等,而“CSS样式”子菜单则用来选择已有的CSS样式或定义新的CSS样式。

说明:

大多数中文操作系统都会安装“黑体”和“宋体”,这两种字体能被所有浏览器正确识别。对于其他过于特殊的字体,没有安装这种特殊字体的计算机只能用普通字体来代替。所以,如果必须使用某种特殊字体,可以把该字体做成图像插入到网页中。

下面用一个实例介绍设置文本属性的方法。

例2-1 设置文本属性

操作步骤如下:

① 启动“Dreamweaver CS4”→新建名为“p2-1.html”的HTML文档。

② 在“标题栏”框输入“设置文本属性练习”。

③ 在文档窗口输入“人生格言”→光标放在文字中→在属性面板单击“HTML”按钮→在“格式”框选“标题2”→在属性面板单击“CSS”按钮→单击“居中对齐”按钮→在随后打开的“CSS规则”窗口的“选择器名称”框输入“y1”→单击“确定”按钮。此时,“人生格言”以“标题2”文字在设计窗口居中显示。

④ 回车另起一行→输入如下文本内容。

“人生最可贵的品格是诚实,人生最大的财富是健康,人生最大的敌人是自己,人生最大的破产是绝望,人生最大的悲哀是嫉妒,人生最大的错误是自弃,人生最大的欣慰是奉献,人生最大的失败是自大,人生最大的债务是人情债,人生最珍贵的礼物是宽恕,人生最无知的是自欺欺人,人生最可佩服的是精进。”

⑤ 转到汉字输入法全角状态→在文字首行开始处按两下空格,空出2个空格。(注:这是输入空格的小技巧。)

⑥ 光标放在文字中→在属性面板单击“CSS”按钮→“字体”框中选“楷体_GB2312”→“大小”框中选16→单位选“px”→“文本颜色”选蓝色(#000F0F)→单击“粗体”按钮使文字加粗。

⑦ 单击“在浏览器中预览/调试”按钮,显示结果如图2-6所示。

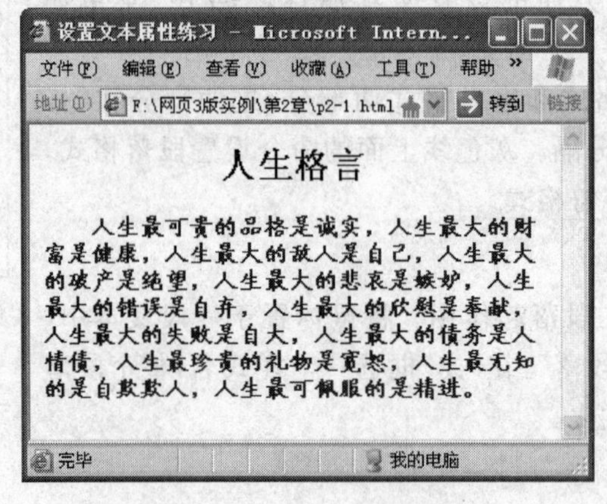

图2-6 设置文本属性

2.2　输入字符

在网页中输入文字和字符，是网页制作的基本操作。

2.2.1　输入普通字符

网页中的字符和文字都可以用 3 种方法输入：直接输入方法、粘贴方法、导入方法。

1. 直接输入

首先在网页文档中确定当前光标，然后输入字符和文字。

2. 粘　贴

首先复制文档中的文字（如网页、Word 文档、TXT 文档等），然后在当前网页文档中确定光标，最后做粘贴操作，复制的文本被粘帖到当前光标处。

复制操作的快捷键 Ctrl＋C，剪切操作的快捷键 Ctrl＋X，粘贴操作的快捷键 Ctrl＋V。

3. 导　入

以导入 Word 文档为例。“文件”菜单→“导入”→“Word 文档”→选择 Word 文档→单击“确定”按钮，选定 Word 文档的全部文字被导入到网页设计窗口当前光标处。

可以导入的文档还有表格式数据、Excel 表格等。

“导入”命令的级联菜单如图 2－7 所示。

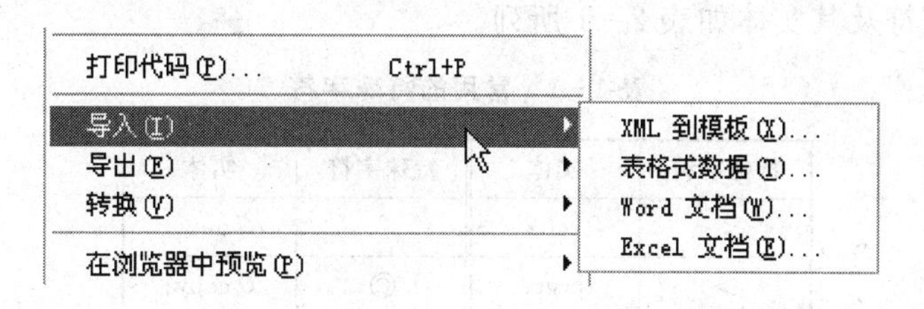

图 2－7　“导入”命令的级联菜单

2.2.2　输入特殊字符

特殊字符（如空格、版本符号等）需要用专门方法来实现。输入特殊字符有两种方法：可视化方法和 HTML 实体方法。

1. 可视化方法输入特殊字符

“插入”菜单→“HTML”→“特殊字符”，显示“特殊字符”子菜单，如图 2－8 所示。

下面用一个实例介绍用可视化方法输入特殊字符。

例 2－2　可视化方法输入特殊字符

操作步骤如下：

① 在 Dreamweaver 中新建名为“p2－2.html”的文档。

② 在标题栏中输入“输入特殊字符”。

③ 输入字符串：版权© 2012“张三工作室”。用“特殊字符”子菜单插入版权符号、不换行

空格和引号。其中,“版权”和“2012”后面各插入1个不换行空格。

④ 预览网页,显示结果如图2-9所示。

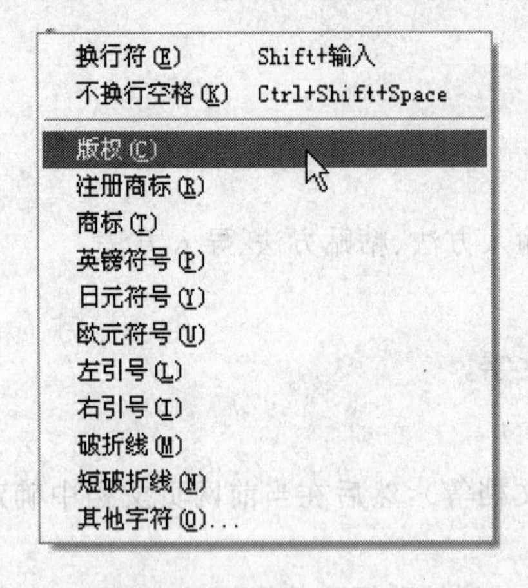

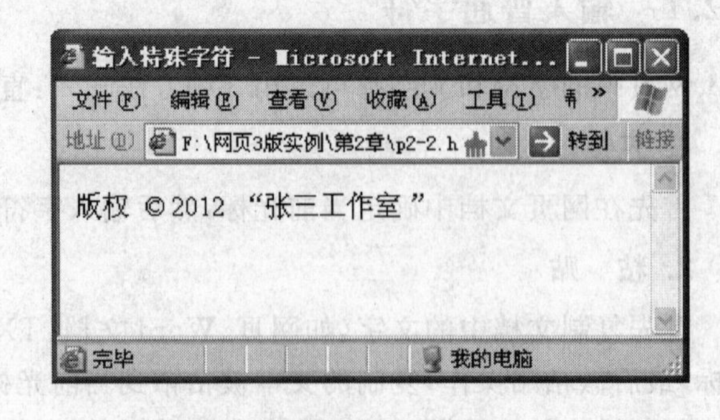

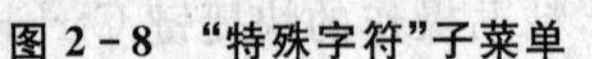

图2-8 “特殊字符”子菜单　　图2-9 可视化方法输入特殊字符

说明:在汉字全角输入模式下,用空格键可以在设计视图中输入不换行空格。

2. 用HTML实体输入特殊字符

版权符号、引号、空格等特殊字符在HTML用字符、字母和数字的组合表示,这样的组合称为“实体”。例如,空格在HTML中用实体“ ”表示。

常用的特殊字符及其实体如表2-1所列。

表2-1 常用的特殊字符

特殊字符	实体	特殊字符	实体
<	<	"	"
>	>	©	©
&	&	空格	

下面用一个实例介绍在HTML中如何显示特殊字符。

例2-3 用HTML实体输入特殊字符

操作步骤如下:

① 新建名为“p2-3.html”的HTML文档。

② 用“记事本”方式打开“p2-3.html”。

③ 输入以下代码:

```
<html>
<head><title>特殊字符使用练习</title></head>
<body>
  如果 a &lt; b 并且 c &gt; d，
那么逻辑值为真。
</body>
</html>
```

④ 浏览网页，显示结果如图 2-10 所示。

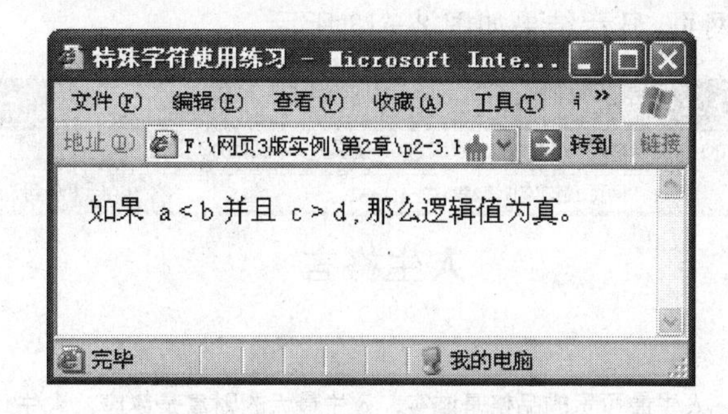

图 2-10 用 HTML 实体输入特殊字符

2.2.3 插入水平线

水平线用来分隔文字内容，在一篇字数较多的文本中插入几条水平线，可以使内容层次分明，提升阅读效果。

1. 水平线的使用方法

下面用一个实例介绍插入水平线的方法。

例 2-4 插入水平线

操作步骤如下：

① 在 Dreamweaver 中新建名为"p2-4.html"的 HTML 文档。

② 在"标题栏"框输入"插入水平线"。

③ 将 p2-1.html 中的文字粘贴到当前文档→光标置于第 1 行文字末尾→"插入"菜单→"HTML"→"水平线"，在第 1 行文字"人生格言"下方插入了一条水平线(注：水平线自成一行)。

④ 选中水平线→属性面板"宽"框中输入 50→单位选"%"→"高"框输入 5→"对齐"框选"居中对齐"→去掉"阴影"选项的对勾。此时，水平线的宽度为浏览器窗口宽度的 50%，高度为 5 像素，颜色为默认的深灰色，在窗口居中。

水平线的属性面板如图 2-11 所示。

图 2-11 水平线的属性面板

⑤ 光标置于所有文字的末尾→同样方法再插入一条水平线→选中水平线→属性面板中去掉"阴影"选项的对勾→其他选项都取默认值→单击"快速标签编辑器"按钮→在水平线标记<hr>中输入：color="red"。本操作设置水平线为红色。

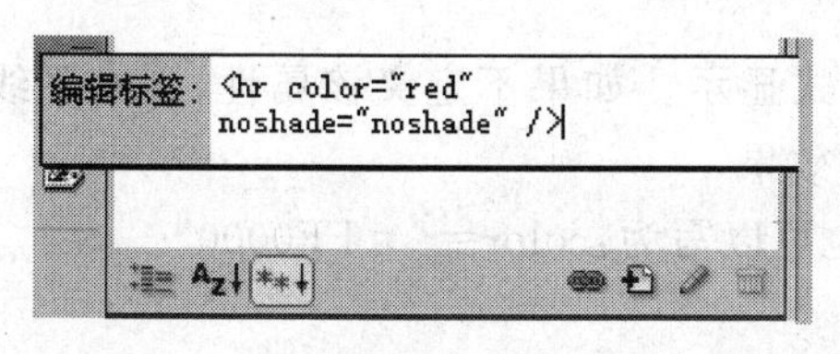

图 2-12 设置水平线为红色

在"快速标签编辑器"中设置水平线颜色如图 2-12所示。

⑥ 将 p2－2. html 中的文本粘贴到红色水平线下方→使文字居中显示。

⑦ 按 F12 键预览网页,显示结果如图 2－13 所示。

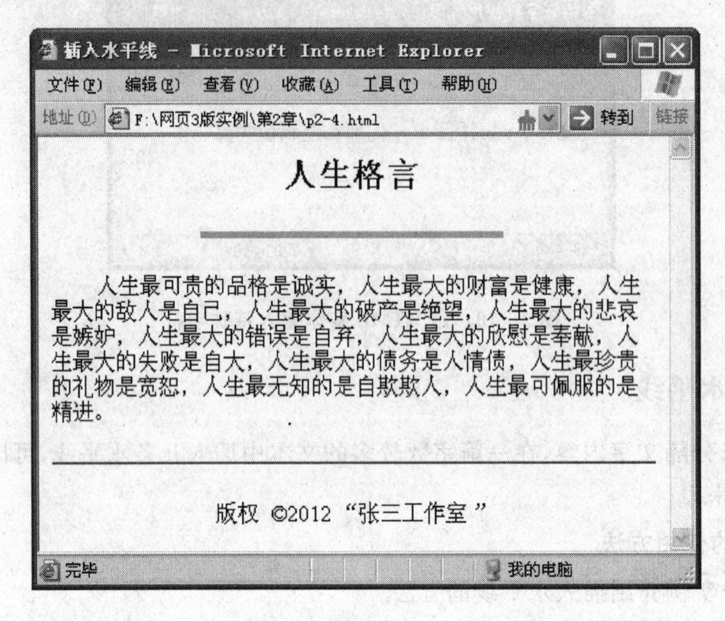

图 2－13　插入水平线

说明:水平线的颜色设置要用添加标记属性的方法实现,设置的水平线颜色只有在浏览器中才能看到效果。

2. 水平线标记

水平线的 HTML 标记是＜hr＞,用属性设置水平线的显示样式。将例 2－4 的设计视图转为代码视图,查看两条水平线的 HTML 标记和属性。

① 水平线居中显示、宽度为 50％、高度为 5、无阴影,代码如下:

```
＜hr align = "center" width = "50 %" size = "5" noshade = "noshade" /＞
```

② 水平线是红色、无阴影,代码如下:

```
＜hr color = "red"   noshade = "noshade" /＞
```

属性说明如下:

① align＝"center",设置水平线在浏览器窗口居中,可选项还有 left、right。

② width＝"50％",设置水平线宽度是浏览器窗口的 50％。如果去掉％号,将属性设置改为:width＝"50",则水平线宽度是 50 像素。

③ size＝"5",设置水平线高度为 5 像素。

④ noshade＝"noshade",设置水平线无阴影方式显示。如果不定义该属性,则水平线以阴影方式显示。阴影方式显示的水平线有一点立体效果。

⑤ color＝"red",设置水平线的颜色为红色。也可以写为:color＝"＃FF0000"。

2.2.4　文字的查找和替换

编辑网页经常用到“查找和替换”功能,此功能可以快速将指定内容替换成新内容,而“查找”功能则能快速将光标移到指定位置。

“编辑”菜单→“查找和替换”，打开“查找和替换”对话框，如图 2-14 所示。

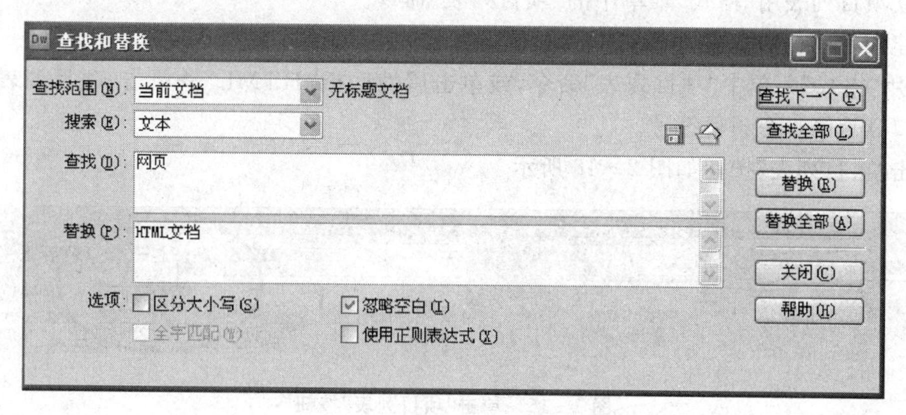

图 2-14　“查找和替换”对话框

各选项说明如下：

① 查找范围，单击下三角按钮选择查找范围，可选项有：所选文字、当前文档、打开的文档、文件夹、站点中选中的文件、整个当前本地站点。“查找范围”框右边显示被查找文档的标题。

② 搜索，单击下三角按钮选择搜索类型，可选项有：源代码、文本、文本(高级)、指定标签。

③ 查找，输入要查找的文字或标记，单击“查找全部”按钮，系统打开“结果”窗口，在“搜索”标签下显示全部搜索结果。单击面板菜单或右击“结果”窗口的标题栏，选择“关闭标签组”，可以关闭“结果”窗口。

右击“结果”窗口标题栏如图 2-15 所示。

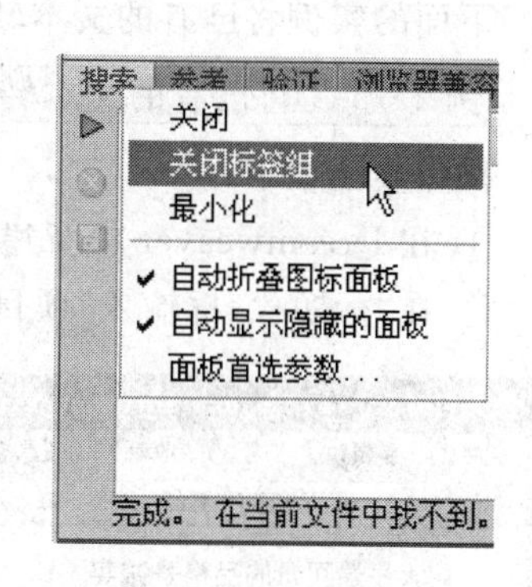

图 2-15　右击“结果”窗口标题栏

④ 在“替换”框输入要替换的文字或符号，不断单击“替换”按钮，查找到的内容将依次被新内容替换。单击“替换全部”按钮，系统打开“结果”窗口，在“搜索”标签下显示全部替换结果。

2.3　创建列表

列表可以将网页中的文本以列表排序的方式显示。列表分为项目列表、编号列表和定义列表。其中，项目列表不排序，编号列表排序，定义列表不使用项目符号或数字这样的前导符，通常用于进一步说明。

2.3.1　项目列表

项目列表是一种无序列表，可以增加内容的归纳性，项目列表的每一行前有一个项目符号作为前缀。

1. 新建项目列表

建立项目列表用“格式”菜单中的“项目列表”命令。

新建项目列表的步骤如下:

① 用“格式”菜单中“项目列表”命令,或单击属性面板“HTML”→单击“项目列表”按钮,设计窗口显示第1个项目符号。

单击“项目列表”按钮如图2-16所示。

图2-16　单击“项目列表”按钮

② 输入项目列表第1行的文本然后回车,下一行会自动以项目符号开始。

③ 依次输入项目列表的各行文本。

④ 在最后一行连续回车,两次结束项目列表。

2. 将文本转为项目列表

下面的实例将已有的文本转为项目列表。

例2-5　将已有的文本转为项目列表

操作步骤如下:

① 在Dreamweaver中新建名为“p2-5.html”的HTML文档。

② 在“标题栏”框输入“项目列表”。

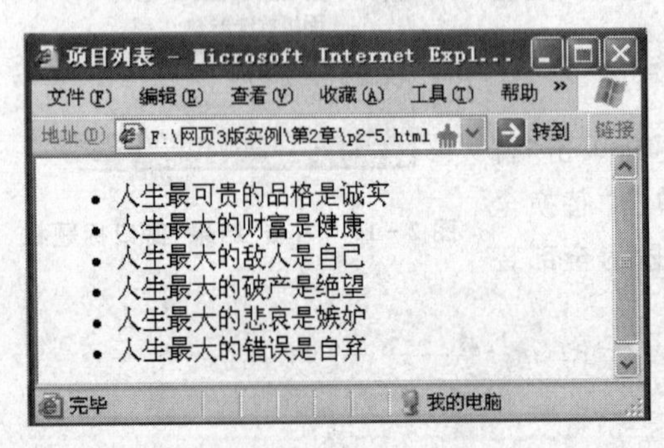

图2-17　项目列表

③ 将p2-1.html中的文字复制几句粘贴到当前文档→光标置于第1句文字中→“格式”菜单→“列表”→“项目列表”,第1句前添加了项目符号。

④ 光标置于在第1句结束处→删除逗号并按回车键,开始项目列表的第2行。

⑤ 同样方法处理其余几句→在最后一行连续两次回车结束项目列表。

⑥ 按F12键预览网页,显示结果如图2-17所示。

3. 项目列表属性设置

项目列表的属性比较简单,通常只需要更换项目符号。Dreamweaver CS4提供的项目符号有圆点和方块两种,默认的项目符号是圆点。

项目列表的属性在“列表属性”对话框中设置,打开“列表属性”对话框可以用两种方法:

方法1:“格式”菜单→“列表”→“属性”。

方法2:在文本属性面板单击“HTML”→单击“列表项目”按钮。

更换项目符号的步骤如下：

① 将光标置于项目列表的文本中。

② 打开“列表属性”对话框。

③ 在“样式”框里选“正方形”，其余都用默认值。

④ 单击“确定”按钮。项目列表的项目符号全部由圆点更换成正方形。

“列表属性”对话框如图 2-18 所示。

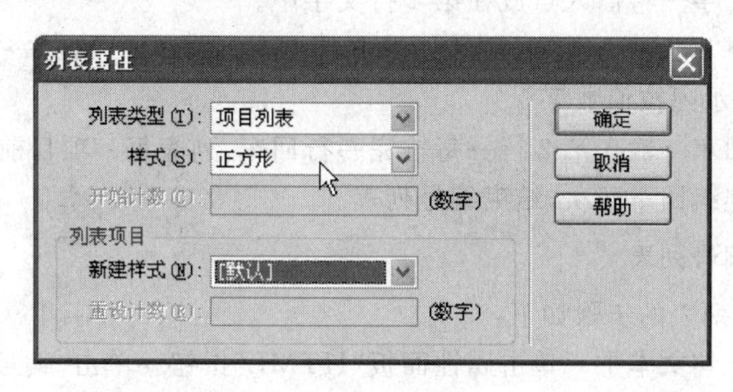

图 2-18　更换项目符号

4. 项目列表的 HTML 标记

在 HTML 中插入项目列表通过<ul>和<li>标记实现。其中，首标记<ul>和尾标记</ul>之间是项目列表的内容，列表的每一项放在<li>与</li>之间。

项目列表的 HTML 语法格式如下：

```
<ul  type="项目符号">
<li>列表项 1</li>
<li>列表项 2</li>
      ⋮
<li>列表项 n</li>
 </ul>
```

说明：<ul>标记用 type 属性设置项目符号，属性值设置有如下 3 种：

type="disc"　　　　设置项目符号为圆点，这是默认值。

type="circle"　　　设置项目符号为圆圈。

type="square"　　　设置项目符号为正方形。

将例 2-5 的“设计”视图转到“代码”视图，项目列表的 HTML 代码如下：

```
<ul type = "disc">
        <li>人生最可贵的品格是诚实</li>
        <li>人生最大的财富是健康</li>
        <li>人生最大的敌人是自己</li>
        <li>人生最大的破产是绝望</li>
        <li>人生最大的悲哀是嫉妒</li>
        <li>人生最大的错误是自弃</li>
</ul>
```

2.3.2 编号列表

编号列表是一种有序列表,列表项的前缀是阿拉伯数字、罗马数字或英文字母。

1. 新建编号列表

新建编号列表的步骤如下。

① 输入第 1 行文字→将插入点放在第 1 行文字中。

② “格式”菜单→“列表”→“编号列表”,或单击属性面板“HTML”→单击“编号列表”按钮,第 1 行文字前显示阿拉伯数字 1。

③ 在第 1 行后回车→输入第 2 行→每输完一行回车,列表每一项目前都显示编号。

④ 在最后一行连续回车两次,结束编号列表。

2. 将文本转为编号列表

将文本转为编号列表的步骤如下:

① 光标置于第 1 句文本中→单击属性面板“HTML”按钮→单击“编号列表”按钮。

② 在第 1 句结束处回车→同样方法处理其余几句。

③ 在最后一行连续两次回车结束编号列表。

3. 将项目列表转换为编号列表

下面的实例将已有的项目列表转为编号列表。

例 2-6 项目列表转为编号列表

操作步骤如下:

① 在 Dreamweaver 中新建名为“p2-6.html”的 HTML 文档。

② 在“标题栏”框输入“编号列表”。

③ 将 p2-5.html 中的项目列表文字粘贴到当前文档。

④ 选取全部项目列表文字→单击属性面板“HTML”→单击“编号列表”按钮。

⑤ 按 F12 键预览网页,可以看到项目列表已经转为编号列表。

项目列表转为编号列表效果如图 2-19 所示。

4. 设置编号列表属性

在“列表属性”对话框中可以设置“编号列表”的多个属性,“编号列表”对应的列表属性对话框如图 2-20 所示。

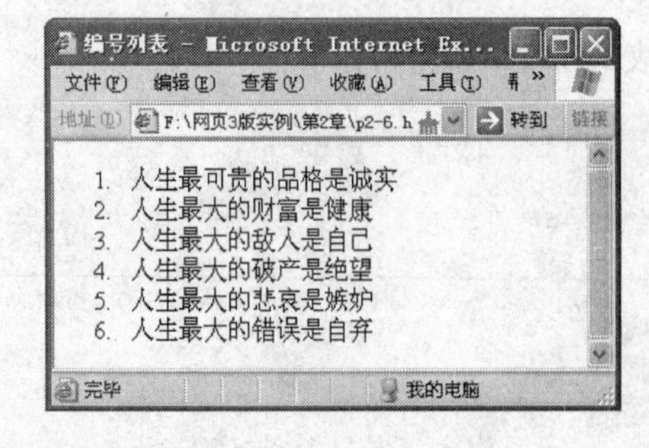

图 2-19 项目列表转为编号列表

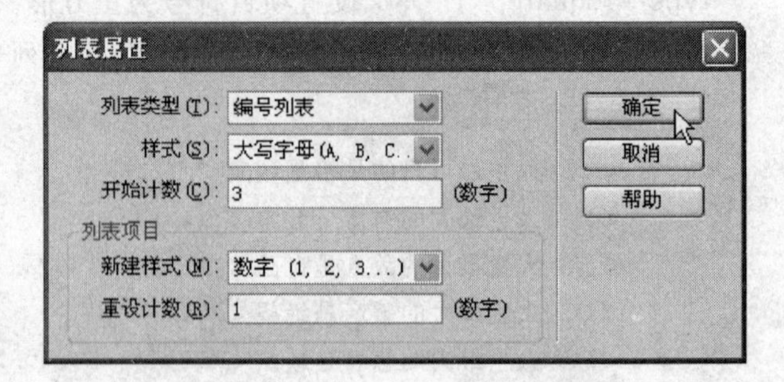

图 2-20 设置编号列表属性

各选项含义如下：

① 列表类型，单击下三角按钮选择“编号列表”。

② 样式，指定编号列表的项目前缀，可以选阿拉伯数字、大写罗马数字、小写罗马数字、大写英文字母、小写英文字母，默认前缀是阿拉伯数字。

③ 开始计数，设置编号列表的起始编号。

④ 新建样式，给编号列表中的某项指定不同于其他列表项的前缀。

⑤ 重设计数，给“新建样式”中定义的列表项指定起始编号，从该行往后的列表项序号将重新开始。

5. 编号列表的 HTML 标记

在 HTML 中插入编号列表通过<ol>和<li>标记实现。其中，首标记<ol>和尾标记</ol>之间是编号列表的内容，列表的每一项包括在<li>与</li>之间。

编号列表的 HTML 语法格式如下：

```
<ol  type="编号样式" start="起始编号">
     <li>列表项 1</li>
     <li>列表项 2</li>
          ⋮
     <li>列表项 n</li>
</ol>
```

说明：

① <ol>标记有 type 和 start 属性，type 属性用于指定编号样式。start 属性用于指定起始编号，默认编号样式为阿拉伯数字，默认起始编号为 1。

type 属性和 start 属性举例如下：

代码 1：<ol type="1" start="10">

功能：编号用阿拉伯数字，从阿拉伯数字 10 开始。

代码 2：<ol type="a" start="b">

功能：编号用小写英文字母，从字母 b 开始。

代码 3：<ol type="A" start="K">

功能：编号用大写英文字母，从字母 K 开始。

代码 4：<ol type="i">

功能：编号用小写罗马数字。

代码 5：<ol type="I">

功能：编号用大写罗马数字。

② <li>标记有 value 属性，用于更改当前行以及后续行的编号顺序。

例如：<li value="4">

功能：当前行编号为 4，后续行编号从 4 开始向下依次排列。

将例 2-6 的“设计”视图转到“代码”视图，编号列表的 HTML 代码如下：

```
<ol start = "1" type = "1">
     <li>人生最可贵的品格是诚实</li>
```

```
        <li>人生最大的财富是健康</li>
        <li>人生最大的敌人是自己</li>
        <li>人生最大的破产是绝望</li>
        <li>人生最大的悲哀是嫉妒</li>
        <li>人生最大的错误是自弃</li>
</ol>
```

2.3.3 定义列表

定义列表类似于字典样式,对每个列表项给出说明文字。

1. 建立定义列表

下面用一个实例介绍定义列表的使用方法。

例2-7 建立定义列表

操作步骤如下:

① 在 Dreamweaver 中新建名为"p2-7.html"的 HTML 文档。

② 在"标题栏"框输入"定义列表"。

③ "格式"菜单→"列表"→"定义列表",定义列表开始。

④ 输入词句"变幻莫测"→回车后输入"指变化很多,使人无法捉摸",可以看到说明文字的位置退后一点。

⑤ 同样方法再输入2个词句及说明→按2次回车结束定义列表。

⑥ 按F12键预览网页,如图2-21所示。

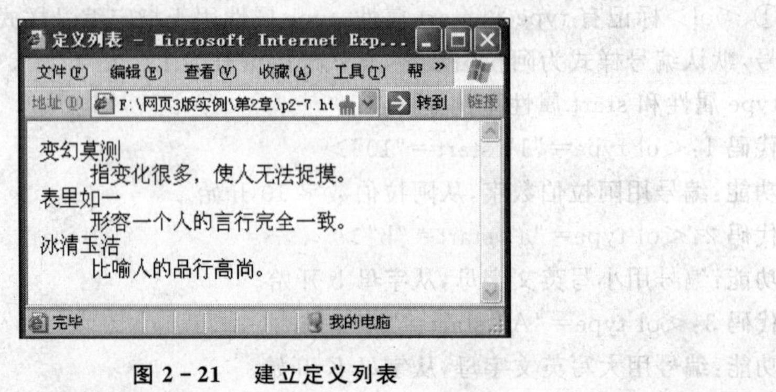

图2-21 建立定义列表

2. 定义列表的HTML标记

在HTML中插入定义列表通过<dl>、<dt>和<dd>标记实现。首标记<dl>和尾标记</dl>之间是定义列表的内容,列表的每一项包括在<dt>与</dt>之间,列表的每一个说明项包括在<dd>与</dd>之间。

定义列表的HTML语法格式如下:

```
<dl>
        <dt>列表项1</dt>
                <dd>列表项1的说明</dd>
        <dt>列表项2</dt>
```

```
        <dd>列表项 2 的说明</dd>
            ⋮
    <dt>列表项 n</dt>
        <dd>列表项 n 的说明</dd>
</dl>
```

将例 2－7 的“设计”视图转到“代码”视图，查看定义列表的 HTML 代码如下：

```
<dl>
    <dt>变幻莫测</dt>
        <dd>指变化很多，使人无法捉摸。</dd>
    <dt>表里如一</dt>
        <dd>形容一个人的言行完全一致。</dd>
    <dt>冰清玉洁</dt>
        <dd>比喻人的品行高尚。</dd>
</dl>
```

2.3.4 嵌套列表

嵌套列表是包含其他列表的列表，通常在项目列表与编号列表之间嵌套。在列表中将部分文字缩进，使已有列表项与缩进的列表项成为上下级关系。

1. 建立嵌套列表

下面用一个实例介绍嵌套列表的使用方法。

例 2－8　建立嵌套列表

操作步骤如下：

① 在 Dreamweaver 新建名为“p2－8. html”的 HTML 文档。

② 在“标题栏”框输入“嵌套列表”。

③ 将 p2－5. html 中的项目列表文字粘贴到当前文档。

④ 在第 1 行前回车→输入“格言 1”→ 在第 4 行前回车→输入“格言 2”。

⑤ 拖动鼠标选取“格言 1”下面的 3 行→单击属性面板“HTML”按钮→单击“文本缩进”按钮→选取“格言 2”下面的 3 行→同样方法使文本缩进。

⑥ 选取缩进的文本→单击属性面板的“编号列表”按钮。

操作过程如图 2－22 所示。

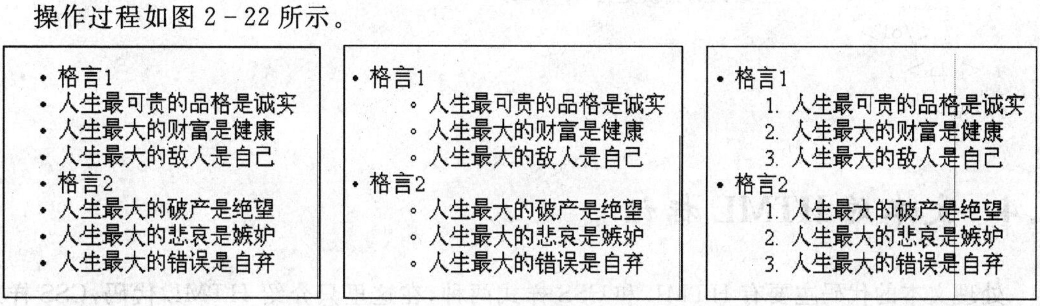

图 2－22　制作嵌套列表

⑦ 将文字“格言 1”和“格言 2”加粗和倾斜。

⑧ 预览网页,嵌套列表的显示效果如图 2-23 所示。

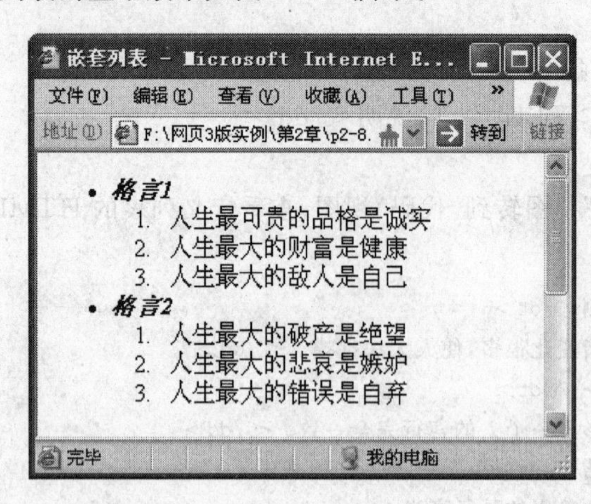

图 2-23 嵌套列表

2. 嵌套列表的 HTML 标记

嵌套列表就是将项目列表标记与编号列表标记结合在一起使用,要注意标记的匹配顺序,千万不能交叉。

例 2-8 嵌套列表的 HTML 代码如下:

```
<ul>
  <li>格言 1
    <ol>
           <li>人生最可贵的品格是诚实</li>
           <li>人生最大的财富是健康</li>
           <li>人生最大的敌人是自己</li>
      </ol>
  </li>
  <li>>格言 2
      <ol>
           <li>人生最大的破产是绝望</li>
           <li>人生最大的悲哀是嫉妒</li>
           <li>人生最大的错误是自弃</li>
      </ol>
  </li>
</ul>
```

2.4 文本的 HTML 标记

处理文本的代码主要有 HTML 和 CSS 样式两种,在这里只介绍 HTML 代码,CSS 样式在后面章节介绍。

2.4.1　在<body>标记中定义文本

在<body>标记中用 text 属性定义文本颜色，而文本大小、文本字体等其他属性通常用内联样式定义，内联样式在第 9 章介绍。

<body>中定义的属性类似于默认值，对网页的所有文字有效。如果某些文本需要其他效果，可以用<font>等其他标记定义，专门定义的文本属性优先。

标记中与颜色有关的属性值用以"#"开头的十六进制数表示，也可以用颜色的英文单词表示。

例如，定义网页文本的默认颜色为红色，以下代码作用相同。

```
<body text = "#FF0000">
<body text = "red">
```

说明：颜色属性值的引号可以省略。Dreamweaver 中的颜色值有时只显示 3 个数字（如：#0F0），这是因为颜色值的十六进制数有三组相同数字。如果用记事本等其他方式编写网页代码，不要使用只有 3 个数字的颜色值。

常用颜色值如表 2－2 所列。

表 2－2　常用颜色值

颜色名	颜色值	单词	颜色名	颜色值	单词
黑色	#000000	black	蓝色	#0000FF	blue
白色	#FFFFFF	white	银色	#C0C0C0	silver
红色	#FF0000	red	灰色	#808080	gray
黄色	#FFFF00	yellow	茶色	#800000	maroon
绿色	#00FF00	green	紫色	#800080	purple

2.4.2　换行标记、段落标记、块标记

换行标记和段落标记被用来人为地另起一行或一段，换行标记是
，段落标记是<p>。如果没有换行标记和段落标记，Web 浏览器窗口会根据浏览器窗口的宽度尽可能长的显示文本。

1. 换行标记

标记的作用是另起一行，在 Dreamweaver CS4“设计”视图中，Shift＋Enter 组合键的作用也是换行。换行以后两行之间距离很近。
是单标记。

2. 段落标记<p>

<p>标记的作用是另起一段，在 Dreamweaver CS4“设计”视图中，Enter 键的作用也是另起一段。另起一段以后两段落之间会有一点距离。

<p>是双标记，也可以作为单标记使用。<p>标记中可以用 align 属性定义段落在浏览器窗口的位置，属性值选项有 left、center 和 right，分别设置段落在浏览器窗口的左侧、中间或右侧，默认值为左侧。

3. 块标记<div>

<div>可以把文档分割为独立的不同部分,所以称为快标记。

<div>是双标记,如果用它来定义网页元素的对齐属性,其作用与<p>标记相似。在标记中添加 align 属性,定义元素在浏览器窗口的位置,属性取值有:left(左对齐)、right(右对齐)、center(居中对齐)。

2.4.3 文本格式标记

设置文本格式的常用标记有:<font>、<strong>、<b>、<i>、<div>等。

1. <font>标记

<font>是双标记,用来定义文本格式,定义的文本格式只对<font>与</font>之间的文字有效。

(1) 设置文字的颜色

设置文字的颜色使用<font>标记的 color 属性。

例如:<font color="#0000FF">人生最珍贵的礼物是宽恕</font>。

功能:将指定文本设置成蓝色。

(2) 设置文字的大小

设置文字的大小使用<font>标记的 size 属性。

例如:<font size="4">人生最珍贵的礼物是宽恕</font>。

功能:设置文字的大小为 4 号。

(3) 设置文字的字体

设置文字的字体使用<font>标记的 face 属性。

例如:<font face="黑体">人生最珍贵的礼物是宽恕</font>。

功能:设置文字的字体为"黑体"。

2. <strong>标记和<b>标记

设置文字为"粗体"使用<strong>标记或<b>标记,<strong>和<b>都是双标记。

以下两句代码的效果相同。

<strong>人生最珍贵的礼物是宽恕</strong>

<b>人生最珍贵的礼物是宽恕</b>

功能:将指定文字设置为"粗体"。

3. <i>标记

设置文字为"斜体"使用<i>标记,<i>是双标记。

例如:<i>人生最珍贵的礼物是宽恕</i>。

功能:文字用"斜体"显示。

4. <u>标记

设置文字带有"下画线"用<u>,<u>标记是双标记。

例如:<u>人生最珍贵的礼物是宽恕</u>

功能:文字带有下画线。

下面用一个实例介绍文本标记的使用方法。

例 2-9　文本格式的 HTML 标记

操作步骤如下：

① 新建名为“p2-9.html”的 HTML 文档。

② 用“记事本”方式打开 p2-9.html。

③ 在文档中输入下面代码。

```
<html>
<head><title>文本格式标记</title></head>
<body>
<p align="left">
<font color="#FF0000" size="4" face="黑体">
<strong>人生最大的错误是自弃</strong>
</font>
</p>
<div align="center">
<font color="blue" size="4" face="楷体_gb2312">
<u><i>人生最大的悲哀是嫉妒</i></u>
</font>
</div>
</body>
</html>
```

④ 浏览网页，显示结果如图 2-24 所示。

图 2-24　字符格式练习

2.5　其他文本操作

这一节介绍滚动字幕和文字原样显示的实现方法。

2.5.1　滚动字幕

滚动字幕能使网页生动活泼，增加视觉效果，因此被广泛应用于网页制作中。

1. 滚动字幕的HTML标记

滚动字幕的标记是<marquee>,是双标记,不但可以制作滚动字幕,位于<marquee>与</marquee>之间的图像等网页元素也可以实现滚动效果。

<marquee>标签有几个常用属性:

① bgcolor,指定滚动字幕的背景色。

② derection,指定字幕的滚动方向,属性值有:left(向左)、right(向右)、up(向上)、down(向下),默认值是left。

③ behavior,指定字幕滚动方式,属性值有:scroll(绕着圈走)、slide(只走一次)、alternate(横向来回走),默认值是scroll。

④ loop,指定滚动的循环次数,默认循环不止。

⑤ scrollamount,指定字幕滚动的速度,用数字表示,数字越小滚动越慢。

⑥ height,指定字幕垂直滚动的范围,用数字表示,单位是像素。

⑦ width,指定字幕水平滚动的范围,用数字表示,单位是像素。

2. 用 Dreamweaver CS4 制作滚动字幕

在 Dreamweaver CS4 中制作滚动字幕,只能用添加标记的方法实现。

下面用一个实例介绍在 Dreamweaver CS4 中制作滚动字幕的方法。

例2-10　水平滚动字幕

操作步骤如下:

① 在Dreamweaver中新建名为"p2-10.html"的HTML文档。

② 在"标题栏"框输入"水平滚动字幕"。

③ 在网页中输入文字"人生最可贵的品格是诚实"。

④ 转到"代码"视图→在文字开始处输入如下代码:

```
<marquee direction="left" scrollamount="3" bgcolor="#FFFF00">
```

⑤ 在文字结束处输入:</marquee>。

⑥ 按F12键预览网页,文字向左慢慢滚动(速度值为3)、字幕背景色为黄色。

水平滚动字幕效果如图2-25所示。

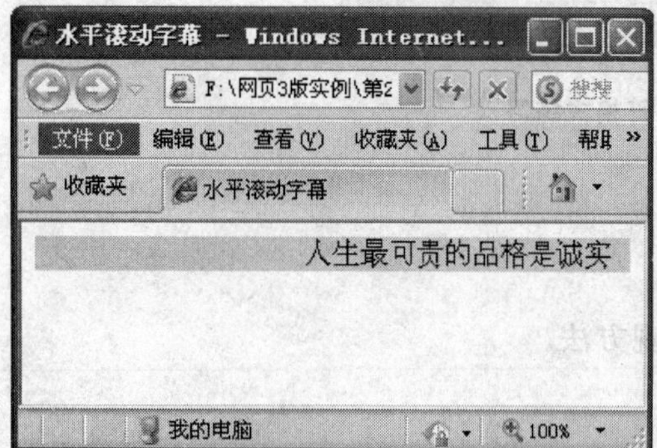

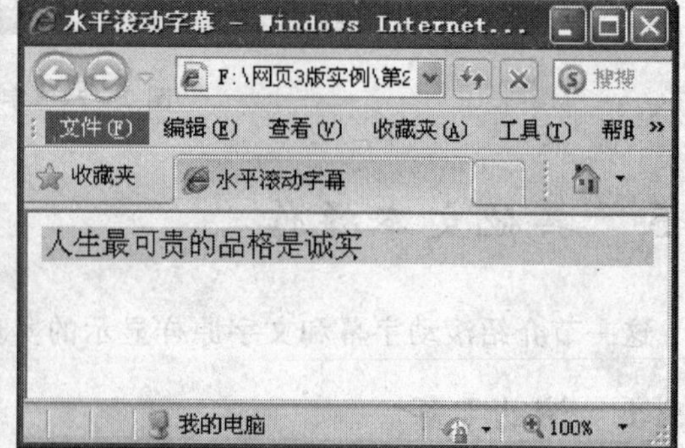

图2-25　水平滚动字幕

说明:输入标记和属性时要充分利用提示框。例如,输入左括号和字母m以后,提示框显示 m 开头的属性，双击 marquee 输入空格以后在下一个提示框选 direction，依此类推。

代码提示框如图 2 - 26 所示。

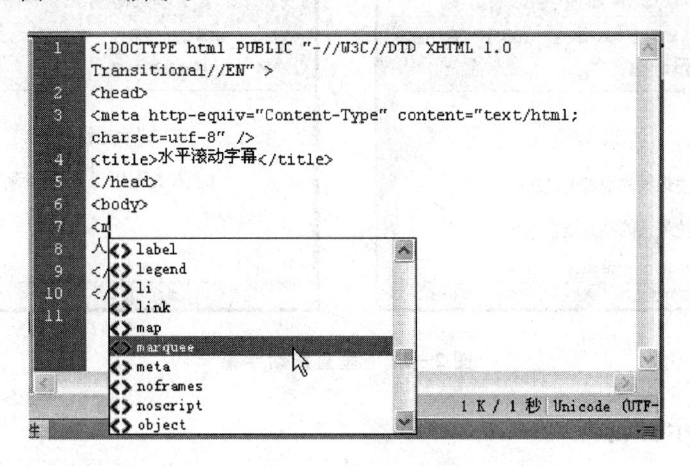

图 2 - 26　代码提示框

3. 用 HTML 代码制作滚动字幕

用 HTML 代码制作滚动字幕主要把握<marquee>标记的插入位置。

网页上的滚动字幕经常会与鼠标动作关联，鼠标移到字幕上滚动停止，鼠标移开字幕滚动继续。这种效果的实现用到鼠标事件，在后面的章节详细介绍，现在先使用。

下面用 HTML 代码制作带鼠标事件的滚动字幕。

例 2 - 11　垂直滚动字幕

操作步骤如下：

① 新建名为"p2 - 11. html"的 HTML 文档。

② 用"记事本"方式打开 p2 - 11. html。

③ 在文档中输入下面代码。

```
<html>
<head><title>垂直滚动字幕</title></head>
<body  text = "red">
<marquee direction = up height = 160 onmouseover = "this.stop()" onMouseOut = "this.start()">
<p align = "center">人生最大的财富是健康</p>
<p align = "center">人生最大的敌人是自己</p>
<p align = "center">人生最大的破产是绝望</p>
<p align = "center">人生最大的悲哀是嫉妒</p>
<p align = "center">人生最大的错误是自弃</p>
<p align = "center">人生最大的欣慰是奉献</p>
</marquee>
</body>
</html>
```

④ 浏览网页，字幕向上滚动，当鼠标移到字幕上滚动停止，当鼠标移开字幕滚动继续。垂直滚动字幕如图 2 - 27 所示。

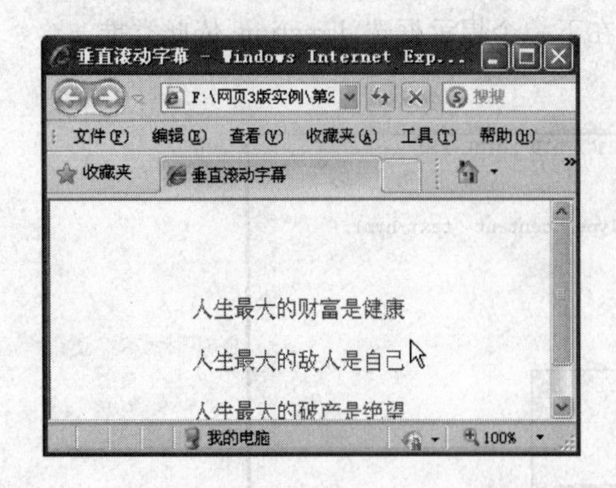

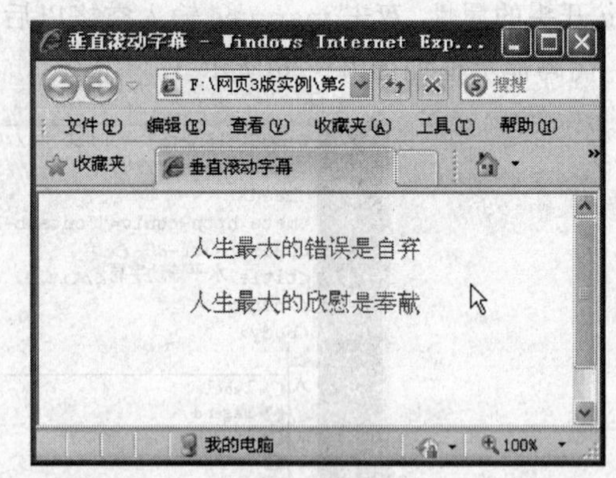

图 2-27 垂直滚动字幕

2.5.2 原样显示标记

在没有专门标记定义的情况下,HTML 通常忽略文本中的空格和换行,如果想按照输入的原始位置关系显示文本,用<pre>标记实现。

<pre>是双标记,位于<pre>与</pre>之间的文本,可以保持输入时的位置关系,特别适合诗歌等文字格式的显示。

下面用一个实例介绍<pre>标记的使用方法。

例 2-12 原样显示

操作步骤如下:

① 新建名为"p2-12.html"的 HTML 文档。

② 用"记事本"方式打开 p2-12.html。

③ 在文档中输入下面代码。

```
<html>
<head><title>原样显示标记</title></head>
<pre>
<font color = blue face = 楷体_GB2312 size = 4>
年轻的妙处在于
    你的经验
        不足以让你知道
            你不能做
                你现在正在做的事
</font>
</pre>
</body>
</html>
```

④ 浏览网页,文字按照输入的样子显示。

文字原样显示如图 2-28 所示。

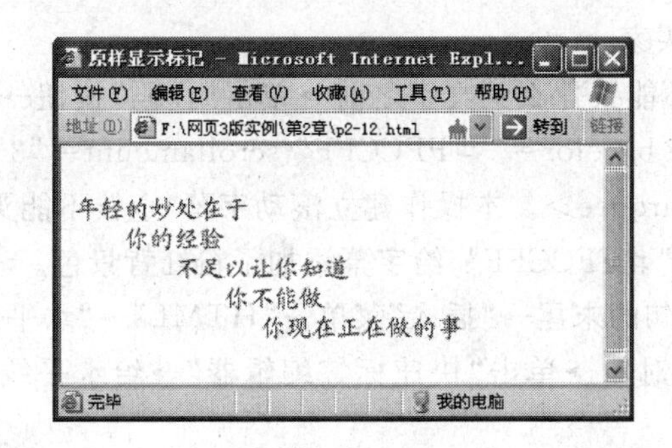

图 2-28　原样显示

2.6　上机实验　制作文本网页

2.6.1　实验 1——可视化方法制作文本网页

1. 实验目的

用 Dreamweaver CS4 制作文本网页，了解文本格式的设置方法。

2. 实验要求

实验的具体要求如下：

① 设置网页背景色为淡黄色，网页文字颜色为蓝色。

② 设置横向滚动字幕。

③ 制作项目列表文字。

④ 插入水平线，设置水平线。

3. 实验步骤

(1) 在 Dreamweaver CS4 中新建文档→保存为 page2-1.html→在"标题"框输入"上机实验 2-1"。

(2) "修改"菜单→"页面属性"→在"页面属性"对话框设置"背景颜色"为淡黄色(#FFC)→设置"文本颜色"为蓝色(#00F)→单击"确定"按钮。

(3) 输入文字"金钱不能买什么?"→选取文字→属性面板中设置字体为"黑体"→字大小为 24 像素→单击"粗体字"按钮。

(4) 回车另起一行→单击属性面板的"项目列表"按钮→输入下面 7 句话→每输完一句回车换行。

金钱能买床铺，不能买睡眠。

金钱能买书籍，不能买头脑。

金钱能买食物，不能买食欲。

金钱能买药物，不能买健康。

金钱能买娱乐，不能买幸福。

金钱能买奢侈，不能买教养。

金钱能买房子,不能买家。

(5) 光标置于“金钱不能买什么?”文字之前→单击“代码”按钮→在“代码”视图的该文字之前输入代码:<marquee bgcolor="#FFCCFF" scrollamount="3">→在“代码”视图的该文字之后输入代码:</marquee>。本操作建立滚动字幕“金钱不能买什么?”。

说明:属性 bgcolor="#FFCCFF" 给字幕添加了粉红背景色。

(6) 光标置于最后一句的末尾→“插入”菜单→“HTML”→“水平线”→选中水平线→属性面板中去掉“阴影”选项的对勾→单击“快速标签编辑器”→给水平线标记<hr>添加属性代码:color='green'。

说明:属性 color='green'将水平线设置成绿色。

(7) 预览网页,“金钱不能买什么?”为滚动字幕,其余文字为项目列表。

上机实验 2-1 的网页效果如图 2-29 所示。

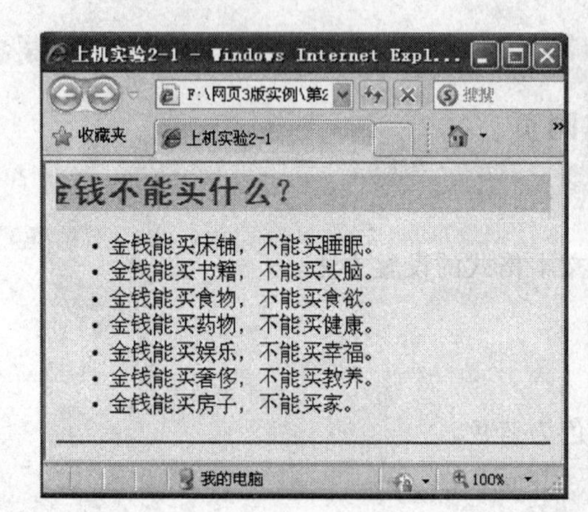

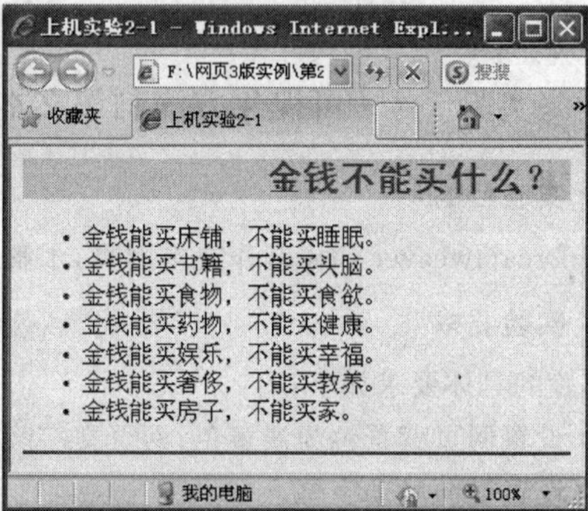

图 2-29 上机实验 2-1

2.6.2 实验 2——用 HTML 代码制作文本网页

1. 实验目的

用 HTML 代码制作文本网页,了解 HTML 代码设置文本格式的方法。

2. 实验要求

实验的具体要求如下:

① 制作编号列表,以大写英文字母为编号。

② 设置文字颜色和文字大小。

③ 使文字向上滚动,鼠标指向文字时滚动停止,鼠标离开文字时滚动继续。

3. 实验步骤

① 新建文本文件(txt)→将文件名改为“page2-2.html”→用记事本方式打开文件。

② 输入如下代码:

```
<html>
<head><title>上机实验 2-2</title></head>
<body>
```

```
<marquee direction = "up" scrollamount = "3" onMouseOver = "this.stop()"
onMouseOut = "this.start()">
<ol type = "A">
    <li><font color = "#0000FF" size = "4">树上的鸟儿是喧闹的</font></li>
    <li><font color = "#0000FF" size = "4">水里的鱼儿是沉默的</font></li>
    <li><font color = "#0000FF" size = "4">天上的云儿是漂泊的</font></li>
    <li><font color = "#0000FF" size = "4">地上的人儿是孤独的</font></li>
</ol>
</marquee>
</body>
</html>
```

③ 用浏览器打开文件，编号列表文字慢慢向上滚动。

上机实验 2－2 的网页显示效果如图 2－30 所示。

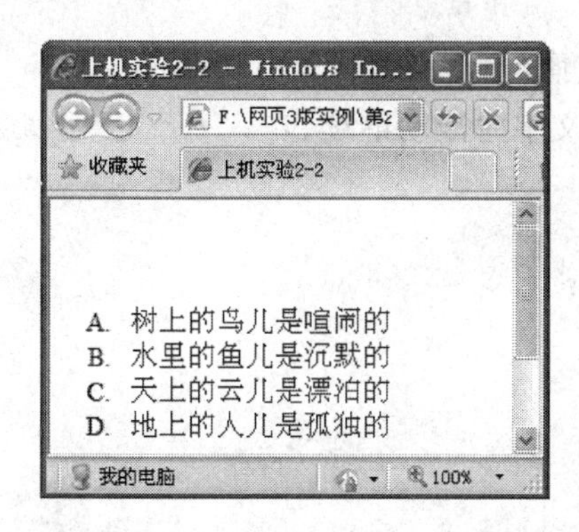

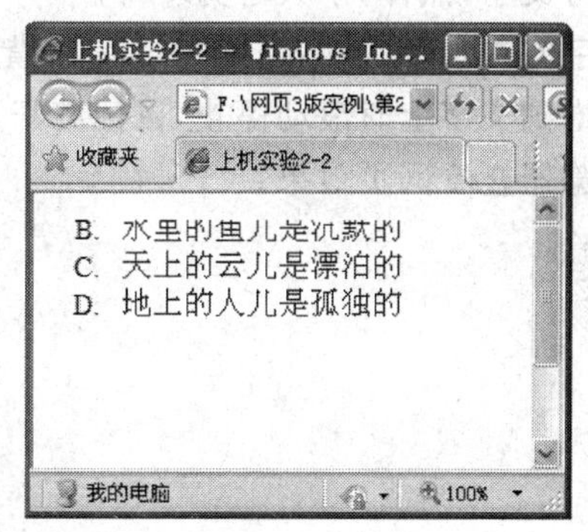

图 2－30　上机实验 2－2

思考题与上机练习题二

1. 思考题

(1) “格式”菜单中将文本格式分成哪两部分？

(2) 版权、引号、空格等特殊字符在 HTML 用什么表示？

(3) 在 Dreamweaver CS4 中，设置水平线的颜色用什么方法实现？

(4) 水平线的 HTML 标记是什么？

(5) 项目列表与编号列表的主要不同是什么？

(6) 在 HTML 中插入项目列表通过哪两个标记实现？

(7) 在 HTML 中插入编号列表通过哪两个标记实现？

(8) 标记＜br＞与标记＜p＞有哪些不同？

(9) 在＜body＞标记中设置文字颜色用什么属性实现？

(10) 设置文本格式的 HTML 标记有哪些？

(11) 设置滚动字幕的 HTML 标记是什么？

(12) 如果想按照输入的原始位置关系显示文本，用什么标记实现？

2. 上机练习题

(1) 用 Dreamveaver CS4 制作文本网页，要求如下：

- 网页标题为“文本格式练习”。
- 网页背景色为深灰色(＃666666)，文字颜色为白色(＃FFFFFF)。
- 在文件窗口输入一段文字，文字加粗，字大小为20像素。
- 将文字变为项目列表。
- 文字下方插入一条黄色(＃FFFF00)水平线。
- 水平线下方写版权信息，居中显示。
- 预览网页效果。

(2) 用 HTML 代码制作文本网页，要求如下：

- 网页背景为紫色(＃800080/purple)，网页文字为白色(＃FFFFFF/white)。
- 写一行文字，黑体，字大小为7号。
- 使文字向右水平滚动，速度为3，字幕背景色为粉红色(＃FFCCFF)。
- 鼠标指到文字上时滚动停止，鼠标离开文字时滚动继续。
- 用浏览器查看网页效果。

第3章　制作图文并茂的网页

图像是网页的重要元素，在网页中恰当的使用图像，不但使网页变得美观，而且能够表达出文字所无法表达的更深层含义。本章介绍图像插入、图像属性、图像标记、图像滚动等内容，使读者掌握图像在网页中的使用方法。

3.1　网页中使用图像

网页中插入的图像要注意两点：一是把图像放到站点中，最好在站点中建立单独的图像文件夹，以便移动站点或上传站点时保证图像路径正确，二是把图像提前先处理好，尽量使图像文件小一些，以免影响网页的访问速度。

3.1.1　网页常用的图像格式

网页中的图像格式要确保能被 HTML 识别，否则图像无法显示。常用图像格式有：JPG、GIF、TIFF、PNG 等。

1. JPG/JPEG 图像

JPG/JPEG 是一种压缩格式图像，在图像品质和文件大小之间达到较好的平衡，文件尺寸较小，图像下载快捷。

JPG/JPEG 图像支持 24 位真彩色，用于显示摄影图片和其他连续色调的图像，是网页中常用的图像格式。

2. GIF 图像

GIF 是一种无损压缩格式图像，使文件尺寸达到最小化，图像下载快捷。GIF 支持动画格式，在一个图像文件中包含多帧图像页，用浏览器浏览网页时可看到动画效果，网上简单的动画一般都是 GIF 格式。

GIF 只支持 8 位颜色(256 种色)，不能存储真彩色，适合显示色调不连续或有大面积单一颜色的图像，如导航条、按钮、图标等。

3. TIFF 图像

TIFF 是一种灵活的位图图像格式，用于应用程序之间与计算机平台之间进行交换的图像文件格式，几乎所有桌面扫描仪都可以生成 TIFF 格式的图像。

4. PNG 图像

PNG 是一种格式非常灵活的图像，文件比较小，用 Fireworks 制作的图像默认为 PNG 格式。

PNG 图像支持多种颜色数目，从 8 位、16 位、24 位到 32 位，支持索引色、灰度、真彩色、透明等。

3.1.2 插入图像

在网页中插入图像可以用3种方法:用“插入”菜单、用“插入”面板、直接把图像从站点拖到插入图像的位置。

(1) 用“插入”菜单

确定光标位置→“插入”菜单→“图像”→选图像文件→单击“确定”按钮。

(2) 用“插入”面板

确定光标位置→单击“插入”面板的“图像”下三角按钮→在列表中单击“图像”选项→选图像文件→“确定”。

(3) 直接把图像从站点拖入

打开“文件”面板,用鼠标将站点中的图像拖到网页中。(如果想更换插入的图像,先删除当前图像,然后插入新图像。)

下面用一个实例介绍在文本网页中插入图像的方法。

例3-1　在文本网页中插入图像

操作步骤如下:

① 在“Dreamweaver CS4”中新建名为“p3-1.html”的HTML文档→“标题”框输入文字“风筝的起源”。

② “文件”菜单→“导入”→“Word文档”→选素材文件夹的Word文件“风筝.doc”,文字被导入到网页中。

③ 选取导入的文章标题“风筝的起源”→属性面板中设置字颜色为粉红色(#FF00FF)→字大小为28像素→字体为“黑体”→单击“居中对齐”按钮。

④ 光标置于第1段文字开始处→“插入”菜单→“图像”→在素材文件夹中选图像文件kite001.gif→单击“确定”按钮。

⑤ 选中插入的图像→属性面板“水平边距”框输入12→“对齐”框选“左对齐”。(注:图像的水平边距设置图像与文字之间的距离。)

⑥ 光标置于第2段文字结束处→“插入”菜单→“图像”→在素材文件夹中选图像文件kite004.gif→单击“确定”按钮。

⑦ 选中插入的图像→属性面板“水平边距”框输入12→“对齐”框选“右对齐”。

⑧ 同样方法在第3段文字开始处和第4段文字结束处插入图像→“对齐”框分别选“左对齐”和“右对齐”→“水平边距”框都输入12。

⑨ 按F12键预览网页,效果如图3-1所示。

3.1.3 插入图像占位符

图像占位符用来预先设置图像在网页中的位置和大小,浏览时该位置会预留出来,待相应图像制作完成以后再进行替换。

图像占位符的操作步骤如下:

(1) 确定光标位置。

(2) “插入”菜单→“图像对象”→“图像占位符”,或单击“插入”面板的“图像”下三角按钮→在选项列表中单击“图像占位符”按钮。本操作打开“图像占位符”对话框。

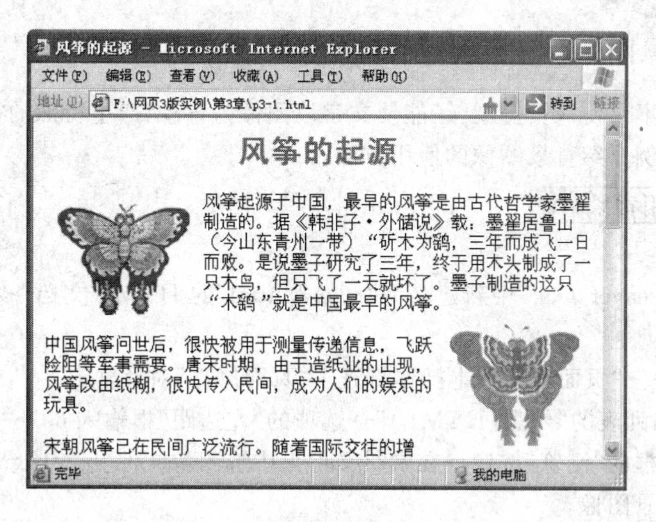

图 3-1　在文本网页中插入图像

(3)在"名称"框给图像占位符起一个名字(字母和数字组成,字母开头)→在"宽度"和"高度"框输入图像尺寸→单击"颜色"按钮给图像占位符定义颜色→在"替换文本"框输入要替换的图像名称(如:kite001. gif)→单击"确定"按钮。

"图像占位符"对话框如图 3-2 所示。

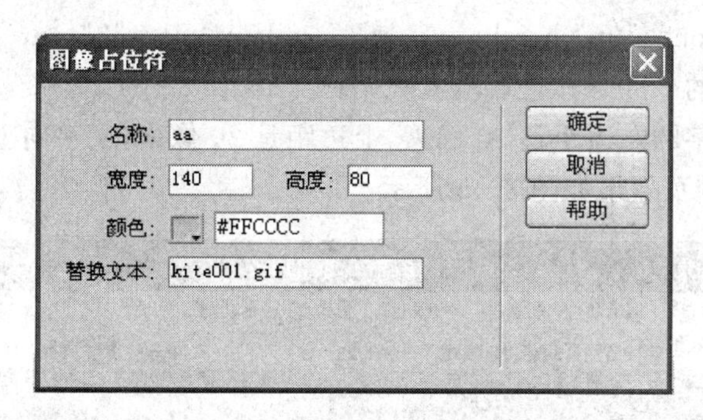

图 3-2　"图像占位符"对话框

(4) 查看"设计"视图,图像占位符中显示占位符的名字和大小。如图 3-3 所示。

(5) 预览网页,图像占位符区域显示替换文本。如图 3-4 所示。

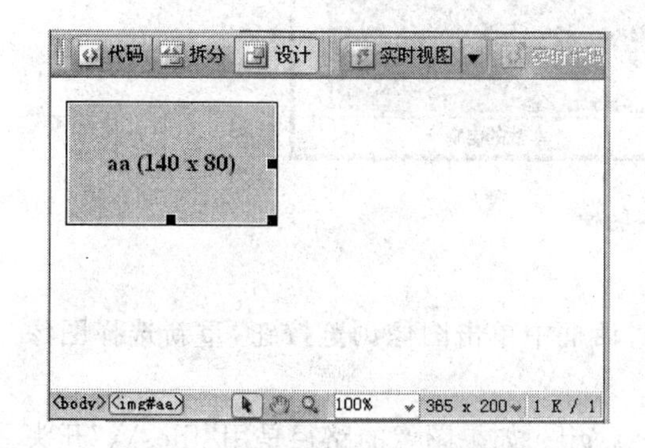

图 3-3　"设计"视图中的图像占位符

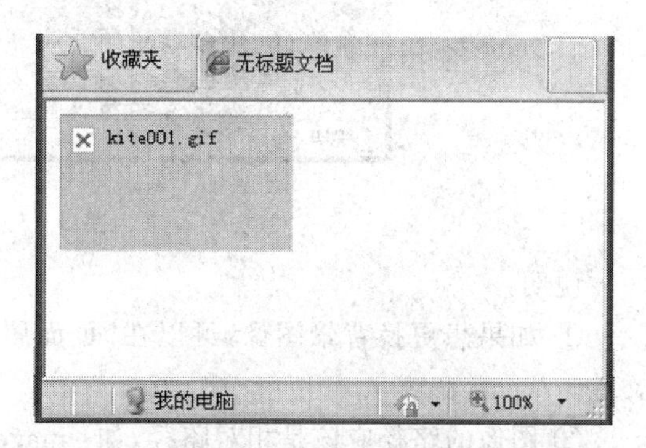

图 3-4　浏览器中的图像占位符

3.1.4 插入背景图像

网页背景图像不仅使网页美观,还能使文字以图像为背景,产生特殊的视觉效果。

下面用一个实例介绍背景图像的使用方法。

例3-2 使用背景图像

操作步骤如下:

① 在“Dreamweaver CS4”中新建名为“p3-2.html”的HTML文档→“标题”框中输入文字“背景图像”。

② “修改”菜单→“页面属性”,本操作打开了“页面属性”对话框。

③ 单击“分类”列表的“外观(HTML)”→选项的“左边距”框输入60→“上边距”框输入20→单击“背景图像”框的“浏览”按钮→在素材文件夹中选图像文件“bj-1.gif”→单击“确定”按钮。网页插入了背景图像。

④ “文件”菜单→“导入”→“Word文档”→选素材文件夹的Word文件“往事如昨.doc”,将文字导入到网页中。

⑤ 拖动鼠标选中所有文字→单击属性面板“CSS”按钮→设置字大小为18像素→字体为“楷体_GB2312”→单击“粗体字”按钮。

⑥ 转到“代码”视图→在第1行文字的<p>标记前输入如下代码:

<marquee direction="up" height="300" scrollamount="3" >

⑦ 在最后行文字的</p>标记后输入代码:</marquee>

⑧ 预览网页。文字的左边距是60像素,上边距是20像素,文字向上慢慢滚动,滚动的纵向范围是300像素。网页效果如图3-5所示。

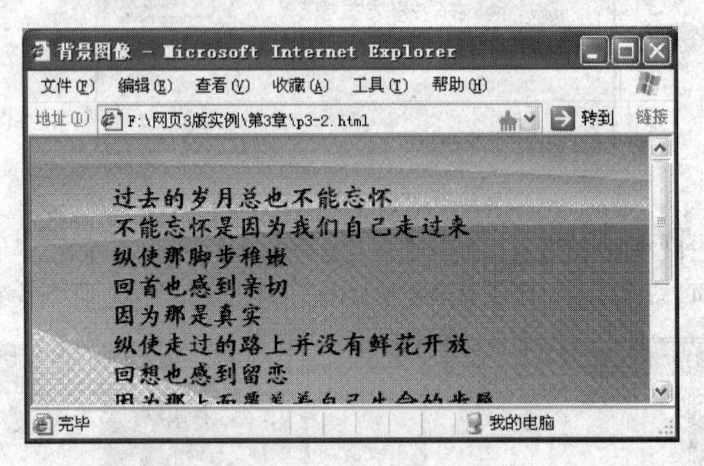

图3-5 背景图像

说明:

① 如果想更换背景图像,可以在“页面属性”对话框中单击图像浏览按钮,重新选择图像文件。

② 图像的路径应该是相对路径,如:image/bj-1.gif。如果图像的路径是用“file:\\”开头的绝对路径,表明图像与网页文件不在同一个站点目录中,网站上传后无法显示图像。

3.1.5　插入鼠标经过图像

鼠标经过图像可以在同一个位置显示两个不同图像,鼠标指到图像位置时显示一张图像,鼠标离开图像位置时显示另一张图像。

下面用一个实例介绍鼠标经过图像的使用方法。

例 3-3　鼠标经过图像

操作步骤如下:

① 在"Dreamweaver CS4"中打开"p3-1.html" →另存为"p3-3.html" →"标题"框中输入文字"鼠标经过图像"。

② 单击第 1 段文字前的图像→用 Delete 删除图像。

③ 光标置于第 1 段文字前→"插入"菜单→"图像对象"→"鼠标经过图像",本操作显示"插入鼠标经过图像"对话框。

④ 单击"原始图像"框的"浏览"按钮→在素材文件夹选图像文件 kite001.gif→单击"鼠标经过图像"框的"浏览"按钮→在素材文件夹选图像文件 kite002.gif→单击"确定"按钮。

"插入鼠标经过图像"对话框如图 3-6 所示。

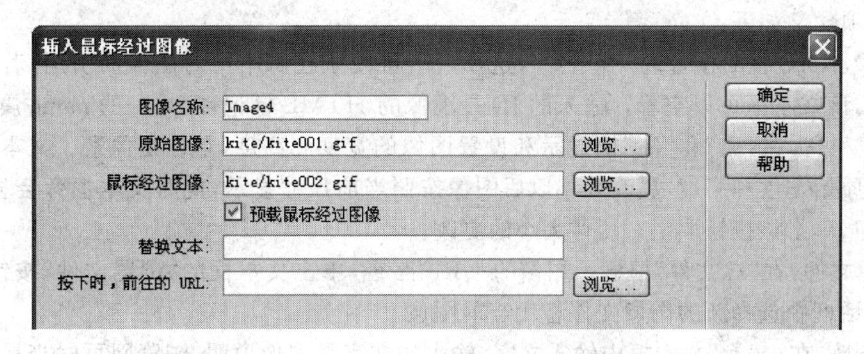

图 3-6　"插入鼠标经过图像"对话框

⑤ 选中插入的图像→属性面板"水平边距"框输入 12→"对齐"框选"左对齐"。

⑥ 按 F12 键预览网页,当鼠标指到图像时显示图像 kite002.gif,当鼠标离开图像时显示图像 kite001.gif,如图 3-7 所示。

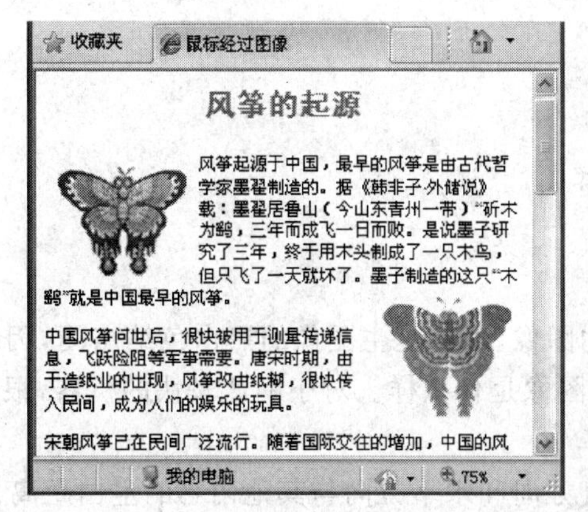

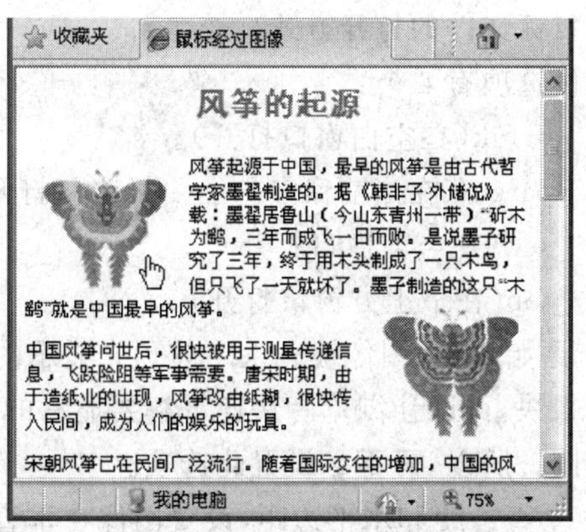

图 3-7　鼠标经过图像

3.2 图像的属性设置

充分了解图像的各种属性设置,才能使图像与网页更好地融为一体,达到最佳效果。设置图像属性之前首先要选中图像。

3.2.1 图像属性面板

在"设计"视图窗口选中要插入的图像,图像面板左上角显示当前图像的略缩图。图像的属性面板如图 3-8 所示。

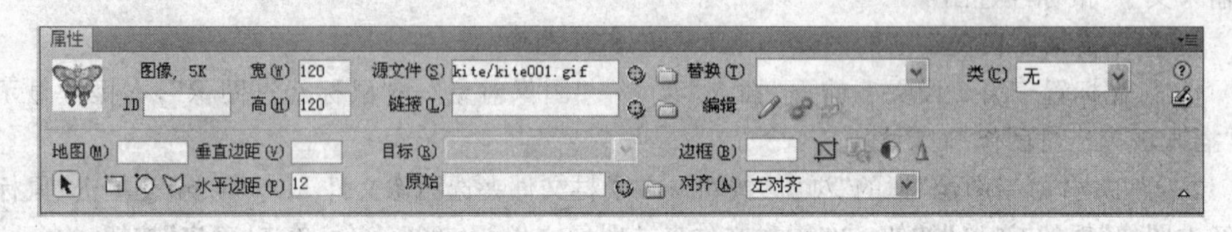

图 3-8 图像的属性面板

各选项含义如下:

① ID,在 ID 框给图像起一个名字,这个名字可便于在脚本中对图像的引用,若没有脚本引用图像,该文本框可以空着。输入的 ID 是图像的 HTML 标记<img>的 name 属性值。

② 宽和高,在"宽"和"高"框显示和设置图像的宽度和高度,单位是像素。文本框默认显示图像的原始宽度和高度,更改大小以后图像按照当前尺寸显示,此时文本框旁会显示"重设大小"按钮,单击该按钮取消对图像大小的更改。

③ 源文件,在"源文件"框显示图像的 URL 路径,单击文本框的"浏览文件"按钮,可以在打开的对话框中选择新的图像文件替代当前图像。

④ 替换,在"替换"文本框中输入文字,输入的文字是图像说明,浏览网页时当鼠标移到图像上,鼠标旁会显示文字。

⑤ 链接,若在"链接"框中输入一个 URL 地址,当前图像就成为超链接的链接源,浏览网页时单击图像,会跳转到链接目标文档上。

⑥ 目标,当"链接"框中输入一个 URL 地址后,"目标"框里会提供几个预设选项,用来设置链接目标文件的打开方式。

预设选项有 4 个:

- _blank(在空白窗口打开)。
- _parent(在当前窗口的上一级窗口打开)。
- _self(在当前窗口打开)。
- _top(在最上方窗口打开)。

⑦ 原始,是主图像被载入之前预先显示的图像,通常是主图像的黑白色缩略图,因为它很小打开很快,可以让浏览者快速了解要显示的图像是什么样。对于网速较快的机器,根本看不到这个图。所以,可不必设置此选项。

⑧ 垂直边距和水平边距,设置图像在垂直方向和水平方向与其他内容的空白距离。

⑨ 边框,设置图像边框,以像素为单位。数值为 0 表示没有边框,数值越大边框越粗。

⑩ 对齐,设置图像与文字之间的对齐方式,系统预设了10个选项,如图3-9所示。

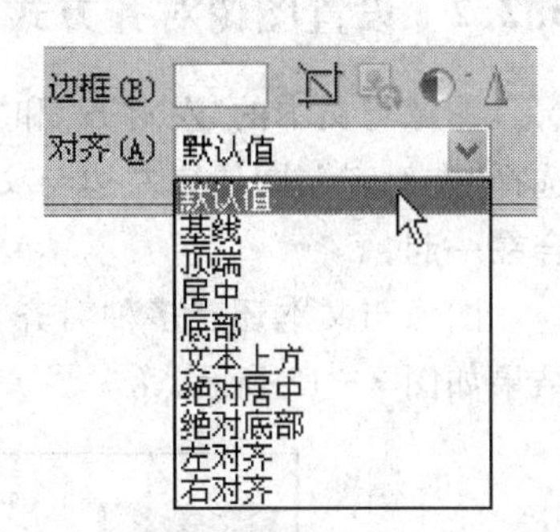

图3-9　图像与文字的对齐

· 默认值,采用浏览器默认的图像对齐方式,一般为基线对齐。

· 基线,将图像的底部与文本基线(中间线)对齐。

· 顶端,使图像顶部和文本行中最高字符的顶线完全对齐。

· 中间,使图像中央与文本行基线对齐。

· 底部,使图像底部与文字底线对齐。

· 文本上方,使图像顶部与文字顶端对齐。

· 绝对中间,使图像中央和文本的正中间对齐。

· 绝对底部,使图像底部和文本的绝对底部对齐。

· 左对齐,图像在文字左边,文本在图像右边自动换行。

· 右对齐,图像在文字右边,文本在图像左边自动换行。

⑪ 地图,图像属性面板左下方有"地图"框和4个按钮,在"地图"框给地图热区起一个名字,4个按钮用来制作地图热区,分别是:指针热点工具、矩形热点工具、圆形热点工具、多边形热点工具,如图3-10所示。

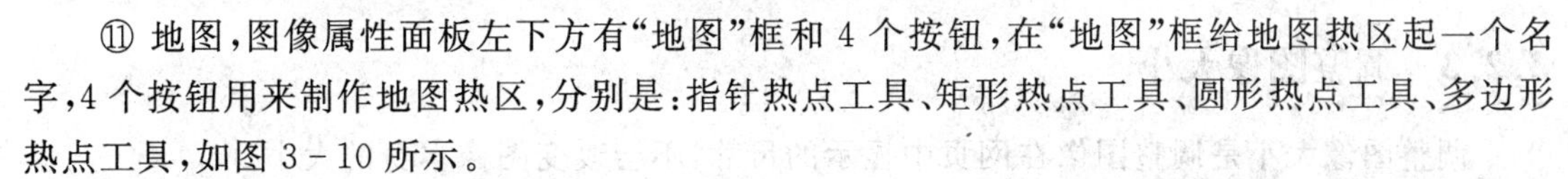

⑫ 编辑图像,属性面板右边有几个编辑图像的按钮,上行共3个按钮,从左到右分别是:编辑、编辑图像设置、从源文件更新。下行共4个按钮,从左到右分别是:裁剪、重新取样、亮度与对比度、锐化。如图3-11所示。

图3-10　"地图"框和热点工具

图3-11　编辑图像的按钮

· 单击"编辑"按钮,系统根据不同图像类型启动不同的外部图像编辑器,并将当前图像载入进行编辑。

· 单击"编辑图像设置"按钮,显示"图像预览"对话框,进行图像格式转换、导出、放大或缩小等操作。

· 单击"从源文件更新"按钮,图像又回到原始图像的状态。

· 单击"裁剪"按钮,图像周围出现调节柄,拖动调节柄减小图像区域,然后在选出的图像区域中双击鼠标,裁剪出的图像取代了当前图像。

· 单击"重新取样"按钮,添加或减少已调整大小的JPEG 和GIF 图像文件中的像素,以便与原始图像的外观尽可能匹配。

· 单击"亮度和对比度"按钮,显示"亮度/对比度"对话框,通过拖动滑块控件或在文本框中输入一个数值(−100 ～100),对图像进行亮度和对比度的调整。

· 单击"锐化"按钮,显示"锐化"对话框,通过拖动滑块控件或在文本框中输入一个数值(0～10),对图像进行锐化,锐化后的图像提高了边缘的对比度。

3.2.2 设置图像对齐方式

图像与文本的“左对齐”和“右对齐”是常用的对齐方式,从前面例 3－1 的操作可以看到,选择“左对齐”,图像靠左边与文本内容组合在一起。选择“右对齐”,图像靠右边与文本内容组合在一起。

图像与文本还有多种对齐方式,其中,图像与文字的默认对齐、居中对齐、顶端对齐的显示结果如图 3－12 所示。

图 3－12　图像与文字对齐

3.2.3 调整图像大小

调整图像大小是调整图像在网页中显示的尺寸,不会改变图像本身的大小。

调整图像大小通常用两种方法:

方法 1:单击图像使图像周围显示调节柄→移动鼠标到调节柄上→当鼠标变成双向箭头时拖动鼠标→将图像放大或缩小到需要的尺寸松开鼠标。

方法 2:单击图像→在属性面板的“宽”和“高”框中输入需要的数值。用这种方法可以精确调整图像尺寸。

调整图像大小以后,属性面板“宽”和“高”框旁会显示“重设大小”按钮,如果想恢复到调整之前的大小,单击“重设大小”按钮即可。另外,“编辑”菜单→“撤销调整大小”,也可以恢复图像到调整之前。

3.2.4 图像的边距、边框和替换文本

1. 设置图像边距

为了让插入到文本中的图像与文本之间空出一定距离,可以在属性面板“水平边距”和“垂直边距”框中输入数值,数值单位为像素。例如,在“水平边距”和“垂直边距”文本框中分别输入 20 和 60,则图像与其他内容左右保持 20 像素间隔,上下保持 60 像素间隔。

2. 设置图像边框

如果想让图像有边框,可以在属性面板的“边框”文本框中输入数值,数值大则边框粗,数值为 0 或者“边框”框中没有数值,图像就没有边框。

3. 设置替换文本

在属性面板“替换”框中输入文字,在浏览网页时若鼠标指向图像,替换文字会显示在鼠标旁边,如果是图像占位符,替换文字会显示在图像占位符上面。“替换”框中的文字通常是图像的说明。

在“替换”框中选中文本后按 Delete 键,或单击下三角按钮选“＜空＞”项,都可以取消替

换文本。

浏览网页时，鼠标指向有替换文本的图像，鼠标旁边会显示文本内容，如图 3－13 所示。

3.2.5　图像的路径

为了保证网页中的图像上传以后能正确显示，插入到网页中的图像要与网页属于同一个根文件夹，或者放在同一个文件夹中。网页与文件夹之间使用相对路径表示。

所谓相对路径，就是参照当前文件所在位置，将文件之间相对关系表达出来的路径。相对路径与起始端点位置密切相关。

例如，网页文件 page.html 与图像文件 tu－1.jpg 和 tu－2.jpg 同在根文件夹 web 中，网页文件与两个图像文件之间的关系如图 3－14 所示。

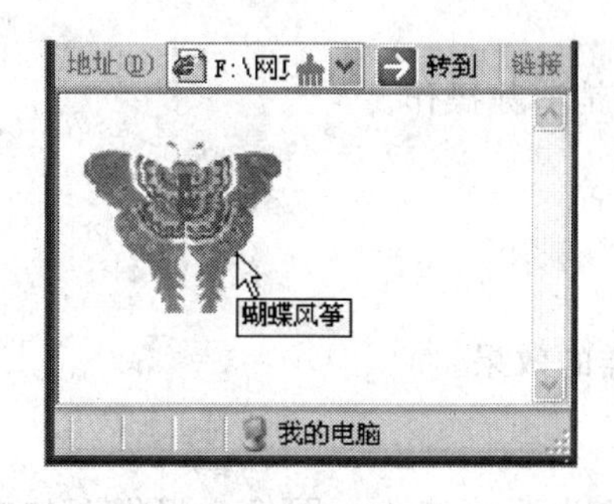

图 3－13　替换文本

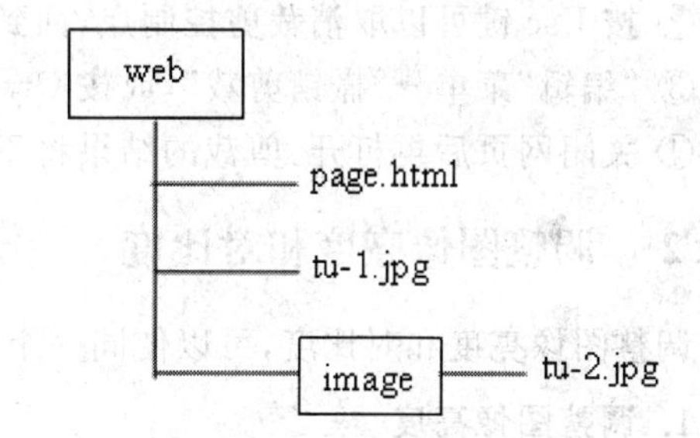

图 3－14　网页文件与图像文件的关系

① 在 page.html 中显示图像 tu－1.jpg，相对路径为：tu－1.jpg。

② 在 page.html 中显示图像 tu－2.jpg，相对路径为：image/tu－2.jpg。

使用相对路径可以保持网页与图像之间的位置不变，将网页上传到服务器时能保持网页与图像之间的相对关系。

3.3　图像的简单编辑

图像的简单编辑包括图像裁剪、图像重新取样、图像的亮度对比度调整、图像锐化等操作，这些操作都可以直接在 Dreamweaver CS4 中完成，不再需要使用其他的图像处理工具，为网页制作提供了很大方便。

3.3.1　图像裁剪

图像裁剪是将不需要的图像部分剪裁掉，只保留需要的图像部分。

图像裁剪的操作步骤如下：

① 在“设计”视图选中图像。

② 单击属性面板的“裁剪”按钮，或者“修改”菜单→“图像” →“裁剪”，图像四周出现裁剪控制点。

③ 鼠标移到某个控制点上→拖动控制点留出图像的保留部分→在保留图像区域内双击鼠标结束剪裁，保留图像区域外的部分被删除。或者单击“裁剪”按钮之后，在“宽”和“高”框中

输入数值,图像将只保留从左上角开始到指定宽度和高度的部分。

用鼠标裁剪图像如图 3-15 所示。

 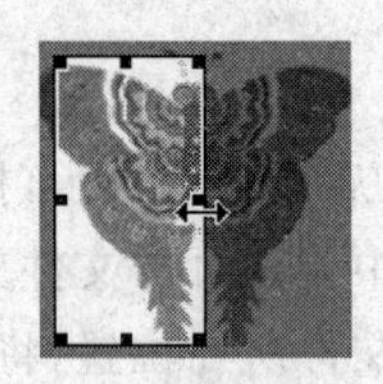 

图 3-15　用鼠标裁剪图像

说明:

① 图像裁剪操作会改变原始图像,所以,在裁剪图像之前应备份原始图像。

② 按 Esc 键可以取消裁剪控制点,回到选中图像状态。

③ "编辑"菜单→"撤销剪裁",或按 Ctrl+Z 组合键,撤销剪裁操作。

④ 关闭网页后再打开,剪裁的结果将不可撤销。

3.3.2　调整图像亮度和对比度

调整图像亮度和对比度,可以使同一个图像产生不一样的效果。

1. 调整图像亮度

调整图像亮度是指调整图像的明亮程度,使图像整体产生明暗变化。图像会根据调整实时显示效果。

调整图像亮度的操作步骤如下:

① 在"设计"视图选中图像。

② 单击属性面板的"亮度和对比度"按钮,或者"修改"菜单→"图像" →"亮度/对比度",打开"亮度/对比度"对话框,如图 3-16 所示。

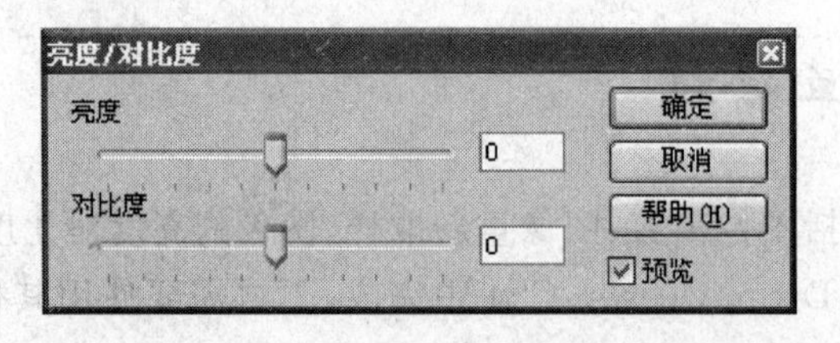

图 3-16　"亮度/对比度"对话框

③ 向左拖动亮度滑块使图像变暗,向右拖动亮度滑块使图像变亮。也可以直接在"亮度"文本框中输入数值,亮度值的范围是-100~100(注:亮度的默认值是 0)。

④ 单击"确定"按钮,亮度设置生效。

说明:调整图像亮度会改变原始图像,所以,在调整之前应备份原始图像。

2. 调整图像对比度

调整图像对比度是指增加或减少图像明度和暗度之间的反差,对比度越大,明暗反差越大,对比度越低,明暗反差越小,会使图片感觉不清晰。图像会根据调整实时显示效果。

调整图像对比度的操作步骤如下:

① 在“设计”视图选中图像。

② 打开“亮度/对比度”对话框。

③ 向左拖动对比度滑块降低图像的对比度，向右拖动对比度度滑块增加图像对比度。也可以直接在“对比度”文本框中输入数值，对比度值的范围是－100～100。（注：对比度的默认值是 0。）

④ 单击“确定”按钮，对比度设置生效。

说明：调整图像对比度会改变原始图像，所以，在调整之前应备份原始图像。

3.3.3　图像锐化

图像锐化是相对于图像平滑而言的，图像平滑往往使图像中的边界和轮廓变得模糊，图像锐化则突出图像的细节边缘和轮廓。

图像锐化的操作步骤如下：

① 在“设计”视图选中图像。

② 单击属性面板的“锐化”按钮，或者“修改”菜单→“图像”→“锐化”，打开“锐化”对话框。对话框如图 3－17 所示。

③ 向左拖动滑块图像锐化度降低→向右拖动滑块图像锐化度增加。也可以直接在“锐化”框中输入数值，锐化值的范围是 0～10（注：锐化的默认值是 0）。

④ 单击“确定”按钮，锐化设置生效。

原始图像与锐化后的图像对比如图 3－18 所示。

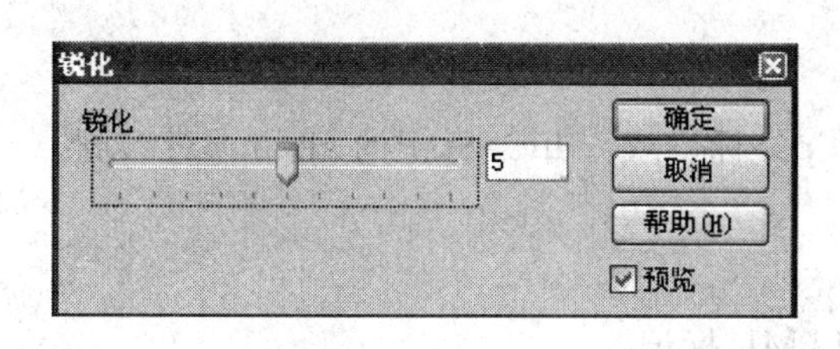

图 3－17　“锐化”对话框

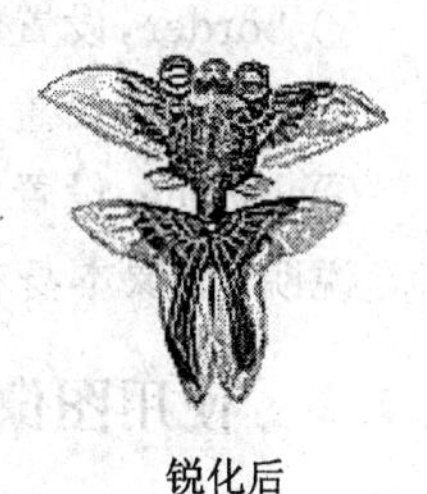

原始图像　　锐化后

图 3－18　图像锐化

说明：图像锐化操作会改变原始图像，所以，在锐化图像之前应备份原始图像。

3.3.4　图像重新取样

图像重新取样是将更改大小后的图像还原到与原始图像相近的像素。属性面板中的“重新取样”只有在图像大小发生改变时才可用，如果图像大小没有变化，该按钮是不可用状态。

图像重新取样的操作步骤如下：

① 在“设计”视图选中图像。

② 改变图像的大小。

③ 单击属性面板的“重新取样”按钮，或者“修改”菜单→“图像”→“重新取样”，图像分辨率被重新取样。

说明:

① 重新取样会在图像中添加或删除像素,使图像变大或变小。

② 重新取样会改变原始图像,所以,在重新取样图像之前应备份原始图像。

3.4 图像的 HTML 标记

3.4.1 图像标记

图像的 HTML 标记是<img>,<img>是单标记,< img>标记中可以包含多个属性。

<img>标记的格式如下:

<img src="图像 URL" alt="替换文字" width="宽度" height="高度" align="对齐方式" border="边界线宽度" hspace ="水平间距" vspace="垂直间距">

属性说明如下:

① src,指明图像文件的 URL 地址。图像文件可以在本地机上,也可以在远端主机上。

② alt,设置替换文字,浏览网页时,当鼠标指向图像会显示替换文字。

③ width,设置图像的显示宽度,单位是像素,本属性不改变图像的实际宽度。

④ height,设置图像的显示高度,单位是像素,本属性不改变图像的实际高度。

⑤ align:设置图像与文本之间的对齐方式,取值可以是 top(顶部对齐)、middle(居中对齐)、bottom(底部对齐)、right(右对齐)、left(左对齐)。

⑥ border,设置图像的边框,单位是像素,值为 0 时图像无边框。

⑦ hspace,设置图像与文字的水平间距。

⑧ vspace,设置图像与文字的垂直间距。

说明:图像本身在窗口的对齐方式可以用<p>标记或<div>标记的 align 属性设置。

3.4.2 使用图像的 HTML 标记

下面用一个实例来说明如何使用图像的 HTML 标记。

例 3-4 使用图像的 HTML 标记

① 新建名为“p3-4.html”的 HTML 文档。

② 用“记事本”方式打开 p3-4.html。

③ 在文档中输入以下代码:

```
<html>
<head>
<title>图像标记</title>
</head>
<body background = "image/bj - 3.jpg">
<div align = "center">
<font size = "5" color = "red">
<b>这个年代</b>
</font>
```

```
</div>
<hr noshade = "noshade">
<img src = "image/book.jpg" width = "70" hspace = "10" align = "right">
<font size = "3">
        
这是最好的年代,也是最坏的年代;这是智慧的年代,也是愚蠢的年代;这是信仰的年代,也是怀疑的年代;这是光明的年代,也是黑暗的年代;这是失望的年代,也是希望的年代;人们富裕奢侈,人们一无所有;人们正在走向天堂,人们正在走下地狱。
</font>
<hr noshade = "noshade">
</body>
</html>
```

④ 浏览网页,显示结果如图 3－19 所示。

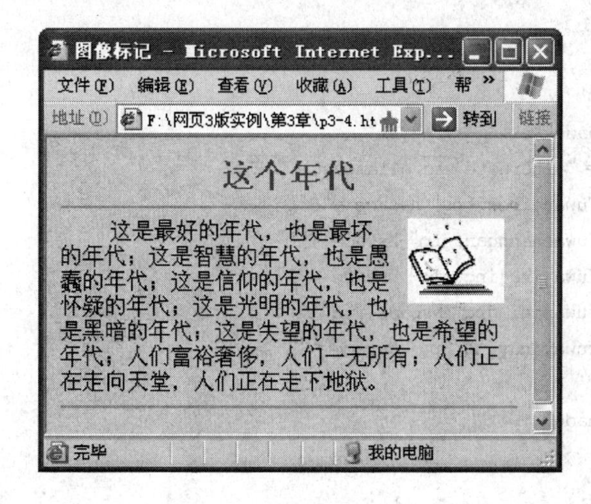

图 3－19　使用图像标记

说明：

① <body background＝"image/bj－3.jpg">,设置网页背景图像。

② 用<div align＝"center">和</div>将文字"这个年代"在窗口居中。

③ <font size＝"5" color＝"red"><b>这个年代</b></font>,设置文字大小为 5 号字,文字颜色为红色,文字加粗。

④ <hr noshade＝"noshade" />,插入无阴影水平线。

⑤ <img src＝"image/book.jpg" width＝"70" hspace＝"10" align＝"right" />,插入图像,图像的宽度为 70 像素,水平间距为 10 像素,与文本的对齐方式为"右对齐"。

⑥ <font size＝"3">,设置文本为 3 号字,文本颜色为默认值。

⑦   用来添加不换行空格。

3.4.3　图像滚动

用<marquee>标记可以设置图像滚动,在 Dreamveaver CS4 中,设置图像滚动方法与设置文字滚动方法相同,下面的实例用滚动标记实现图像的滚动。

例 3-5 图像滚动

① 新建名为"p3-5.html"的 HTML 空白文档。

② 用"记事本"方式打开 p3-5.html。

③ 在文档中输入以下代码:

```
<html>
<head>
<title>图像滚动</title>
</head>
<body background = "image/bj-2.gif">
<div align = "center">
<font color = "blue" size = "6">
<b>可爱的福娃</b>
</font>
</div>
<hr noshade = "noshade">
<marquee behavior = "alternate" scrollamount = "4">
<img src = "image/fuwabeibei.jpg" hspace = "3">
<img src = "image/fuwahuanhuan.jpg" hspace = "3">
<img src = "image/fuwajingjing.jpg" hspace = "3">
<img src = "image/fuwanini.jpg" hspace = "3">
<img src = "image/fuwayingying.jpg" hspace = "3">
</marquee>
<hr noshade = "noshade">
</body>
</html>
```

④ 浏览网页时福娃图像在窗口来回往返,显示结果如图 3-20 所示。

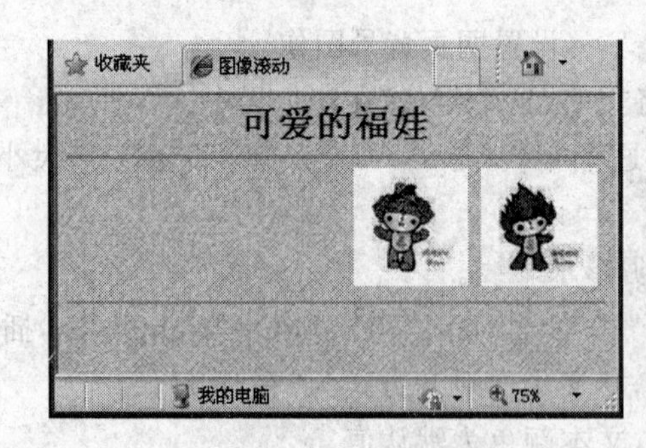

图 3-20 图像滚动

说明:

① <body background="image/bj-2.gif">,网页插入背景图像。

② <font color="blue" size="6">,设置文字为 6 号字,文字颜色为蓝色。

③ <div align="center">与</div>,设置块居中。

④ <b>可爱的福娃</b>，使文字加粗。

⑤ <marquee behavior="alternate" scrollamount="4">，图像在窗口来回往返，滚动速度为 4。

⑥ <img src="image/fuwabeibei.jpg" hspace="3">，插入图像，图像的水平间距为 3 像素。

⑦ <hr noshade="noshade">，插入无阴影水平线。

3.5　上机实验　制作图文并茂的网页

3.5.1　实验 1——可视化方法制作图文并茂的网页

1. 实验目的

用 Dreamweaver CS4 制作图文并茂的网页，进一步了解图像的使用方法。

2. 实验要求

实验的具体要求如下：

① 设置网页背景图像，输入一段文本。

② 插入两个鼠标经过图像，图像水平间距为 10 像素。

③ 设置图像与文本对齐方式，一个左对齐，另一个右对齐。

④ 文本下方插入一个滚动图像。

3. 实验步骤

① 在 Dreamweaver CS4 中新建文档→保存为“page3 - 1. html”→在“标题”框输入“上机实验 3 - 1”。

② “修改”菜单→“页面属性”→单击“背景图像”框的“浏览”按钮→选择素材文件夹的“bj - 2. gif”→单击“确定”按钮。

③ “文件”菜单→“导入”→“Word 文档”→选素材文件夹的 Word 文件“乌鸦反哺. doc”，文字被导入到网页中。

④ 光标置于第 1 段文字开始处→“插入”菜单→“图像对象”→“鼠标经过图像”→对话框的“原始图像”框选素材文件夹的图像文件“bird - 1. jpg”→“鼠标经过图像”框中选素材文件夹的图像文件“bird - 2. jpg”→单击“确定”按钮。

⑤ 同样方法在插入的图像旁再次插入鼠标经过图像→对话框的“原始图像”框选素材文件夹的图像文件“bird - 3. jpg”→“鼠标经过图像”框选素材文件夹的图像文件“bird - 4. jpg”→单击“确定”按钮。

⑥ 单击第 1 个图像→属性面板设置水平间距为 6→对齐方式为“左对齐”→图像的宽和高都是 60 像素→单击第 2 个图像→属性面板设置水平间距为 6→对齐方式为“右对齐”→图像的宽和高都是 60 像素。

⑦ 选中文章标题“乌鸦反哺”→属性面板中单击“HTML”按钮→“格式”框中选“标题 2”。

⑧ 在文章文字下方插入水平线→水平线下方插入素材文件夹的图像文件“bird - 5. jpg”→属性面板设置图像的宽和高都是 60 像素→在图像下方插入水平线。

⑨ 按F12键预览网页，当鼠标指向左图显示另外图像，当鼠标离开左图显示原始图像。同样，当鼠标指向右图显示另外图像，当鼠标离开右图显示原始图像。水平线下方的图像以循环方式向左滚动。效果如图3-21所示。

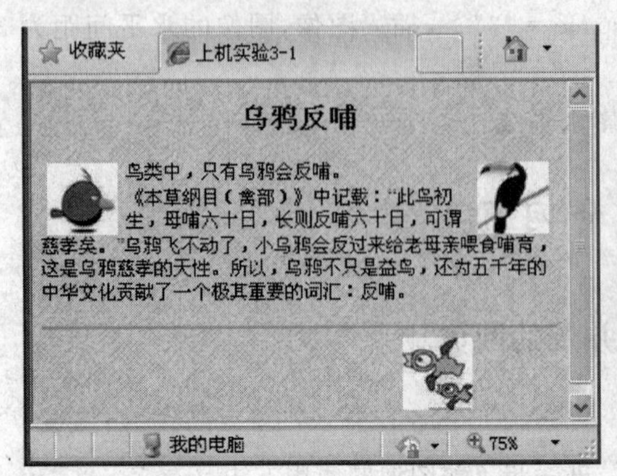

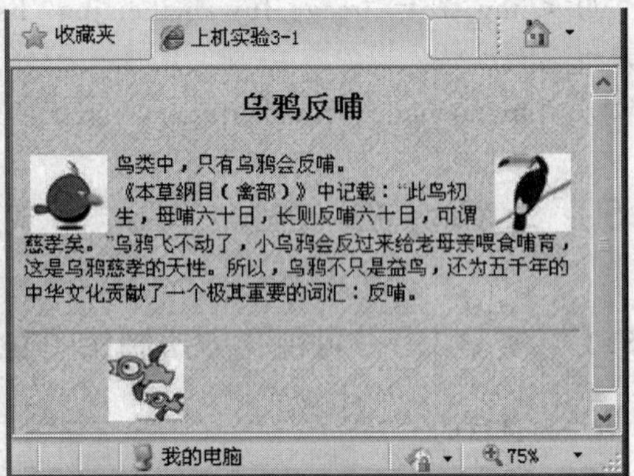

图3-21　上机实验3-1

3.5.2　实验2——HTML代码方式制作图文并茂的网页

1. 实验目的

用HTML代码制作图文并茂的网页，进一步了解图像标记的使用方法。

2. 实验要求

实验的具体要求如下：

① 设置网页背景图像。

② 输入文本标题"乌鸦反哺"，5号字，在窗口居中。

③ 输入一段文本。

④ 插入一个图像，图像大小为60×60像素，水平间距为10像素，与文本的对齐方式为"左对齐"。

3. 实验步骤

① 新建名为"page3-2.html"的HTML文档。

② 用"记事本"方式打开"page3-2.html"。

③ 在文档中输入以下代码：

```
<html>
<head>
<title>上机实验3-2</title>
</head>
<body background = "image/bj-3.jpg">
<p align = "center">
<font size = "5">
<b>乌鸦反哺</b>
</font>
```

```
</p>
<img src = "bird/bird - 2.jpg" width = "60" height = "60" hspace = "10" align = "left">
鸟类中，只有乌鸦会反哺。<br>
《本草纲目(禽部)》中记载："此鸟初生，母哺六十日，长则反哺六十日，可谓慈孝矣。" 乌鸦飞不动了，小乌鸦会反过来给老母亲喂食哺育，这是乌鸦慈孝的天性。所以，乌鸦不仅是益鸟，还为五千年的中华文化贡献了一个极其重要的词汇：反哺。
</body>
</html>
```

④ 浏览网页，效果如图 3 - 22 所示。

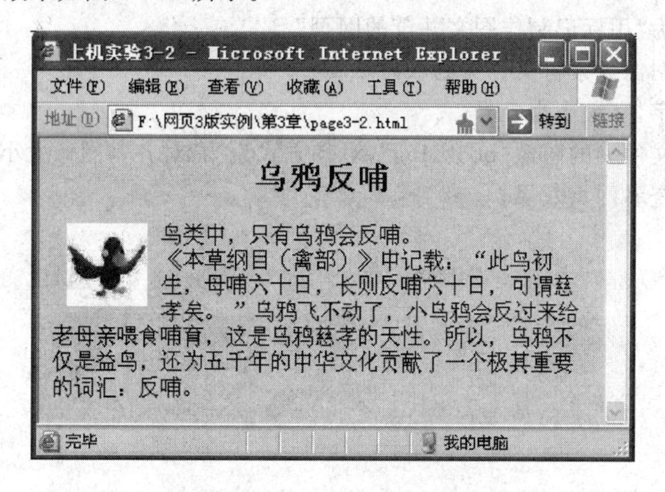

图 3 - 22　上机实验 3 - 2

思考题与上机练习题三

1. 思考题

(1) 使用图像之前要事先处理好图像，主要作用是什么？

(2) 网页中常用的图像格式有哪些？

(3) 图像占位符的作用是什么？

(4) 如果设置图像水平边距为 8，会产生什么作用？

(5) 图像的替换文本怎样显示？

(6) 图像的裁剪操作用什么组合键撤销？

(7) 图像锐化操作是否会改变原始图像？

(8) 在<img>标记用什么属性指明图像文件的 URL 地址？

(9) 在<body>标记中用什么属性添加背景图像？

(10) 设置图像在浏览器窗口居中用什么标记实现？

2. 上机练习题

(1) 用 Dreamveaver CS4 制作图文并茂的网页，图像都在素材文件夹里寻找。

要求如下：

· 网页标题为“图文并茂的网页”。

· 网页背景图像为素材文件夹的“bj-3.jpg”。

· 用5个福娃图像和5只风筝图像制作5个鼠标经过图像,鼠标指向时显示风筝,鼠标离开时显示福娃。

· 用1只鸟图像制作向右滚动的图像。

· 预览网页效果。

(2) 用HTML代码制作图文并茂的网页,文字内容自己组织。

要求如下:

· 网页标题为“用标记制作图文并茂的网页”。

· 网页背景图像为素材文件夹的“bj-2.gif”。

· 写一段文字,字大小为5号。

· 插入素材文件夹的图像“book.jpg”,对齐方式为“右对齐”,图像大小为50×50。

· 用浏览器查看网页效果。

第 4 章　网页中使用表格

表格是网页的基本元素,由单元格组成,将其他网页元素放到表格的相应单元格中,如文本、图像、表单等,可实现对网页内容的布局。本章介绍表格与单元格的基本操作、表格与单元格的属性、表格与单元格标记、使用表格数据等内容。

4.1　制作表格网页

网页中插入表格可以用菜单命令和表格按钮两种方法。

4.1.1　插入表格

表格的插入位置由光标所在位置确定,建立表格之前首先确定光标位置。

1. 用菜单命令新建表格

步骤:"插入"菜单→"表格",打开"表格"对话框。

2. 用插入面板的"表格"按钮新建表格

步骤:在"插入"面板选"常用"卡→单击"表格"按钮,打开"表格"对话框。
在"插入"面板单击"表格"按钮如图 4-1 所示。

3. "表格"对话框

"表格"对话框分 3 部分:表格大小、标题、辅助功能,如图 4-2 所示。

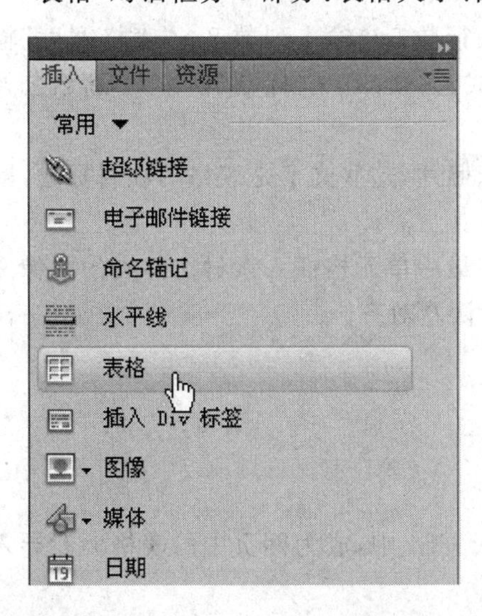

图 4-1　在"插入"面板单击"表格"按钮

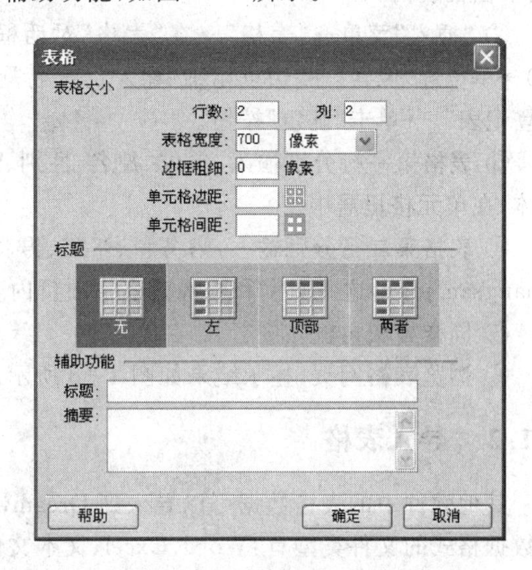

图 4-2　"表格"对话框

各选项说明如下:

(1)“表格大小”部分

① “行数”和“列数”,指定表格的行数和列数。

② 表格宽度,指定表格宽度,宽度单位有“像素”和“百分比”两种,前者用像素点数设置表格宽度,后者用占整个浏览窗口的百分数来设置表格宽度。通常内嵌的表格用百分比为单位,用于布局的外部表格用像素为单位。

③ 边框粗细,指定表格边框线的粗细,数值为0时表格在浏览器中不显示边框。如果用表格规划网页布局,通常设置表格的边框粗细为0。

④ 单元格边距,指定单元格内容与单元格边框之间的距离,默认为2像素。

⑤ 单元格间距,指定各单元格之间的距离,默认为0像素。

(2)“标题”部分

表格提供了4种表格标题样式:无、左、顶部、两者,标题单元格中的文字会加粗显示,以便与其他单元格的文字有所区别。

(3)“辅助功能”部分

① 标题,框中输入的文字将成为表格的大标题,默认显示在表格内容上方。

② 摘要,框中输入的文字是对表格的说明,在“设计”视图和浏览器窗口都不显示,只有在“代码”视图中才能看到。

设置完成后单击“确定”按钮,在网页当前光标处插入了表格。

下面用一个实例介绍表格的建立方法。

例4-1　建立人员登记表

操作步骤如下:

① 在“Dreamweaver CS4”中新建名为“p4-1.html”的HTML文档→“标题”框中输入“人事档案表格”。

② “插入”菜单→“表格”→在“表格”对话框输入行数5→输入列数5→“表格宽度”输入400→单位选“像素”→“边框粗细”输入1→“标题”样式选“顶部”→“标题”框输入“新新公司人员登记表” →单击“确定”按钮。

③ 表格第一行分别输入:单位、姓名、性别、年龄、照片,这些文字是表格的项目标题,默认粗体,在单元格里居中。

④ 表格第二行分别输入:财务科、张三、男、39,在最后单元格插入素材文件夹的图像文件“zhangsan.jpg”,这些文字和图像是表格项目内容,默认左对齐。

⑤ 同样方法再输入3行。

⑥ 浏览表格网页,显示结果如图4-3所示。

4.1.2　导入表格

其他软件中的表格数据可以导入到Dreamweaver CS4中,成为网页中的表格。能导入表格数据格式的文件类型有:Word、Excel、文本文件等。

凡是要导入到网页中的表格数据,数据源文件本身的排列必须有一定的规则,如果是txt格式的文件,同一行的每两个数据之间要有分隔符,而且同一文件的分隔符要相同。分隔符可以是逗号、冒号、分号、Tab键、空格键等。

单位	姓名	性别	年龄	照片
财务科	张三	男	39	
人事科	李四	男	42	
销售处	王五	男	30	
档案室	赵六	女	26	

图 4-3　表格网页

下面用一个实例介绍导入表格的方法。

例 4-2　导入表格

导入 Word 文档在前面已经介绍过，本例中将导入素材文件夹中的 Excel 文件“销售处.xls”和 txt 文件“财务科.txt”，其中 txt 文件的数据之间用分号分隔。

Excel 表格和 txt 表格式数据如图 4-4 所示。

	A	B	C	D	E
1	姓名	职务	性别	年龄	学历
2	王五	处长	男	30	大本
3	李林舞	销售员	男	34	高职
4	宋鑫	销售员	男	28	大本
5	齐立敏	销售员	女	24	大专
6					

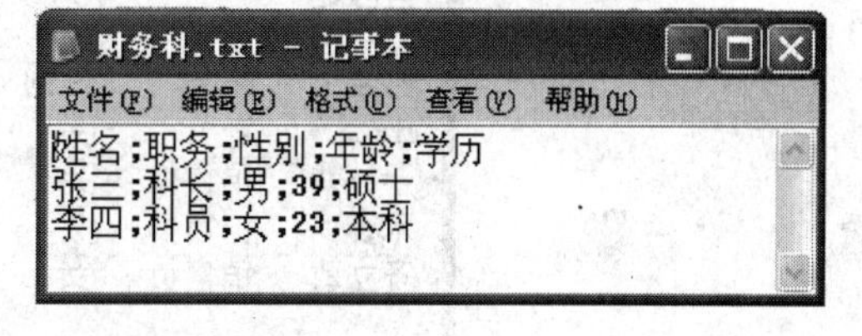

图 4-4　Excel 表格和 txt 表格式数据

操作步骤如下：

① 在“Dreamweaver CS4”中新建名为“p4-2.html”的 HTML 文档→“标题”框中输入“导入表格”。

② 在页面中输入文字“财务科”→回车→“文件”菜单→“导入”→“表格式数据”，打开“导入表格式数据”对话框。

③ “数据文件”框选择素材文件夹中“财务科.txt”→“定界符”框选“分号”→在右边文本框输入分号→“表格宽度”设置为 300 像素→“格式化首行”选择“粗体”→“边框”输入数字 1→单击“确定”按钮，文本文件中的表格式数据成为当前网页的表格。

“导入表格式数据”对话框如图 4-5 所示。

④ 输入文字“销售处”后回车→“文件”菜单→“导入”→“Excel 文档”→选择素材文件夹中“销售处.xls”→单击“打开”按钮，Excel 文档中的数据成为当前网页的表格，该表格默认没有边框。

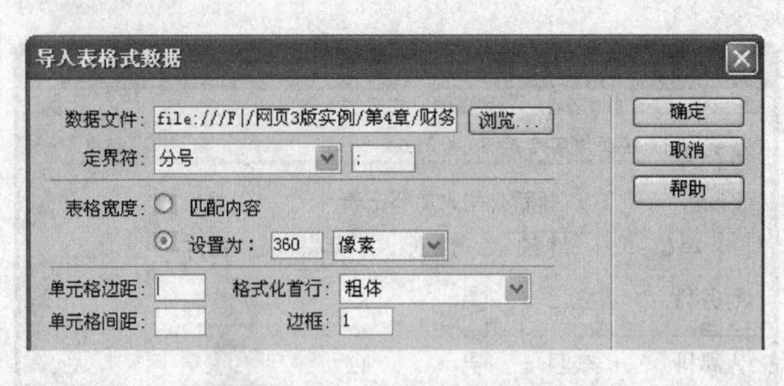

图4-5 "导入表格式数据"对话框

⑤ 单击导入的"销售处"表格的边缘选中表格→属性面板设置"边框"为1,本操作给表格添加了边框。

⑥ 预览网页,显示结果如图4-6所示。

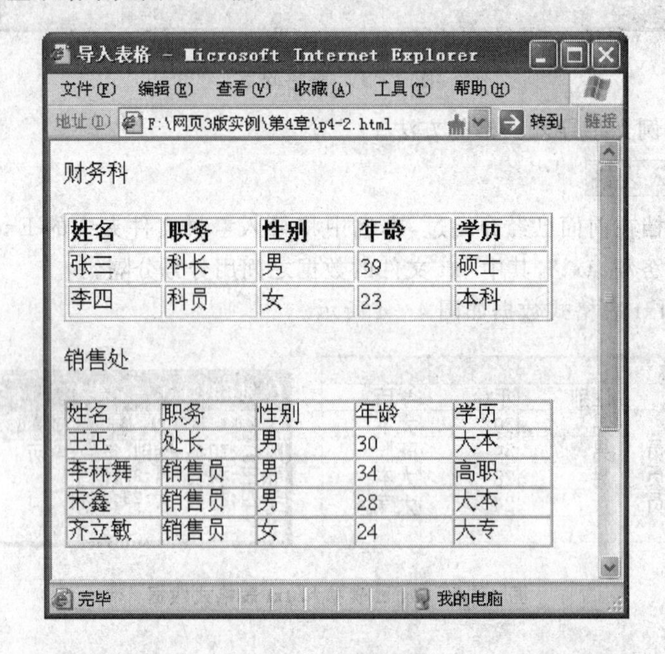

图4-6 导入表格

4.1.3 表格数据排序

数据排序是表格数据处理的常用操作,在Dreamweaver CS4中可以根据单列数据对"行"进行排序,也可以根据两列数据对"行"进行高级排序。

排序不能对合并的单元格进行。

下面用一个实例介绍表格数据排序的方法。

例4-3 表格数据排序

素材文件夹有Excel文件"成绩.xls",要求按"性别"升序并且按"成绩"降序对"行"进行排序,文件内容如图4-7所示。

操作步骤如下:

① 在“Dreamweaver CS4”中新建名为“p4-3.html”的 HTML 文档→“标题”框中输入文字“表格数据排序”。

② 输入文字“学生成绩一览表”→回车→“文件”菜单→“导入”→ Excel 文档”→选择素材文件夹“成绩.xls”→单击“打开”按钮。Excel文档成为当前网页的表格。

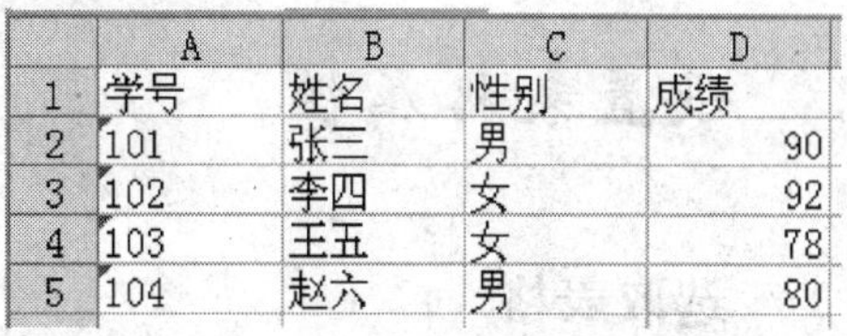

	A	B	C	D
1	学号	姓名	性别	成绩
2	101	张三	男	90
3	102	李四	女	92
4	103	王五	女	78
5	104	赵六	男	80

图 4-7　Excel 文件“成绩.xls”

③ 单击表格边缘选中表格→属性面板“边框”文本框中输入 1,给表格添加边框。

④ 光标置于表格中任意位置→“命令”菜单→“排序表格”。打开“排序表格”对话框。

⑤“排序按”框选“列 3”(列 3 为“性别”)→下方的“排序”框选“按字母顺序”→右边的文本框选“升序”→“再按”框选“列 4”(列 4 为“成绩”)→下方的“排序”框选“按数字顺序”→右边的文本框选“降序”→单击“确定”按钮。

“排序表格”对话框如图 4-8 所示。

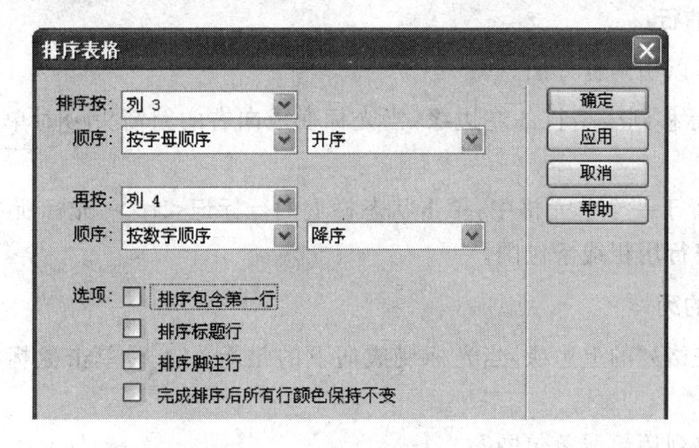

图 4-8　“排序表格”对话框

⑥ 预览网页,表格先按“性别”升序排序,再按“成绩”降序排序。“性别”值相同的行按“成绩”从高到低显示,网页显示结果如图 4-9 所示。

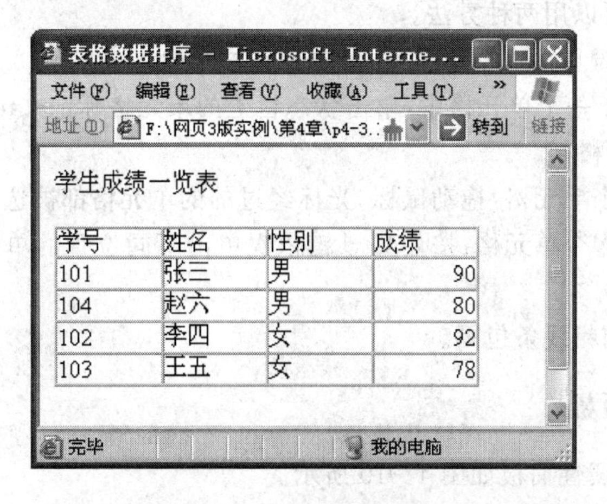

图 4-9　表格数据排序

4.2 设置表格属性

4.2.1 选取表格

在操作表格之前首先要选取表格,选取的对象包括整个表格、表格的行、表格的列、表格里的单元格,这些都是表格元素。

1. 选取整个表格

选取整个表格可以用两种方法。

方法1:单击表格边框的任意位置。

方法2:单击状态栏上的表格标记<table>。

表格被选中后边缘显示为粗线条,边缘上有调节柄,鼠标移到调节柄上会变为双向箭头。

2. 选取表格的行

选取表格行可以用两种方法。

方法1:将鼠标移到表格行的左边缘,当光标变成向右的粗箭头➡时单击鼠标,箭头所指的表格行被选中。

方法2:光标置于一个单元格中,单击状态栏上的行标记<tr>,光标所在行被选中。

被选中的表格行用粗线条包围。

3. 选取表格的列

将鼠标移到表格列的上边缘,当光标变成向下的粗箭头⬇时单击鼠标,箭头所指的表格列被选中。

被选中的表格列用粗线条包围。

4. 选取表格里的单元格

(1) 选取单个单元格

选取单个单元格可以用两种方法。

方法1:按住Ctrl键单击一个单元格,该单元格被选中。

方法2:将光标置于一个单元格中,单击状态栏上的单元格标记<td>,该单元格被选中。

(2) 选取多个单元格

① 选取相邻的多个单元格:拖动鼠标,光标经过的的单元格都被选中。

② 选取不相邻的多个单元格:按住Ctrl键依次单击不同位置的单元格,不相邻的多个单元格被选中。

被选中的单元格用粗线条包围。

4.2.2 表格属性面板

选中表格,表格的属性面板如图4-10所示。

各选项说明如下:

① 表格,在框中指定表格名称。

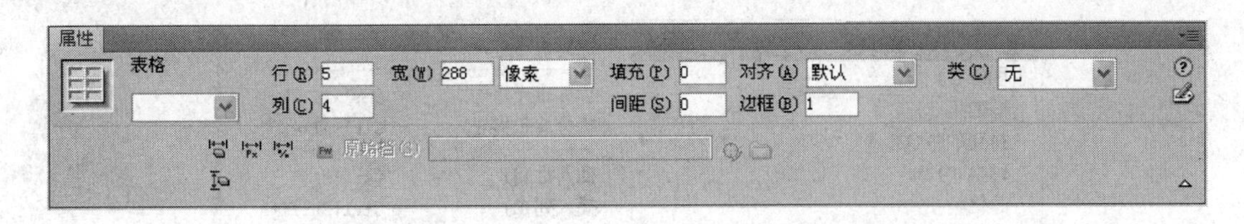

图 4－10　表格的属性面板

② 行，显示和设置表格的行数。

③ 列，显示和设置表格的列数。

④ 宽，显示和设置表格的宽度，单位有“百分比”和“像素”两种，如果用“百分比”为单位，表格宽度按与浏览器窗口的百分比改变。如果以“像素”为单位，表格宽度固定不变，缩小浏览器窗口会遮挡表格的部分内容。

⑤ 填充，设置表格内容与边框之间的距离，单位是像素。

⑥ 间距，设置表格中单元格与单元格之间的距离，单位是像素。

⑦ 对齐，设置表格在页面中的对齐方式，系统提供四种选项：默认、左对齐、居中对齐、右对齐。

⑧ 边框，设置表格边框的宽度，单位是像素，值为 0 时表格没有边框。

⑨ “清除列宽”按钮，选中表格后单击该按钮，在表格列的方向清除所有单元格中多余的列宽，使文字与单元格的列宽正好适合。

⑩ “清除行高”按钮，选中表格后单击该按钮，在表格行的方向清除所有单元格中多余的行高，使文字与单元格的行高正好适合。

⑪ “将表格宽度转换成像素”按钮，单击该按钮，将表格的宽度单位由“百分比”转换成“像素”。

⑫ “将表格宽度转换为百分比”按钮，单击该按钮，将表格的宽度单位由“像素”转换成“百分比”。

4.2.3　编辑表格的命令

将光标置于表格任意单元格中→“修改”菜单→“表格”，级联菜单显示编辑表格的命令，如图 4－11 所示。

命令菜单里的多数操作都可以在表格的属性面板中完成，例如，插入行、插入列等。命令菜单里还包含编辑单元格的命令，多数操作可以在单元格的属性面板中实现。

4.2.4　表格编辑

下面介绍表格编辑的主要操作。

1. 添加行或列

(1) 添加 1 行或 1 列

光标置于一个单元格中→“修改”菜单→“表格”→“插入行”(或“插入列”)，在当前行的上方插入一行，或在当前列左边插入一列。

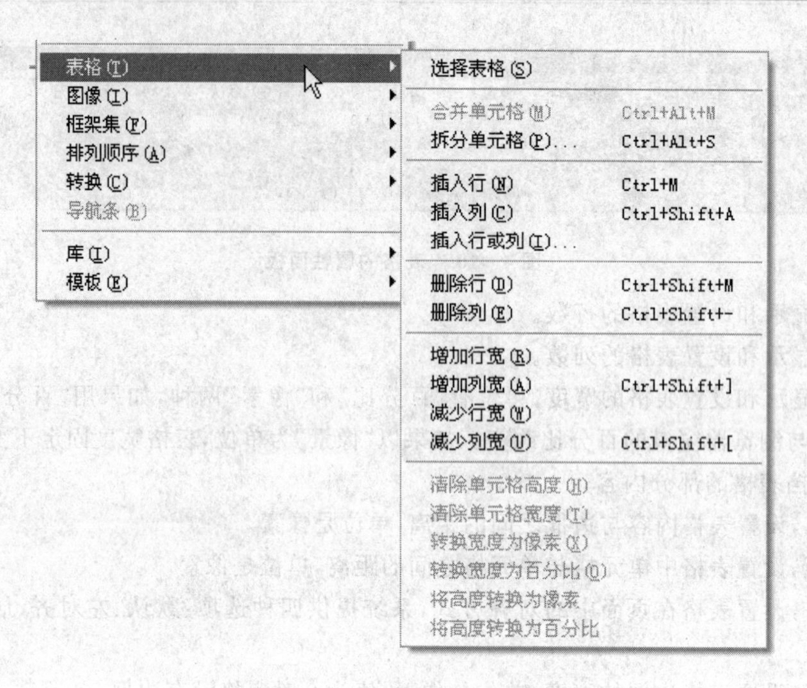

图 4-11　编辑表格的命令

(2) 添加多行或多列

单击一个单元格→“修改”菜单→“表格”→“插入行或列”→在“插入行或列”对话框中进行设置,可以一次性插入多行或多列。还可以使新插入的行在当前行的下方(默认在上方),使新插入的列在当前列的左边或右边。

“插入行或列”对话框如图 4-12 所示。

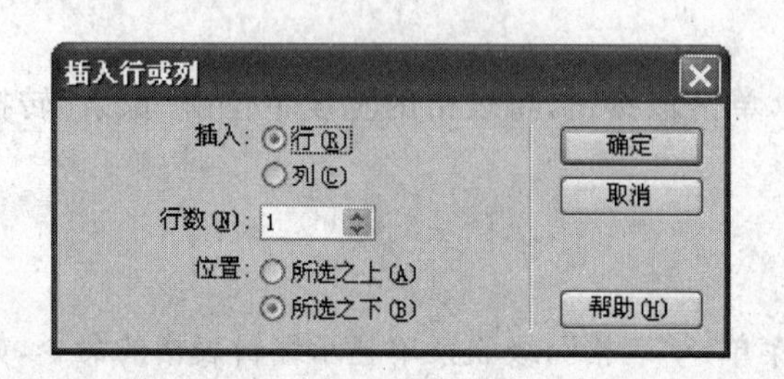

图 4-12　“插入行或列”对话框

(3) 用表格属性面板

在“行”框或“列”框输入新的行数或列数,表格会增加行或增加列,以达到指定的行数或列数。

2. 删除行或列

(1) 删除 1 行或 1 列

光标置于一个单元格中→“修改”菜单→“表格”→“删除行”(或“删除列”),光标所在的行或列被删除。

(2) 删除相邻的多行或多列

在表格边缘拖动鼠标选取几行或几列→“编辑”菜单→“清除”,或按 Delete 键,选定的行或列被删除。也可以用这种方法删除 1 行或 1 列。

3. 改变表格宽度

(1) 用拖动鼠标方法

选中表格→用鼠标向左或向右拖动表格右边缘的调节柄,表格宽度就会减少或增加。

(2) 用属性面板

选中表格→在属性面板“宽”框中输入新的数值，表格宽度就会改变，这种方法可以精确定义表格宽度。

4. 表格对齐

表格对齐主要是设置表格的“居中对齐”。

选中表格→在属性面板“对齐”框中选“居中对齐”，使表格在网页窗口中居中显示。

5. 表格边框

选中表格→在属性面板“边框”框中输入数值，如果边框数值为 0，表格无边框。

用于显示数据的表格通常显示边框，用于布局页面的表格通常不显示边框。

6. 表格背景图像

表格的背景图像在“标签检查器”面板中设置。

给表格插入背景图像的步骤如下：

选中表格→在“窗口”菜单打开“标签检查器”面板→展开“浏览器特定的”项目→单击“background”属性框的“浏览”按钮→在文件夹中选择图像→单击“确定”按钮。本操作给表格添加了背景图像。

“标签检查器”面板如图 4－13 所示。

图 4－13　“标签检查器”面板

7. 改变表格边线颜色

改变表格边框颜色也在“标签检查器”面板中设置。展开“浏览器特定的”项目→单击“bordercolor”(边框颜色)属性框的“颜色”按钮→选择一个颜色。表格的边线显示为指定颜色。

下面用一个实例介绍表格中插入背景图像和文字的方法。

例 4－4　表格中插入背景图像和文字

操作步骤如下：

① 在“Dreamweaver CS4”中新建名为“p4－4.html”的 HTML 文档→“标题”框中输入文字“表格中插入背景图像和文字”。

② “插入”菜单→“表格”→设置表格为 1 行 1 列→设置“表格宽度”为 600 像素→设置“边框粗细”为 0→设置“标题”样式为“无”→单击“确定”按钮。

③ 打开“标签检查器”面板→属性“background”选素材文件夹的图像“bj4－2.jpg”，给表格设置了背景图像。

④ 单击表格边缘选取表格→在属性面板“对齐”框选“居中对齐”。

⑤ 按住 Ctrl 键单击表格内部→单元格属性面板的“高”框中输入 700，使图像完全显示在表格中。

⑥ 单元格属性面板“水平”框选“居中对齐”→“垂直”框选“顶端”。使光标位于表格顶端中间。

⑦ 输入如下文字，每输完一句按回车键。

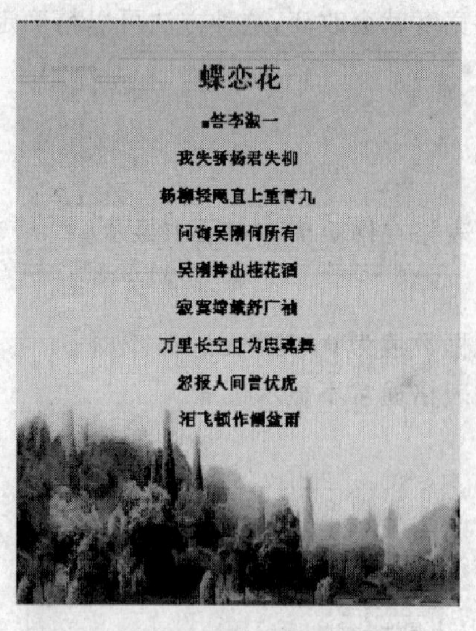

图 4-14　使用表格

蝶恋花

· 答李淑一

我失骄杨君失柳

杨柳轻飏直上重霄九

问询吴刚何所有

吴刚捧出桂花酒

寂寞嫦娥舒广袖

万里长空且为忠魂舞

忽报人间曾伏虎

泪飞顿作倾盆雨

⑧ 属性面板设置“蝶恋花”字大小为 30 像素→其他字大小为 18 像素。

⑨ 预览网页，效果如图 4-14 所示。

4.3　设置单元格属性

4.3.1　单元格属性面板

单元格是表格的基本元素，单元格属性面板与文本属性面板在同一个面板中，单元格属性在面板的下半部分设置，如图 4-15 所示。

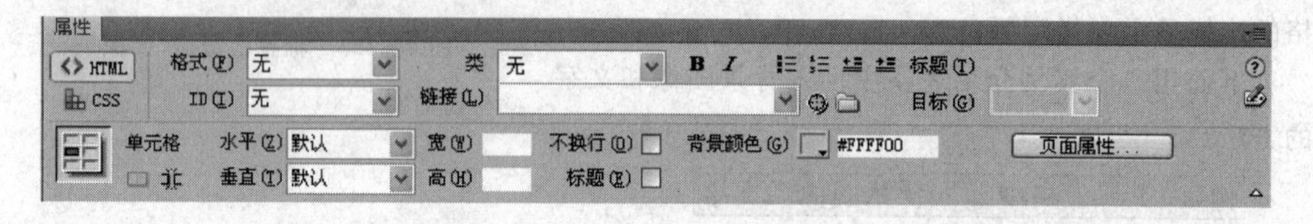

图 4-15　单元格属性面板

各选项说明如下：

① 属性面板“单元格”下方有两个按钮，左边是“合并单元格”按钮，右边是“拆分单元格”按钮。

② 在“水平”框中定义单元格内容的水平对齐方式，选项有：默认、左对齐、居中对齐、右对齐。

③ 在“垂直”框中定义单元格内容的垂直对齐方式，选项有：默认、顶端、居中、底部、基线。

④ 在“高”和“宽”框输入单元格的高度和宽度，单位是像素。

⑤ 如果勾选“不换行”复选框，在单元格中输入内容时不自动换行。

⑥ 如果勾选“标题”复选框，单元格成为标题单元格，文字加粗并居中显示。

⑦ 单击“背景颜色”按钮，在颜料盒中选择颜色，颜色值显示在“颜色”框中，也可以直接输入颜色值。

4.3.2　单元格的常用操作

下面介绍单元格的常用操作。

1. 合并单元格

(1) 用属性面板

选取连续的单元格→单击“合并单元格”按钮,选中的几个单元格合并成为一个单元格。

(2) 用命令菜单

选取连续的单元格→“修改”菜单→“表格”→“合并单元格”。

2. 拆分单元格

(1) 用属性面板

光标置于单元格中→单击“拆分单元格”按钮→在“拆分单元格”对话框中定义拆分的行数或列数→单击“确定”按钮。选中的单元格被拆分成几个单元格。

(2) 用命令菜单

光标置于单元格中→“修改”菜单→“表格”→“拆分单元格”→在“拆分单元格”对话框中定义拆分的行数或列数→单击“确定”按钮。选中的单元格被拆分成几个单元格。

3. 使单元格跨行或跨列

(1) 增加行宽

光标置于单元格中→“修改”菜单→“表格”→“增加行宽”,当前单元格行的宽度占两个单元格,相当于当前单元格与下方相邻单元格进行了合并单元格操作。

(2) 增加列宽

光标置于单元格中→“修改”菜单→“表格”→“增加列宽”,当前单元格列的宽度占两个单元格,相当于当前单元格与右边相邻单元格进行了合并单元格操作。

4. 减少行宽和减少列宽

(1) 减少行宽

是增加行宽的逆操作,把当前跨行的单元格重新分成 2 行。

(2) 减少列宽

是增加列宽的逆操作,把当前跨列的单元格重新分成 2 列。

5. 设置单元格背景色

光标置于单元格中→单击属性面板的“颜色”按钮→在颜料盒中选择颜色或直接在“颜色”框输入颜色值。给单元格定义了背景色。

6. 设置单元格背景图像

单元格的背景图像在“标签检查器”面板中设置,步骤与设置表格背景图像相似。

光标置于单元格中→打开“标签检查器”面板→展开“浏览器特定的”项目→单击“background”属性框的“浏览”按钮→在文件夹中选择图像→单击“确定”按钮,单元格有了背景图像。

因为系统提供的单元格背景颜色缺少线性渐变色,所以要想让单元格有线性渐变颜色效果,需用线性渐变色的背景图像实现。

7. 在单元格输入文字或图像

把光标确定在某个单元格中,可以直接插入文字或插入图像。有时也可以用剪切、复制、粘贴方式在单元格中插入文字或图像。

8. 用单元格制作高度为 1 像素的直线

前面介绍过插入水平线,用单元格也能生成直线。

用单元格生成直线的步骤如下:

光标置于单元格中→设置单元格背景颜色→设置单元格高度是 1→转到“代码”视图→删除系统自动在单元格中给出的空格代码“ ”→再回到“设计”视图,可以看到指定的单元格变成了直线(注:如果单元格高度是 2 或 3,生成的直线会粗一些)。

变成直线的单元格代码为:<td height="1" bgcolor="black"></td>

下面的实例使用了单元格产生的直线。

例 4-5　用单元格产生直线

操作步骤如下:

① 在“Dreamweaver CS4”中新建名为“p4-5.html”的 HTML 文档→“标题”框中输入文字“用单元格产生直线”。

② “插入”菜单→“表格”→设置表格为 24 行 3 列→“表格宽度”为 600 像素→“边框粗细”为 0→“标题”样式为“无”→单击“确定”按钮。

③ 单击表格边缘选取表格→在表格属性面板“对齐”框选“居中对齐”。

④ 打开“标签检查器”面板→“background”属性框选素材文件夹的图像“bj4-2.jpg”,给表格设置了背景图像。

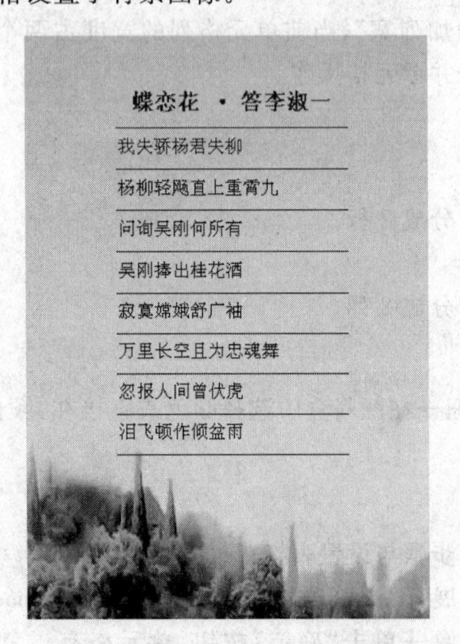

图 4-16　用单元格产生直线

⑤ 单击表格边缘选中表格→向下拖动调节柄使图像完全显示在表格中(注:图像尺寸为 600×700)。

⑥ 选中左列全部单元格→单击属性面板“合并单元格”按钮→同样方法合并右列全部单元格。

⑦ 在中间列第 2 个单元格输入“蝶恋花·答李淑一”→设置文字水平方向居中对齐→字大小为 24 像素。

⑧ 每隔一行输入一句→设置文字左对齐→字大小为 20 像素(注:文字内容与例 4-4 相同)。

⑨ 单击“蝶恋花·答李淑一”下面的空白单元格→设置背景颜色为黑色(#000000)→设置单元格高度为 1→转到“代码”视图→删除该单元格的空格代码“ ”→同样方法处理其他文字下面的空白单元格。这些单元格都变成了直线的效果。

⑩ 浏览网页,显示效果如图 4-16 所示。

4.4　用表格布局网页

用表格可以进行网页布局，对文本、图像等网页元素的位置进行控制，使网页信息条理化。表格布局网页主要采用表格嵌套与表格叠加相结合的方法。

1. 嵌套表格

嵌套表格是在表格里面插入表格，制作嵌套表格之前要首先定位光标，然后再插入表格。

2. 表格叠加

表格叠加是将几个宽度相同并且相互独立的表格叠放在一起，共同组成页面。

说明：为了不影响网页下载速度，网页中的表格不宜过大，最好将几个表格叠加在一起。如果需要，可以在叠加的某个表格里适当使用嵌套表格。

下面用一个实例介绍用表格布局页面的方法。

例 4－6　用表格布局页面

操作步骤如下：

① 在"Dreamweaver CS4"中新建名为"p4－6. html"的 HTML 文档→"标题"框中输入文字"用表格布局页面"。

② "插入"菜单→"表格"→设置表格为 1 行 2 列→"表格宽度"为 600 像素→"边框粗细"为 0→"单元格间距"输入 0→"标题"样式为"无"→单击"确定"按钮。

③ 单击表格边缘选取表格→属性面板"对齐"框选"居中对齐"，表格在页面居中。

④ 选取表格→打开"标签检查器"面板→单击属性"background"的"浏览"按钮→选素材文件夹的图像"bj4－1. jpg"，给表格设置了背景图像。（注：该图像为线性渐变色，尺寸为 20×80，自动铺满整个表格。）

⑤ 按住 Ctrl 键单击左边单元格→属性面板设置"宽度"为 215 像素→"高度"为 80 像素→插入素材文件夹的图像"bj4－0. jpg"→旁边写文字"我的家乡"→设置文字大小为 20 像素→单击图像→图像属性面板"对齐"框选"居中"。使图像中线与文字底部对齐。

图像与文字居中对齐如图 4－17 所示。

⑥ 光标置于右单元格内→属性面板"水平"框选"右对齐"→"垂直"框选"底部"。定义光标位置。

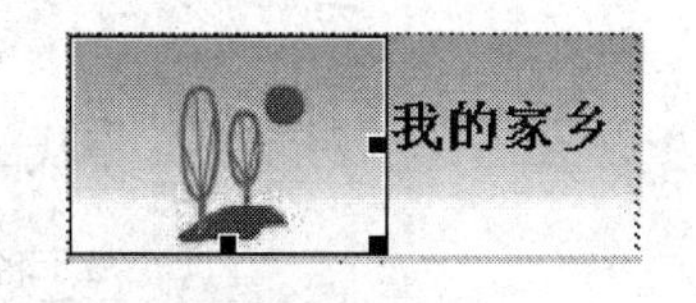

图 4－17　图像与文字居中对齐

⑦ 在右单元格内插入 1 行 7 列表格→"表格宽度"为 380 像素→"边框粗细"为 0→"单元格间距"输入 8。在右单元格内插入了一个嵌套表格。

⑧ 将素材文件夹的图像"k－1. gif"至"k－5. gif"分别插入嵌套表格的中间 5 个单元格→设置左边单元格宽度为 30 像素→中间 5 个单元格宽度为 50 像素。

嵌套表格效果如图 4－18 所示。

⑨ 在页面中再插入 1 行 2 列表格→"表格宽度"为 600 像素→"边框粗细"为 0→"单元格间距"为 0→表格在页面居中。现在页面上有 2 个表格叠加在一起。

⑩ 选中右边单元格→设置单元格"宽度"为 450 像素→单元格"高度"为 30 像素→插入素

图 4-18　嵌套表格效果

材文件夹的图像"banner0.gif"→选中左边单元格→单击属性面板"背景颜色"按钮→用吸管在"banner0.gif"图像背景色上单击,使单元格颜色与图像"banner0.gif"的背景色相同。

叠加表格效果如图 4-19 所示。

图 4-19　叠加表格效果

⑪ 在页面插入第 3 个表格→表格 5 行 2 列→表格宽度为 600 像素→边框粗细为 0→单元格间距为 1→使表格在页面居中。现在页面上有 3 个表格叠加在一起。

⑫ 拖动鼠标选取左边所有单元格→设置"宽度"为 120 像素→"高度"为 60 像素→单击"背景颜色"按钮→用吸管在第 2 个表格里点一下。左边所有单元格的背景色与第 2 个表格单元格背景色相同。

⑬ 拖动鼠标选取右边所有单元格→单击"背景颜色"按钮→用吸管在第 1 个表格的浅颜色处点一下。右边所有单元格背景色与第 1 个表格较浅的颜色相同。

⑭ 定义光标在左单元格水平居中→将素材文件夹的图像"a1.gif"至"a4.gif"分别插入到前 4 个单元格中→定义光标在右边单元格左对齐→在每个单元格粘贴一段素材文件夹"潍坊.doc"的文字。

3 个表格叠加在一起的设计效果如图 4-20 所示。

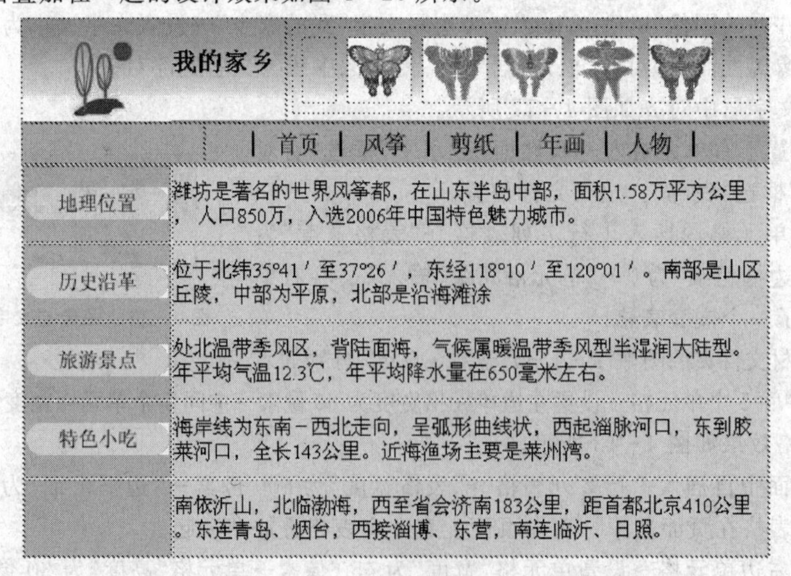

图 4-20　3 个表格叠加在一起

⑮ 预览网页，显示效果如图 4－21 所示。

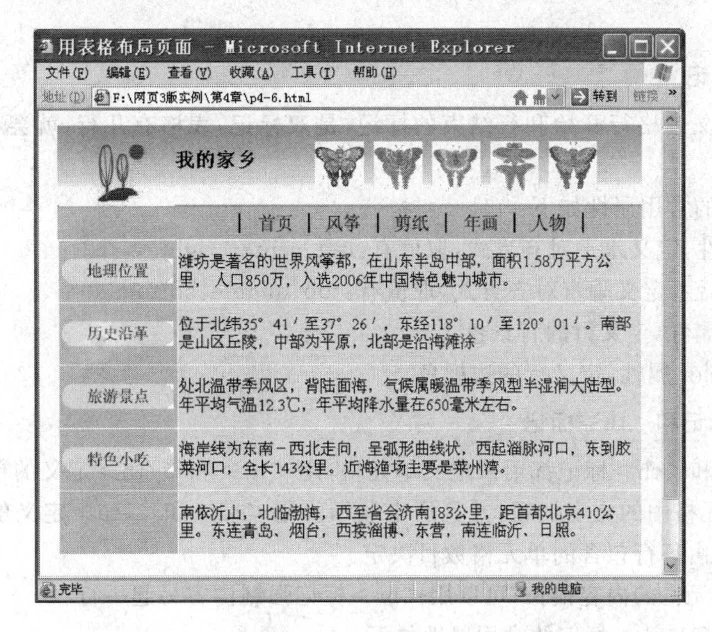

图 4－21　用表格布局页面

4.5　表格的 HTML 标记

创建表格的 HTML 标记主要有：表格的开始和结束标记<table>与</table>、表格行开始和行结束标记<tr>与</tr>、表格单元格开始和单元格结束标记<td>与</td>。

表格标记的层次关系：最外层是表格标记，第 2 层是表格的行标记，里面是单元格标记。

1. <table>标记

<table>是定义表格开始和结束的 HTML 标记，是双标记，一个表格的全部内容都要包含在<table>与</table>标记之中。

<table>标记的常用属性如下：

① border 属性，定义边框宽度，单位是像素。

② bordercolor 属性，定义边框颜色。

③ align 属性，定义表格在页面的水平位置，可取值为 left(在网页左端)、right(在网页右端)、center(表格在页面居中)。

④ bgcolor 属性，定义表格背景色。

⑤ background 属性，定义表格背景图像。

⑥ wigth 属性，定义表格宽度，单位有百分比和像素两种。

⑦ height 属性，定义表格高度，通常不定义表格高度。

⑧ frame 属性，定义表格外边框显示方式，常用属性值有 box(显示表格外边框，是默认值)、void(不显示表格外边框)、hsides(显示表格上、下外边框)、vsides(显示表格左、右外边框)。

⑨ rules 属性，定义表格分隔线显示方式，可取值为 all(显示表格所有分隔线，是默认值)、

rows(只显示表格行之间的分隔线)、cols(只显示表格列之间的分隔线)、none(不显示表格分隔线)。

2. <tr>标记

<tr>是定义表格行开始和行结束的标记,是双标记,表格有几行,就会有几对<tr>和</tr>标记。

<tr>标记的常用属性如下:

① align属性,定义水平对齐方式,取值有:left、center、right。

② valign属性,定义垂直对齐方式,取值有:top、middle、bottom。

③ bgcolor属性,定义行的背景色。

④ bordercolor属性,定义行的边框色。

3. <td>标记和<th>标记

<td>标记和<th>标记都用来定义单元格,用<th>和</th>定义的单元格为表格的标题单元格,单元格中的文字加粗,并且居中显示。用<td>和</td>定义的单元格为普通单元格。表的列由每行包含的单元格数目决定。

如果某个单元格的内容很长,可以用
标记强制内容另起一行。

<td>标记和<th>标记的常用属性如下:

① align属性,定义单元格内容水平对齐方式,取值有:left、center、right。

② valign属性,定义单元格内容垂直对齐方式,取值有:top、middle、bottom。

③ colspan属性,定义单元格向右打通的栏数,在行的方向合并单元格。

④ rpwspan属性,定义单元格向下打通的栏数,在列的方向合并单元格。

⑤ width属性,定义单元格的宽度,单位用像素或百分比。

⑥ height属性,定义单元格的高度,单位用像素或百分比。

⑦ nowrap属性,禁止单元格的内容自动换行。

⑧ bgcolor属性,定义单元格的背景色。

⑨ background属性,定义单元格的背景图像。

⑩ bordercolor属性,定义单元格的边框色。

4. <caption>标记

<caption>标记用来定义表格标题,标题内容显示在表格内容的外面,默认显示在表格内容上方中间。<caption>标记放在<table>标记内,是双标记。

<caption>标签常用属性有两个:

① align属性,取值为right、left、middle,设置标题的水平位置,默认居中。

② valign属性,取值为top、bottom,确定标题在表格上方还是在表格下方。

下面用一个实例介绍用表格标记的使用方法。

例4-7　使用表格标记

操作步骤如下:

① 新建名为"p4-7.html"的HTML文档。

② 用"记事本"方式打开"p3-4.html"。

③ 在文档中输入下面代码。

```
<html>
<head>
<title>使用表格标记</title> </head>
<body>
<table border = "1" align = "center" width = 70 % >
<caption align = "right" valign = "bottom">
潍坊学院英语教育 05 级 1 班
</caption>
<tr>
<th colspan = "3" bgcolor = "#CCCCCC">期中考试成绩表</th>
</tr>
<tr>
<td align = "center">姓名</td>
<td align = "center">性别</td>
<td align = "center">分数</td>
</tr>
<tr>
<td align = "left"> 张三</td>
<td align = "center">女</td>
<td align = "right">90</td>
</tr>
<tr>
<td align = "left">李四</td>
<td align = "center">男</td>
<td align = "right">98</td>
</tr>
</table>
</body>
</html>
```

程序运行结果如图 4 - 22 所示。

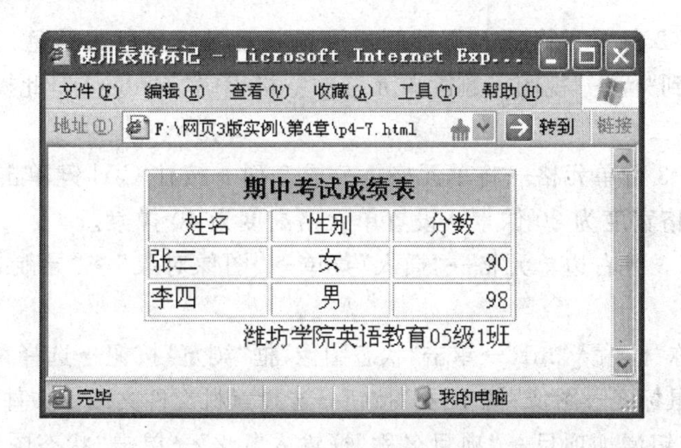

图 4 - 22　使用表格标记

4.6 上机实验 使用表格制作网页

4.6.1 实验1——网页中使用导航图像

1. 实验目的

在Dreamweaver CS4中使用表格布局网页,了解导航图像的制作方法。

2. 实验要求

实验的具体要求如下:

① 用表格布局页面。

② 设置表格背景图像。

③ 制作横向导航条。

④ 在表格中插入文字和图像。

3. 实验步骤

① 在Dreamweaver CS4中新建文档→保存为“page4-1.html”→在“标题”框输入“上机实验4-1”。

② 插入5行1列表格→表格宽度600像素→打开“标签检查器”面板→单击“background”属性的“浏览”按钮→在素材文件夹选择图像文件“bj4-3.jpg”→选中表格→向下拖动表格下边缘的调节柄直至背景图像全部显示出来。

③ 设置光标在第1行单元格水平和垂直都居中→插入素材文件夹图像文件“bj4-4.jpg”,表格第1行设计如图4-23所示。

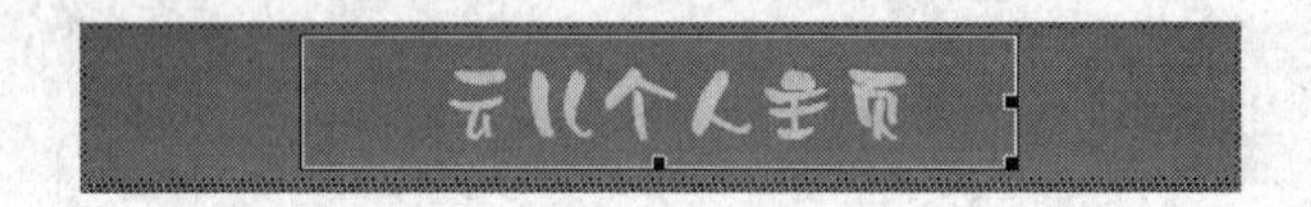

图4-23 表格第1行设计

④ 光标置于第2行单元格→在属性面板设置单元格背景色为黑色(#000000)→单元格高度为1像素→转到“代码”视图→删除单元格的空格代码“ ”,此操作将第2行单元格变为直线。

⑤ 光标置于第3行单元格→将单元格拆分成2列→按住Ctrl键单击左边单元格选中该单元格→设置单元格宽度为20像素→设置单元格高度为40像素。

⑥ 光标置于第3行右边单元格→“插入”菜单→“图像对象”→“导航条”,打开“插入导航条对话框”。

⑦ 在“项目名称”框输入“m1”→单击“状态图像”框“浏览”按钮→选择素材文件夹图像文件“b-1.gif”→单击“鼠标经过图像”框“浏览”按钮→选择素材文件夹图像文件“b-1-0.gif”。

⑧ 单击加号按钮增加项目→“项目名称”框输入“m2”→单击“状态图像”框“浏览”按钮→选择素材文件夹图像文件“b-2.gif”→单击“鼠标经过图像”框“浏览”按钮→选择素材文件夹图像文件“b-2-0.gif”。

⑨ 如此下去共添加 6 个项目→单击“确定”按钮。网页光标位置插入了导航图表格。

“插入导航条”对话框如图 4－24 所示。

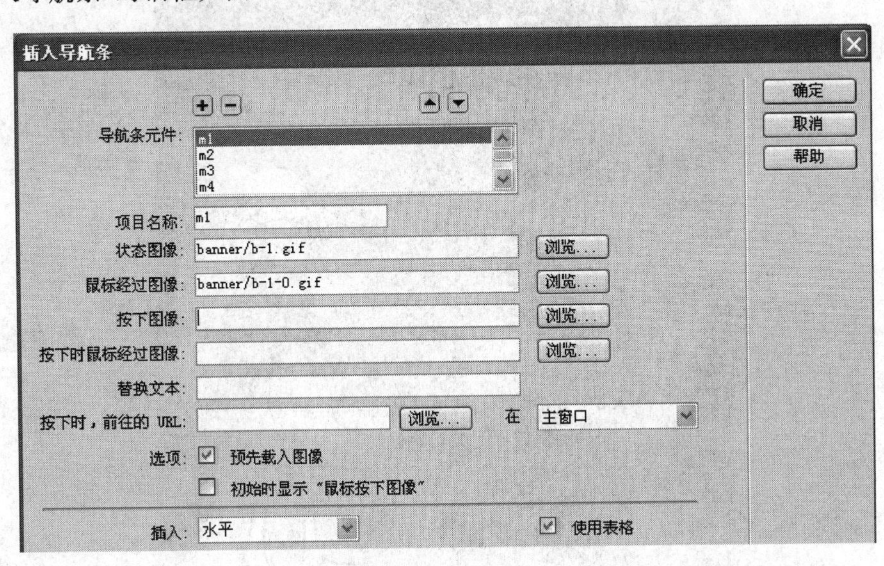

图 4－24　“插入导航条”对话框

⑩ 选中导航图表格→属性面板“间距”框输入 8，使导航图之间隔开 8 像素。表格第 3 行设计如图 4－25 所示。

图 4－25　表格第 3 行设计

⑪ 光标置于第 4 行单元格→将单元格拆分成 2 列，左边单元格自动与上一行左边单元格的宽度相同，也是 20 像素。

⑫ 光标置于第 4 行右边单元格→将当前单元格拆分成 2 列→选中刚拆分出来的左边单元格→设置单元宽度为 310 像素→定义光标水平居中→设置文字大小为 16 像素→输入如下文字→每写完一句回车。（注：刚拆分出来的右边单元格只起占位作用。）

谁的心情没有起落

谁的天空永远开阔

多少风雨独自走过

如今有你

我不再寂寞

⑬ 同步骤⑫处理表格第 5 行→在第 5 行中间单元格输入如下文字。

无论哪一个季节走来

对于我们

都是难忘的花期

在这个年龄

什么都值得记忆

⑭ 合并左边两个单元格(这一步做练习用,可以省略),设计界面如图 4－26 所示。

图 4－26　上机实验 4－1 设计界面

⑮ 预览网页,光标指到任意一张导航图上,该图都会显示另一张图。

网页效果如图 4－27 所示。

图 4－27　上机实验 4－1

4.6.2　实验 2——用 HTML 代码制作表格网页

1. 实验目的

用 HTML 代码制作表格网页，进一步了解表格标记的使用方法。

2. 实验要求

实验的具体要求如下：

① 设置 1 行 2 列表格。

② 左边单元格插入图像。

③ 右边单元格插入背景图像。

④ 在右单元格输入一段文字。

3. 实验步骤

① 新建名为“page4－2.html”的 HTML 文档。

② 用“记事本”方式打开“page4－2.html”。

③ 在文档中输入下面代码。

```
<head>
<head>
<title>上机实验 4 - 2</title>
</head>
<body >
<table width = "650" border = "0" align = "center" cellpadding = "0" cellspacing = "0">
<tr>
<td width = "300" height = "400">
<img src = "image/tu - 1. jpg" width = "300" height = "400">
</td>
<td valign = "top" background = "image/tu - 2. jpg">
<p> </p>
<font size = "4" color = "#006600">
<p>
世界上最远的距离 <br>
不是生与死的距离<br>
而是我站在你面前 <br>
你不知道我爱你 <br>
世界上最远的距离 <br>
不是我站在你面前你不知道我爱你 <br>
而是爱到痴迷却不能说我爱你 <br>
世界上最远的距离<br>
不是我不能说我爱你<br>
而是想你痛彻心脾却只能深埋心底 <br>
世界上最远的距离<br>
不是我不能说我想你<br>
而是彼此相爱却不能够在一起<br>
```

```
世界上最远的距离<br>
不是彼此相爱却不能够在一起<br>
而是明知道真爱无敌却装作毫不在意<br>
</font>
</td>
</tr>
</table>
</body>
</html>
```

④ 浏览网页,网页效果如图 4－28 所示。

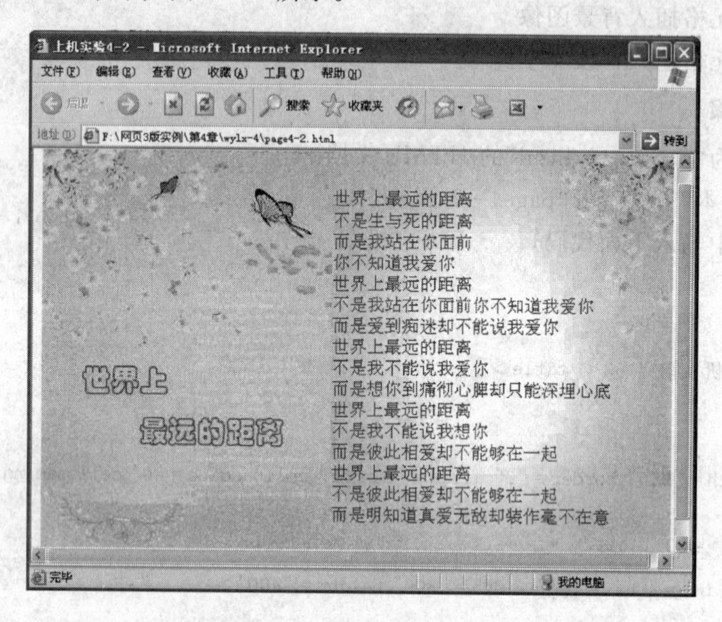

图 4－28　上机实验 4－2

思考题与上机练习题四

1. 思考题

(1) 单元格间距的作用是什么?

(2) 如何选取整个表格?

(3) 如何选取一个单元格?

(4) 表格和单元格的背景图像如何设置?

(5) 标题单元格中的文本如何显示?

(6) 表格的标记是什么?

(7) 表格中行的标记是什么?

(8) 表格中单元格的标记是什么?

(9) 用什么属性给表格添加背景图像?

(10) 用什么属性定义表格在页面中的对齐方式?

2. 上机练习题

(1) 参照本章实例制作图文并茂的个人主页，要求如下：

· 网页标题为“×××的个人主页”(如“张三的个人主页”。)

· 用表格布局页面。

· 有导航图项目。

· 内容图文并茂。

(2) 用 HTML 代码制作表格网页，要求如下：

· 网页标题为“课程表”。

· 表格有背景颜色。

· 用表格制作课程表。

第 5 章　站点建设与管理

站点是管理网页文件的有效方式，用 Dreamweaver CS4 制作网页之前，应该首先构建本地站点，在本地站点中制作和编辑网页。

本章介绍建立站点、编辑站点、发布站点等内容。

5.1　站点概述

学习 Dreamweaver CS4 的目的就是制作网页和建立网站，掌握站点的建设与管理，是学习网页制作的基本要求。

5.1.1 站　点

从存储角度看，站点是专门存放网站内容的文件夹，由一系列相互链接的文件组成，这些文件有相关主题和共同用途。站点分为本地站点和远端站点，本地站点在本地机上，是制作网页和测试网页的根文件夹。远端站点在服务器上，是本地站点在服务器上的映射。本地站点与远端站点有相同结构和文件，它们的不同主要是能否在网上浏览。

发布到服务器中的远端站点有唯一域名，用户通过域名浏览远端站点中的网页，查看整个网站的内容。

5.1.2　网站建立流程

1. 网站建立流程

一般的网站建立流程如下：

① 在本地计算机上建立站点文件夹。

② 在站点文件夹建立站点结构。

③ 用合理的组织形式管理站点中的文件。

④ 对本地站点进行测试。

⑤ 测试通过后将本地站点上传到服务器中。

⑥ 在浏览器中浏览上传的站点。

2. 建立站点的注意事项

建立站点要注意以下事项：

(1) 合理的文件名称

因为因特网上的服务器使用英文操作系统，所以，站点名称和站点中的文件名称应该使用英文名字，或者用汉语拼音。又因为很多因特网上的服务器使用 UNIX 操作系统，而 UNIX 操作系统区分字母大小写，所以，在构建站点时，建议文件名字全部使用小写字母。

(2) 文件分类存放

在站点根文件夹中创建子文件夹,将文件分门别类存储到相应的文件夹中,必要时可以建立多级子文件夹。

(3) 文件夹和文件起名应该容易理解

例如,images 文件夹存放图像文件,pages 文件夹存放网页文件,media 文件夹存放媒体文件。

5.2　建立本地站点

制作网站首先要建立本地站点,它是专为网站而建立的文件夹,这个文件夹和它的各级子文件夹构成了站点目录结构。站点目录结构可以在 Dreamweaver 中用系统提供的站点功能创建,也可以用 Windows 的方法创建。

5.2.1　在 Dreamweaver CS4 中建立本地站点

在 Dreamweaver CS4 中建立的站点实际上是本地机的站点文件夹在 Dreamweaver 中的一个映射。其中,本地机的站点文件夹可以提前建立,然后在 Dreamweaver 建立站点指向该文件夹,或者在 Dreamweaver 建立站点的同时建立空的本地机站点文件夹。另外,Dreamweaver 站点所使用的名字既可以与站点文件夹同名,也可以另外起名,建议使用相同名字。

1. "站点定义"对话框

定义站点需在"站点定义"对话框完成,打开"站点定义"对话框有 3 种方法。

方法 1:进入 Dreamweaver CS4 工作窗口→"站点"菜单→"新建站点"。

方法 2:在"Dreamweaver CS4"的起始页单击"Dreamweaver 站点"。

方法 3:打开"管理站点"对话框→单击"新建"按钮。

"站点定义"对话框,如图 5-1 所示。

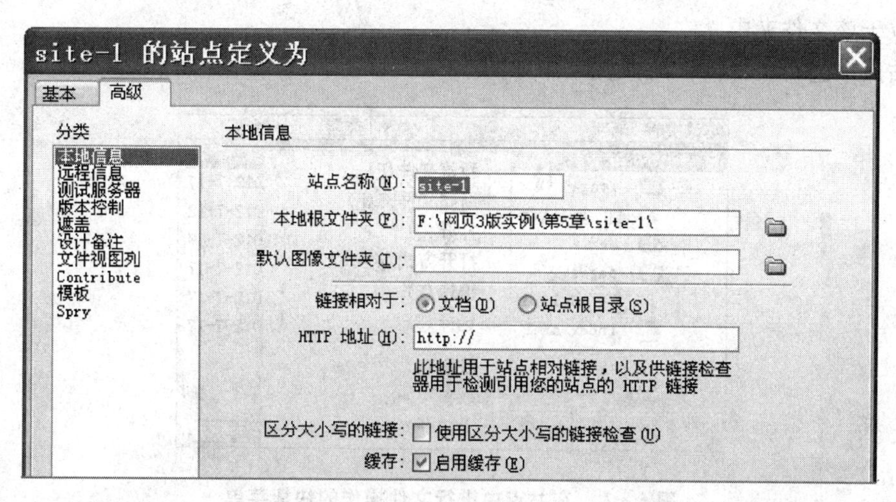

图 5-1　"站点定义"对话框

各选项含义如下:

① 站点名称,在“站点名称”框给 Dreamweaver CS4 的站点起名字,站点名称对大小写敏感,避免使用汉字,最好与站点文件夹名字相同。

② 本地根文件夹,单击“本地根文件夹”框的“浏览”按钮,在本地机选择站点文件夹。或者在“本地根文件夹”框直接输入站点文件夹的名字和路径。如果本地机上没有该名字的文件夹,系统会自动建立以该名字命名的站点文件夹。

③ 默认图像文件夹,单击“默认图像文件夹”框的“浏览”按钮,在本地站点文件夹中选择子文件夹作为默认的图像文件夹。

④ 链接相对于系统提供“文档”和“站点根目录”2 个单选项:

· 选择“文档”,链接路径使用从当前文档开始的相对路径。

· 选择“站点根目录”,在下面的“HTTP 地址”框中指定站点的 HTTP 地址,如果未申请可以暂时不写。

⑤ 区分大小写的链接,如果勾选“区分大小写的链接”,链接字符串将区分大小写。

⑥ 缓存,勾选“启用缓存”,将加快资源面板和链接更新的速度。

通常情况下,除了“站点名称”和“本地根文件夹”之外,其他选项取默认值即可。

2. 创建站点

在 Dreamweaver CS4 中创建站点可以采用 3 种方法:

方法 1:建立站点,指向本地机上早已建立的站点文件夹。

方法 2:建立站点的同时创建本地机的空站点文件夹。

方法 3:在“管理站点”面板用“导入”按钮导入站点文件,创建基于站点文件的站点。

新创建的站点自动显示在“文件”面板中,成为当前站点。

5.2.2 在站点中建立文件和文件夹

在站点中建立文件和文件夹最简便的方法是用快捷菜单。如果选中站点根目录,所建的文件和文件夹位于站点根目录下。如果选中站点根目录下的某个文件夹,所建的文件和文件夹就会位于该文件夹中。

在站点中进行文件操作的快捷菜单如图 5-2 所示。

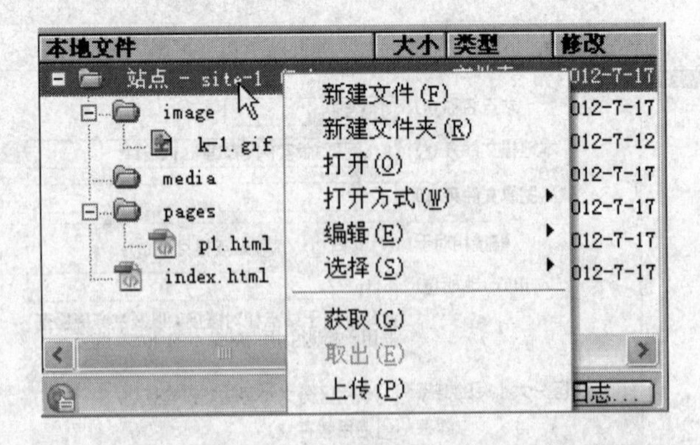

图 5-2　在站点中进行文件操作的快捷菜单

下面用一个实例介绍站点的建立过程。

例 5-1　建立本地站点

操作步骤如下：

① 在本地机新建站点文件夹 site-1→打开 Dreamweaver CS4 工作窗口→“站点”菜单→“新建站点”，本操作打开“站点定义”对话框。

② 单击对话框的“高级”选项卡→在“站点名称”框中输入站点名 site-1→单击“本地根文件夹”框的“浏览”按钮→选择本地机站点文件夹 site-1→单击“确定”按钮。此时“文件”面板会显示站点名。

③ 在“文件”面板右击站点名 site-1→快捷菜单中选“新建文件夹”→给文件夹起名为 image→同样方法再建立两个文件夹 media 和 pages，现在站点根目录下有 3 个文件夹。

“文件”面板如图 5-3 所示。

④ 右击站点名→快捷菜单中选“新建文件”→文件起名为“index. html”→双击“index. html”打开该文件→在“设计”窗口输入文字“建立站点主页”→保存网页文件→关闭文件。本操作在站点根目录下建立主页。

⑤ 右击 pages 文件夹→快捷菜单中选“新建文件”→文件起名为“p1. html”→双击“p1. html”打开该文件→在“设计”窗口输入文字“建立站点网页”→保存网页文件→关闭文件。本操作在站点 pages 文件夹里建立网页。

⑥ 在 Windows 下复制图像文件“k-1. gif”→粘贴到 image 文件夹→在 Dreamweaver 的“文件”窗口单击“刷新”按钮，可以看到图像文件显示在 image 文件夹中。

至此，站点 site-1 的结构创建完毕。从操作过程可以看到，在 Dreamweaver 中给站点建立文件夹和文件是真正的磁盘操作，直接显示在站点文件夹中。

Dreamweaver 中本地站点 site-1 的结构如图 5-4 所示。

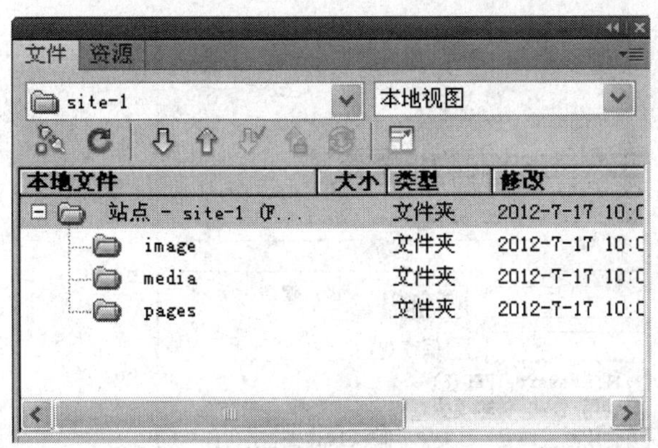

图 5-3　建立站点结构

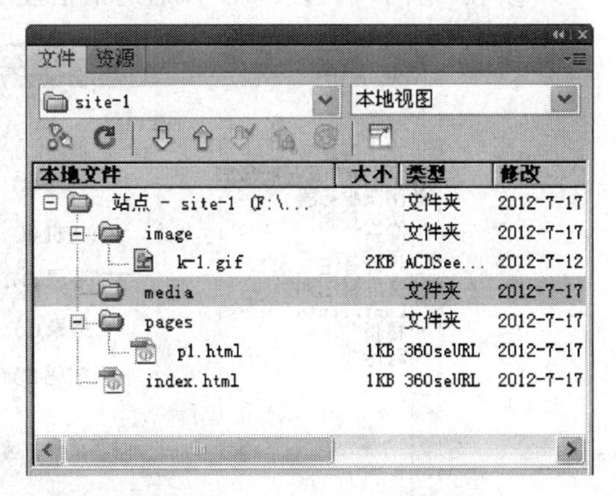

图 5-4　站点 site-1 的结构

5.2.3　定义远程信息

如果想利用 Dreamweaver 将本地站点上传到服务器，需要定义远程信息，进行远端站点的设置，使本地站点与远端站点建立关联，便于管理远端站点的网页和更新远端站点的内容。

远端站点在服务器上，首先要申请域名和空间，然后才能用 Dreamweaver 定义远程信息，建立本地站点与远端站点的关联。

定义远程信息操作步骤如下：

① 打开“管理站点”对话框→选择一个编辑好的站点→单击“编辑”按钮。

② 在对话框选“高级”选项卡→在“分类”列表中选“远程信息”→单击“访问”框下三角按钮→选择“FTP”选项(注:网站通常用FTP方式上传到服务器)。

在“访问”框选“FTP”,如图5-5所示。

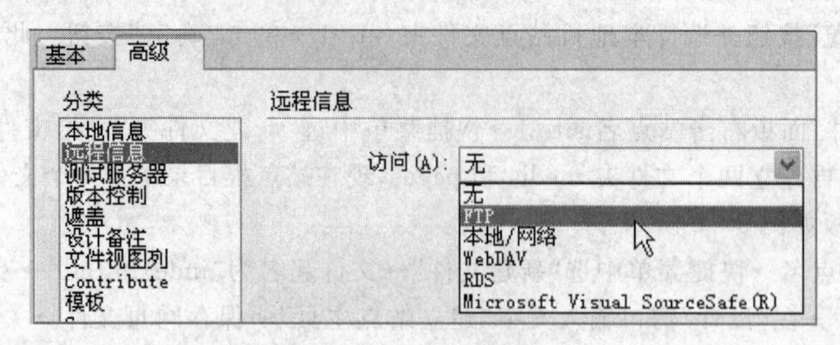

图5-5 在“访问”框选“FTP”

“访问”下列表框有6个可选项:

- 无,表示不上传网站。
- FTP,按照FTP协议上传网站。
- 本地/网络,只在本地局域网发布网站。
- WebDAV,按照WebDAV协议上传网站。
- RDS,如果安装了ColdFusion程序,可以选择此项设置文件上传方式。
- Microsoft Visual SourceSafe(R),如果使用了VSS数据库,可以选择此项。

③ 在“访问”框选“FTP”以后对话框显示FTP的设置内容,如图5-6所示。

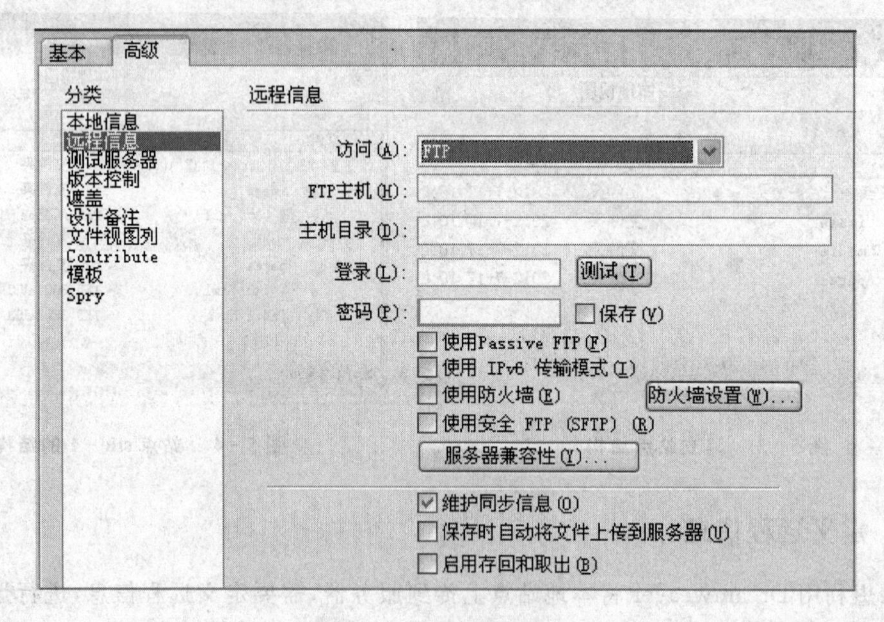

图5-6 FTP的设置内容

各选项含义如下:

- FTP主机,文本框中输入申请的网站空间的FTP主机地址。

· 主机目录，输入服务器端网站的存放地址，通常不用设置。
· 登录，输入申请空间时使用的网站登录账号。
· 密码，输入申请空间时设置的网站登录密码。

如果是上传个人网站，仅设置上述选项即可。

说明：上传站点通常使用 Cute FTP 工具更方便。

5.3　管理站点文件

5.3.1　“文件”面板

在 Dreamweaver CS4 中，对站点文件的管理主要在“文件”面板进行，通过“文件”面板可以完成打开文件、删除文件、文件重命名、文件上传和下载等操作。

在操作文件之前，首先选中一个站点，使其成为当前站点。

“文件”面板介绍如下：

“文件”面板上方有两个下三角列表框，左边是“文件”列表框，右边是“视图”列表框。下三角列表框下方是“文件”面板的工具按钮，“文件”面板中间用树形结构显示当前站点的文件夹和文件。

① 单击“文件”列表框的下三角按钮，显示本地计算机的树型结构和所有站点名称，通过树型结构能够比较直观的查看文件夹与文件的隶属关系，类似于 Windows 的资源管理器窗口。选中一个站点，该站点就成为当前站点。

文件列表如图 5－7 所示。

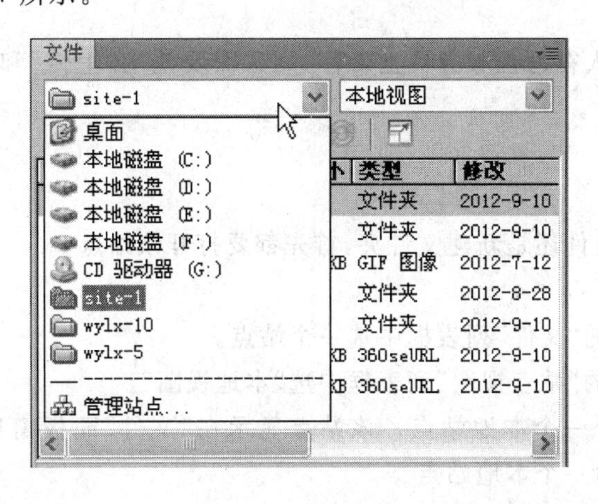

图 5－7　文件列表

② 单击“视图”列表框下三角按钮，显示站点视图选项：本地视图、远程视图、测试服务器、存储库视图（注：只有左边下三角列表框中选择“站点”，右边才会显示该列表框）。

③ 列表框下方有 8 个工具按钮，从左到右依次为：连接到远端主机、刷新、获取文件、上传文件、取出文件、存回文件、同步、扩展/折叠显示本地站点和远端站点。

“文件”面板工具按钮如图 5－8 所示。

各按钮说明如下：

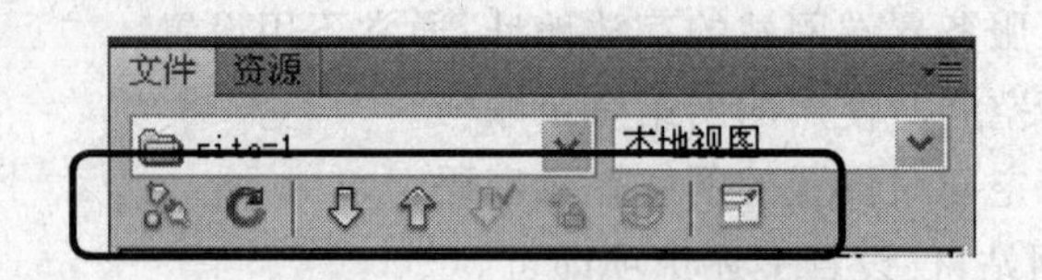

图5-8 “文件”面板的工具按钮

· 连接到远端主机,单击按钮连接到服务器。

· 刷新,单击按钮刷新更改后的“文件”面板。如果在Dreamweaver之外给站点添加或删除了文件,或对站点结构作了修改,应该进行刷新。

· 获取文件,将文件从远端站点复制到本地站点。

· 上传文件,将文件从本地站点上传到远端站点。

· 取出文件,如果在协作环境中工作,取出文件等同于声明“我正在处理这个文件,请不要动它!”,文件被取出后,“文件”面板中将显示取出标记。

· 存回文件,如果在协作环境中工作,存回文件可使文件供其他小组成员取出和编辑。

· 同步,当在本地站点和远程站点上创建文件后,单击同步按钮可以在这两种站点之间进行文件同步,例如,同时用新的文件替换旧文件。

· 扩展/折叠显示本地站点和远端站点,这是“开/关”按钮,单击按钮是“展开”,再次单击按钮是“折叠”。“展开”时“文件”窗口同时显示远端站点和本地站点,“折叠”时“文件”窗口仅显示本地站点。

说明:

① “文件”面板的工具按钮在“站点”菜单中都有相对应的命令,也可以在快捷菜单中找到相对应的命令。

② 如果只是一个人在远程服务器上工作,则只需要使用“上传”和“获取”命令,不需要使用“存回”或“取出”命令。

5.3.2 打开站点

无论在站点新建文件还是新建文件夹,首先都要打开该站点。

打开站点步骤如下:

① 在“文件”面板的“文件”列表框中选一个站点。

② 在“文件”面板的“站点视图”列表框中选“本地视图”。

操作完成后打开了一个本地站点。该站点显示在“文件”面板窗口中。Dreamweaver规定一次只能打开和编辑一个本地站点。

5.3.3 管理文件

1. 新建文件和文件夹

在站点中新建文件和文件夹,通常用快捷菜单完成。

右击目标文件夹→快捷菜单中选择“新建文件”,新建的文件出现在目标文件夹中。

右击目标文件夹→快捷菜单中选择“新建文件夹”,新建的文件夹出现在目标文件夹中。

可以直接在Windows中新建文件和文件夹。

单击“文件”面板右上角的面板菜单按钮，在“文件”命令的级联菜单里也可以完成新建文件和文件夹的操作。

“文件”面板的面板菜单如图 5-9 所示。

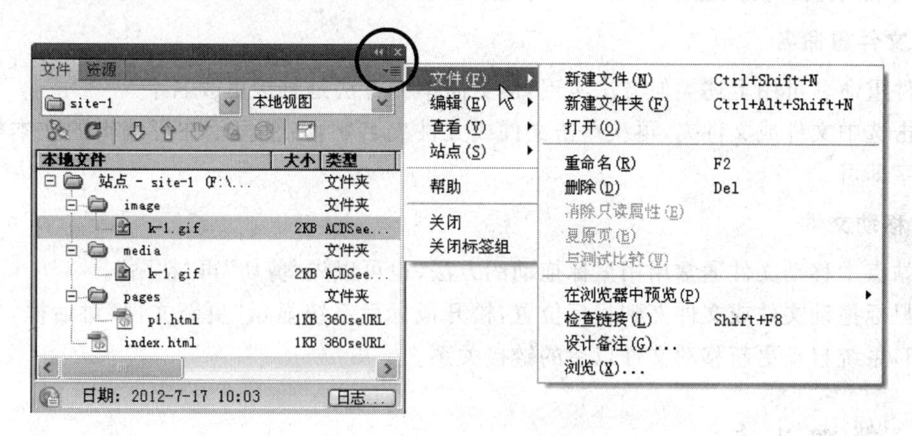

图 5-9　“文件”面板的面板菜单

2. 复制文件或文件夹

复制文件或文件夹通常用快捷菜单的“编辑”子菜单完成。

右击文件或文件夹→快捷菜单中选择“编辑”→级联子菜单中选择“复制”→右击目标文件夹→快捷菜单中选择“编辑”→级联子菜单中选择“粘贴”，复制的文件或文件夹出现在目标文件夹中。

复制文件或文件夹也可以用“文件”面板的面板菜单。

快捷菜单的“编辑”子菜单如图 5-10 所示。

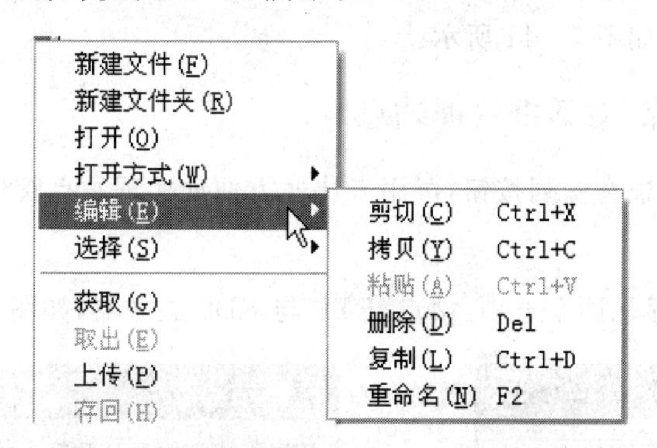

图 5-10　快捷菜单的“编辑”子菜单

说明：可以直接在 Windows 中复制文件或文件夹，然后在 Dreamweaver 中把“文件”面板刷新一下。

3. 删除文件或文件夹

删除文件或文件夹通常用快捷菜单的“编辑”子菜单完成。

右击文件或文件夹→快捷菜单中选择“编辑”→级联子菜单中选择“删除”，指定的文件或文件夹被删除。

删除文件或文件夹也可以用“文件”面板的面板菜单完成。

说明：

① 删除文件或文件夹是真正的磁盘操作，可以直接在 Windows 中完成。

② 站点根文件夹只能在 Windows 中删除。

4. 文件重命名

文件重命名可用上述类似方法实现,但更简单的方法是直接更改名字。

单击选中文件或文件夹,再次单击文件或文件夹名字,名字显示在可编辑的文本框中,输入新名字即可。

5. 移动文件

在站点中移动文件通常用用鼠标拖动的方法,也可以先“剪切”再“粘贴”。

用鼠标拖动文件或文件夹到目标位置,松开鼠标后系统显示“更新文件”对话框,单击“更新”按钮,系统自动更新移动文件以后的链接关系。

5.4 管理站点

5.4.1 “管理站点”对话框

在 Dreamweaver CS4 中可以建立多个站点,在“管理站点”对话框中对已经建立的站点进行管理,如:复制站点、删除站点等。

可以用两种方法打开“管理站点”对话框：

方法 1:“站点”菜单→“管理站点”。

方法 2:单击“文件”面板“文件”列表框的下三角按钮→选列表最下方的“管理站点”项。

“管理站点”对话框如图 5-11 所示。

5.4.2 用“管理站点”对话框管理站点

“管理站点”窗口右边有一列按钮,可用来快速方便地实现站点管理的操作。

1. 新建站点

单击“新建”按钮,显示两个选项:站点、FTP 与 RDS 服务器,如图 5-12 所示。

图 5-11 “管理站点”对话框

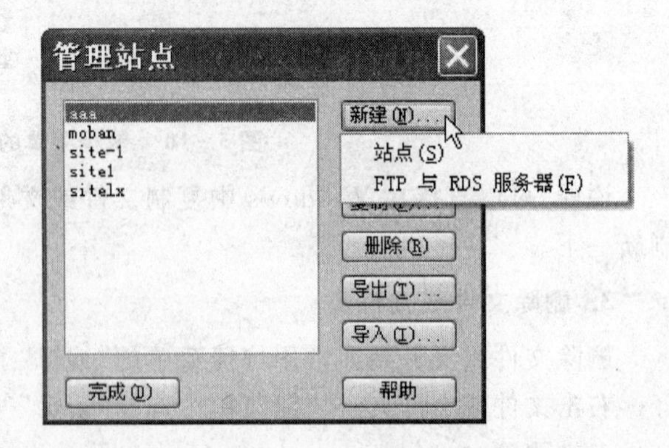

图 5-12 新建站点

① 选择“站点”选项，建立本地站点。

② 选择“FTP 与 RDS 服务器”选项，建立远端站点，其中，FTP 是在互联网上提供存储空间和文件上传下载功能的服务器，RDS 是提供远程数据服务和客户端数据处理的服务器。

2. 编辑站点

选中一个站点后单击“编辑”按钮，在随后打开的“站点定义”对话框重新定义站点名称，或者重新确定站点对应的站点文件夹。

3. 复制站点

选中一个站点，单击“复制”按钮，给选中的站点创建了一个拷贝，站点的拷贝和选中的站点都指向同一个站点文件夹。要想创建多个相同或类似的站点，可以先复制站点，然后再编辑站点。

4. 删除站点

选中一个站点后单击“删除”按钮，系统提示“您不能撤销该动作。要删除选中的站点吗?”，单击对话框的“是”按钮，选中的站点被删除。

提示对话框如图 5-13 所示。

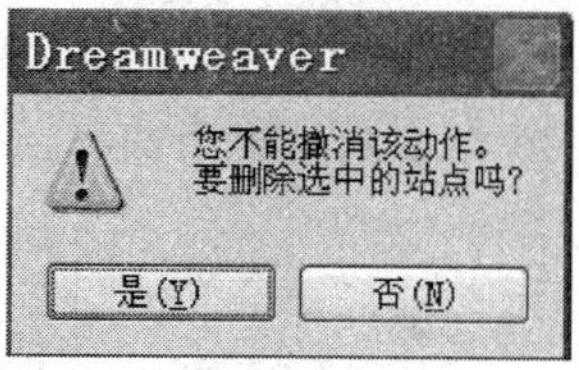

图 5-13　提示对话框

说明：删除站点的操作只删除了 Dreamweaver CS4 与本地站点文件夹之间的关系，站点文件夹以及站点文件夹所包含的内容仍然保存在磁盘原来位置，并没有被删除。

5. 导出站点

选中一个站点后单击“导出”按钮，指定磁盘位置和文件名，该站点将被保存为站点文件(扩展名为. ste)。

操作步骤如下：

在“管理站点”窗口选择一个站点(如 site-1)→单击“导出”按钮→在“导出站点”对话框中指定站点文件的保存位置为 E 盘根目录(E:\)→单击“保存”按钮。在 E 盘根目录中可以看到站点文件“site-1. ste”。

6. 导入站点

单击“导入”按钮→在“导入站点”对话框选择站点文件→单击“打开”按钮，导入的站点将显示在“管理站点”窗口中。如果导入的站点名与已有的站点重名，Dreamweaver 系统会自动做出处理以免重名。

5.5　发布站点

发布站点就是把本地站点文件上传到服务器中。服务器是提供信息让别人访问的机器，通常又称为主机。

首先要申请域名和空间，然后才能上传本地站点。域名和空间分为付费和免费两种，学习过程中可以申请免费的域名和空间作为练习使用。

由于版本等各种原因，上传文件通常不在 Dreamweaver 中完成，使用 CuteFTP 工具比较方便，可以从网上下载一个绿色 CuteFTP 软件安装使用。

下面用一个实例介绍发布站点的操作步骤。

例 5-2　发布本地站点

操作步骤如下:

① 在浏览器中打开“百度”(http://www.baidu.com)→搜索框中输入“免费空间”→单击“百度一下”按钮,如图 5-14 所示。

图 5-14　查找免费空间

② 在搜索结果中选择一个服务器→进行登记注册,如图 5-15 所示。

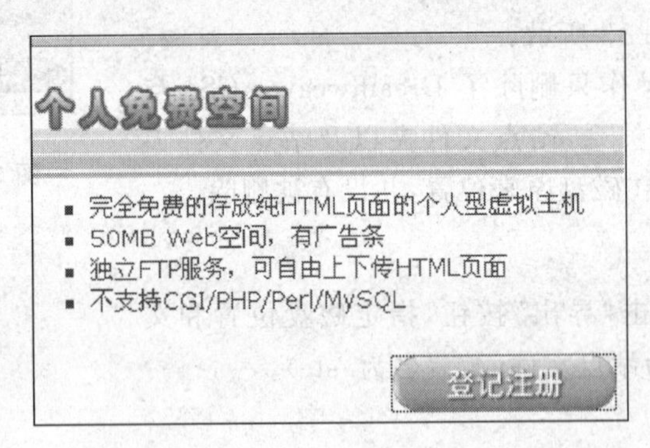

图 5-15　进行登记注册

③ 在申请界面给自己的网站起名字→填写相关信息。本例给网站起名为“sdwfrf”,如图 5-16 所示。

④ 注册成功后显示注册完成的信息,并发送邮件到申请人提供的邮箱,提供进入申请空间的口令和步骤。申请成功后本网站域名为:sdwfrf.go.51.net,如图 5-17 所示。

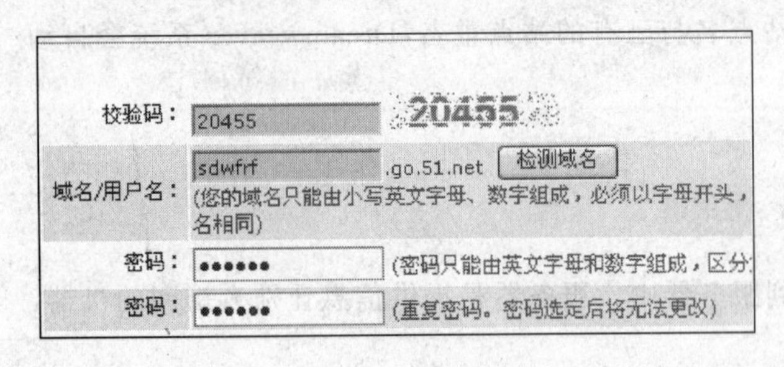

图 5-16　进入申请界面

恭喜!
您已经完成了注册
用户名:sdwfrf
域名:sdwfrf.go.51.net

图 5-17　注册成功

⑤ 接通网络→启动 CuteFTP→“文件”菜单→“连接向导”→输入一个标签(如:mysite)→单击“下一步”。

⑥ 将申请的域名写入服务器地址→单击“下一步”，如图 5－18 所示。

⑦ 输入用户名和密码→单击“下一步”，如图 5－19 所示。

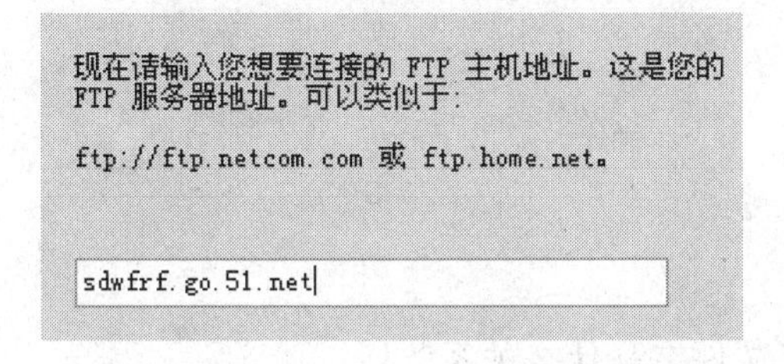

图 5－18　将域名写入服务器地址

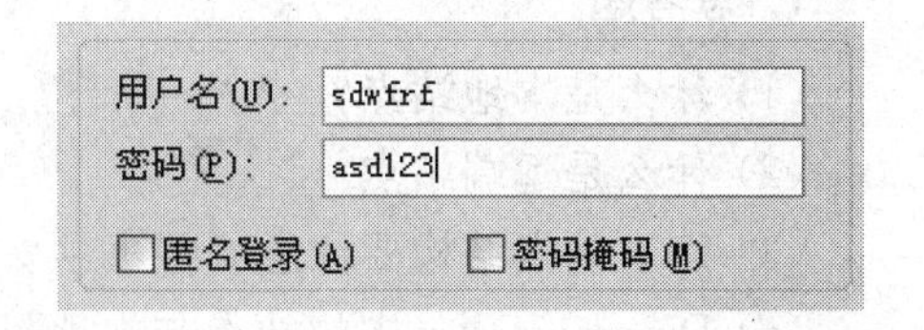

图 5－19　输入用户名和密码

⑧ 输入本地站点的位置→单击“下一步”，如图 5－20 所示。

⑨ 勾选“自动连接到该站点”→单击“完成”，如图 5－21 所示。

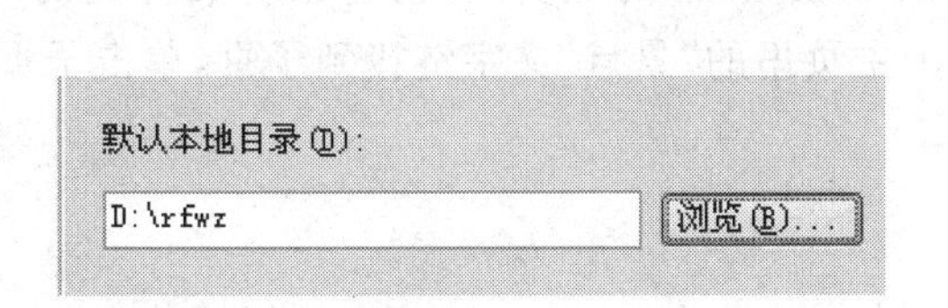

图 5－20　输入本站点位置

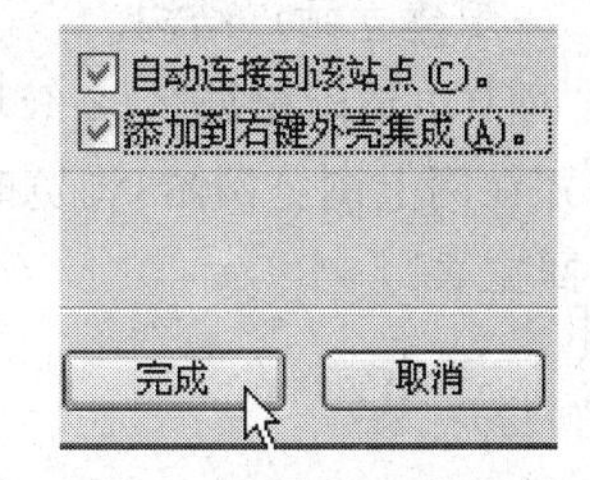

图5－21　勾选“自动连接到该站点”

⑩ 单击 CuteFTP 界面的左窗口→“编辑”菜单→“全部选择”→拖动选中的文件到界面的右窗口。本操作将选取的文件上传到服务器中，如图 5－22 所示。

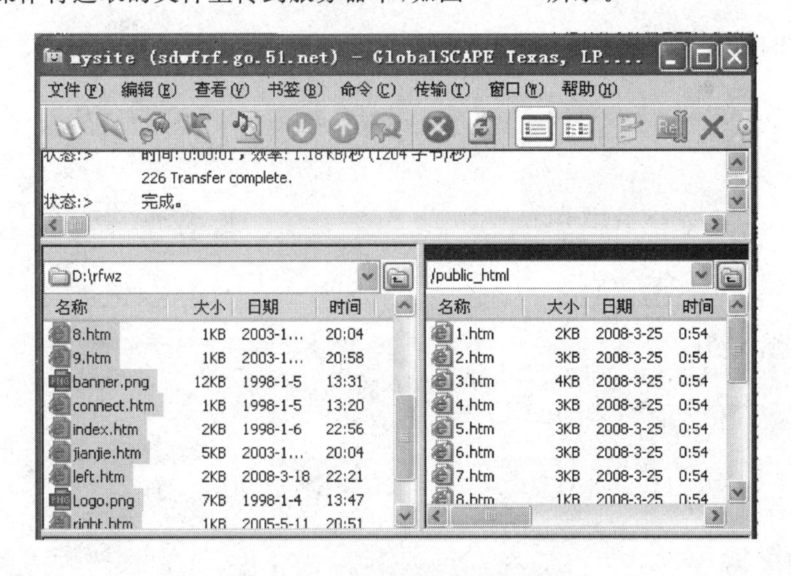

图 5－22　将文件上传到服务器

⑪ 发布成功后，打开 IE 浏览器，在地址框中输入 http:sdwfrf.go.51.net，就可以在网上观看网站的运行效果。

思考题与上机练习题五

1. 思考题

(1) 什么是本地站点?

(2) 什么是远端站点?

(3) 建立站点结构要注意哪些事项?

(4) Dreamweaver 中的站点与本地机的站点文件夹是什么关系?

(5) 在"管理站点"对话框中删除站点是真正的磁盘操作吗?

2. 上机练习题

(1) 建立本地站点文件夹 myweb,在 Dreamweaver 中建立同名站点指向本地站点文件夹,仿照例 5-1 建立站点结构。

(2) 在网上申请附赠域名(2 级域名或 3 级域名)的免费空间,将素材文件夹的"wylx"发布到网上,并在网上浏览网站,浏览时单击主页里的"景点"文字链接到子页,单击子页里的"首页"文字返回主页。

第 6 章　网页中使用超链接

超链接是网页不可缺少的内容，超链接使因特网“互联”，将网上众多的网站和网页连接成无边的网络空间。所以说，超链接是因特网的核心。本章介绍各类超链接，包括文本链接、图像链接、锚记链接、Email 链接等。

6.1　认识超链接

6.1.1　什么是超链接

超链接(hyperlink)是指从一个网页到一个目标的连接关系，起始端点称为“链接源”，可以是网页中的文本或图像，目标端点称为“链接目标”，可以是任意的网络资源。最常见的目标端点是网页，也可以是网页上的一个位置、一个图片、一个电子邮件、一个音乐文件、甚至是一个应用程序等。

浏览网页时，当浏览者单击定义了超链接的文字或图像，链接目标将显示在浏览器上，并根据链接目标的类型打开或运行。

当光标移动到定义了超链接的文本或图像上方，鼠标指针会变为手形。

6.1.2　链接路径

链接路径又称为链接地址，是链接目标所在位置与链接目标名称的组合。网站中的每个网页都有一个唯一地址，称为“统一资源定位器”，记做“URL”，超链接正是以 URL 的表达方式来标识链接路径的。

正确表达起始端点文档到目标端点文档之间的链接路径，对于超链接至关重要，因为它直接关系到链接目标能否正常打开。

链接路径有 3 种类型：绝对路径、相对路径、根相对路径。

1. 绝对路径

如果链接中使用完整 URL，包含所使用的协议，而且与链接的起始端点无关，这种链接路径称为绝对路径。

例如，http://www.rf.com/index.htm 就是一个绝对路径。

创建外部链接，即从一个站点的网页链接到另一个站点的网页，必须使用绝对路径。

2. 相对路径

以链接源当前所在位置为起点，以链接目标所在位置为终点，之间经由的路径称为相对路径。相对路径描述起始端点与目标端点的相互位置，与起始端点位置密切相关。

例如，../p-1.htm 就是一个相对路径。

创建内部链接，即同一站点内文件之间的链接，应该使用相对路径。

假设站点web的结构如图6-1所示。

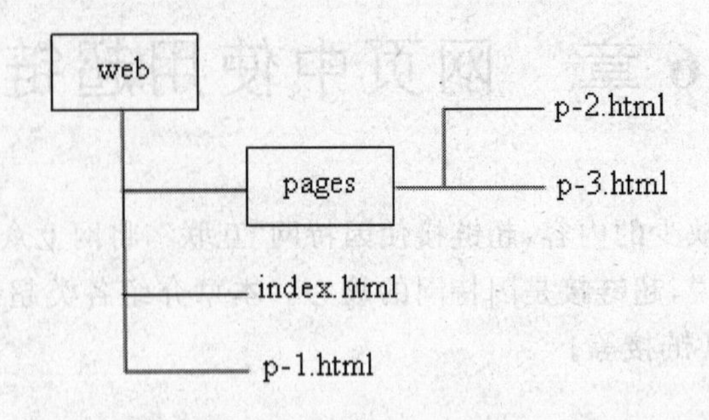

图6-1　站点web的结构

当前文件为index.html,链接p-1.html,相对路径为:p-1.htm。

当前文件为index.html,链接p-3.html,相对路径为:pages/p-3.htm。

当前文件为p-2.html,链接p-1.html,相对路径为:../p-1.html,其中“..”表示父文件夹。

若当前文件为p-2.html,链接p-3.html,相对路径为:p-3.htm。

使用相对路径的好处是,如果站点的结构和文档位置不变,移植整个站点时不需要修改文档的链接关系。

3. 根相对路径

从站点根文件夹开始到被链接目标经由的路径,称为根相对路径。

例如,/pages/p-3.html就是一个根相对路径。其中,斜线“/”表示站点根文件夹。

根相对路径与起始端点的位置无关,所有根相对路径都从斜线开始。

如:/dlfxwz/index.htm

使用根相对路径的好处是,路径与起始端点的位置无关,当移动一个包含根相对链接的文件时,无须修改原有的链接。

6.1.3　超链接的起始端点

超链接的起始端点又称为“链接源”,通常有3种:文本、图像、图像热区。

1. 文　本

用一段文字做链接源是超链接中最常见的方法,通常定义了超链接的文字与其他文字在显示上有所不同,当光标移动到超链接文字上,指针会变为手形。

单击定义了超链接的文字,浏览会跳转到超链接的目标端点。

2. 图　像

用一个完整图像做链接源是超链接中常用方法,定义了超链接的图像在显示上与其他图像相同,区别在于:鼠标指针移动到超链接图像上,指针会变为手形。

单击定义了超链接的图像,浏览会跳转到超链接的目标端点。

3. 图像热区

图像热区是定义了超链接的部分图像区域。如果用图像的一部分做链接源,要使用图像热区的方法。当光标移动到图像热区上,指针变为手形,单击鼠标浏览会跳转到超链接的目标端点。图像热区以外的地方不是链接源,鼠标指到该位置指针样式不变,也不会引发超链接,图像热区的形状有 3 种:矩形、圆形、多边形。

6.1.4　超链接的目标端点

超链接的目标端点类型决定链接行为。目标端点通常有以下几种:

1. 内部链接

内部链接是本站点内网页文件之间或网页与网页资源之间的链接,目标端点是本站点的其他文件。如:网页文件、图像文件、影片文件、声音文件等。

2. 外部链接

外部链接是跳转到其他站点的链接,目标端点是本站点以外的其他站点文件。

3. 局部链接

局部链接是跳转到网页文件某一位置的链接,目标端点可以是当前网页的某一位置,也可以是本站点其他网页的某一位置。

4. Email 链接

Email 链接的目标端点是一个已经填好收件人地址的空白电子邮件,可以启动电子邮件程序,然后书写邮件,并把邮件发送出去。

5. 空链接

空链接是没有目标端点的链接,用来激活定义了空链接的对象和文本,以便为其添加动作。

6. 脚本链接

脚本链接用来链接一个 JavaScript 脚本或函数,实现相应运算和效果。

6.2　建立超链接

6.2.1　建立超链接的方法

建立超链接主要采 3 种方法:用"插入"菜单、用"插入"面板、用属性面板。建议首先建立本地站点,在本地站点中进行超链接操作。

1. 用"插入"菜单建立超链接

用"插入"菜单建立超链接。步骤如下:

① 在页面文档中确定链接源。

② "插入"菜单→"超级链接",显示"超级链接"对话框。

③ 在"超级链接"对话框填写相应内容→单击"确定"按钮。

"超级链接"对话框如图 6-2 所示。

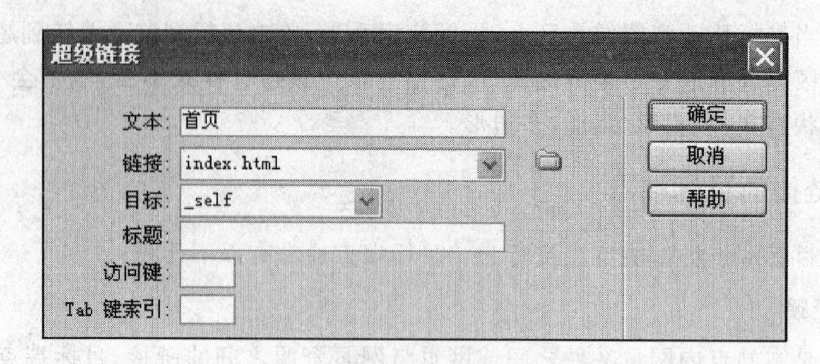

图 6-2 “超级链接”对话框

各选项说明如下：

① “文本”框中输入的文字将显示在当前光标处，该文字是链接源。如果在网页文档中选取了文字，则打开“超级链接”对话框以后，选取的文字会自动显示在“文本”框中。

② “链接”框中输入链接目标的URL，通常单击“链接”框的“浏览”按钮，在本地站点中选择链接目标。

③ 定义链接以后，在“目标”框定义链接目标的显示窗口。

系统提供如下4个选项：

- 选择“_blank”，打开一个新的、未命名的浏览窗口显示目标文档。
- 选择“_parent”，在当前文档的父框架窗口显示目标文档。
- 选择“_self”，在当前文档所在窗口显示目标文档，是默认值。
- 选择“_top”，在链接所在的完整窗口显示目标文档。

④ 在“标题”框输入超链接的提示文字，浏览网页时，光标指向链接源，标题文字就会显示在鼠标旁边，光标离开时文字消失。

⑤ 在“访问键”框输入一个字母，浏览网页时按下该字母键执行相应超链接。

⑥ 在“Tab键索引”框输入一个数字作为索引顺序号。

说明：若当前文档使用了框架，“目标”框会显示所有框架的名称，在“目标”框选取一个框架名称，目标文档将显示在该框架的区域中。

2. 用“插入”面板建立超链接

用“插入”面板建立超链接。步骤如下：

① 在页面文档中确定链接源。

② 打开“插入”面板→选“常用”选项，如图6-3所示。

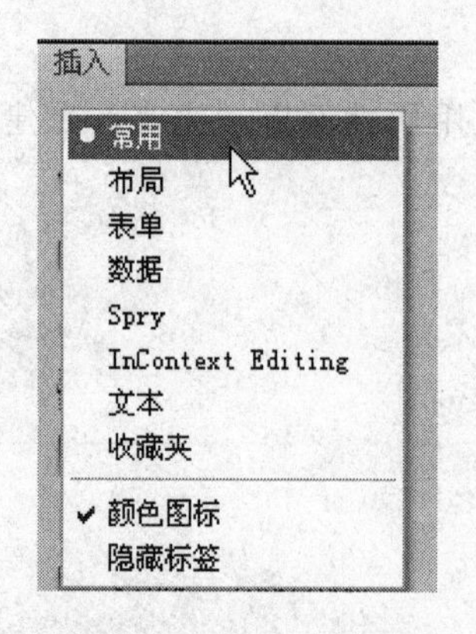

图 6-3 选“常用”选项

③ 单击“超级链接”按钮打开“超级链接”对话框，对话框的操作与前面相同。单击“超级链接”按钮如图6-4所示。

3. 用属性面板建立超链接

属性面板“链接”框旁有两个重要工具，一个是“指向文件”图标，一个是“浏览文件”按钮，这两个工具可以帮助输入链接路径，快捷方便的建立超链接。

使用步骤如下：

① 在页面文档中确定链接源。

② 在属性面板单击“HTML”按钮。

③ 在属性面板“链接”框定义超链接可以用 3 种方法：

· 在“链接”框中直接输入链接目标文档的 URL。

· 拖动“指向文件”图标到“文件”面板里站点的链接目标文档上。

· 单击“浏览文件”按钮，在本地站点中选择链接目标文档。

其中，用后两种方法建立链接，链接路径会自动显示在“链接”框中。

④ 在属性面板的“目标”框指定链接目标显示的窗口。

说明：如果链接的文档或图像不在本地站点中，系统会提示是否将该文档复制到本地站点文件夹，应该选“是”。因为如果链接本地站点以外的文档，站点发布到网上可能无法访问。

系统提示对话框如图 6-5 所示。

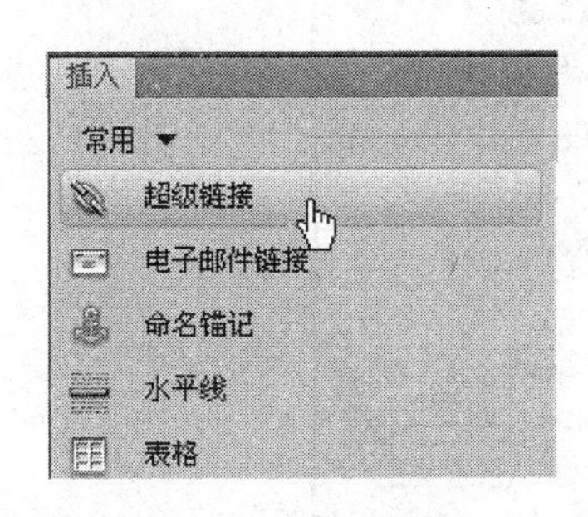

图 6-4　单击“超级链接”按钮

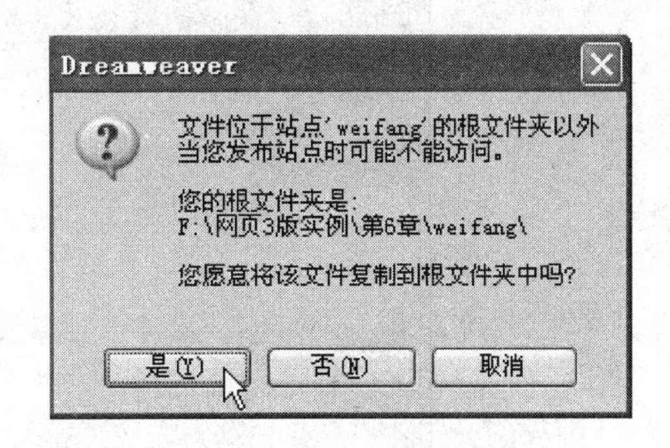

图 6-5　系统提示对话框

6.2.2　以文本为链接源建立超链接

文本是超链接中最常用的链接源，链接的目标端点可以是本地站点的网页、图像、声音等文档，也可以是因特网中的网站，以及 Email 邮箱等。

下面用一个实例介绍以文本为链接源建立超链接。

例 6-1　以文本为链接源建立超链接

操作步骤如下：

① 把素材文件夹的“weifang”文件夹复制到本地机上→在 Dreamweaver CS4 中建立名为“weifang”的站点→指向本地站点文件夹“weifang”。

② 双击站点根目录下的文件 index.html，打开该文件。

③ “修改”菜单→“页面属性”，打开“页面属性”对话框。

④ 单击“分类”列表的“链接(CSS)”→定义链接字体为“宋体”→单击“粗体”按钮→定义链接字大小为 14px→定义链接颜色为“#00F”→定义已访问链接颜色为“#F0F”→定义活动链接颜色“#0FF”→定义下画线样式为“始终无下画线”。

定义链接文字如图 6-6 所示。

⑤ 拖动光标选取公共导航的文字“风筝”→“插入”菜单→“超级链接”→单击“链接”框的“浏览”按钮→在“选择文件”对话框选站点文件夹的子文件夹“pages”→选网页文件“fengzheng.html”→单击“确定”按钮→单击“超级链接”对话框的“确定”按钮。本操作用“插入”菜单建立了超链接。

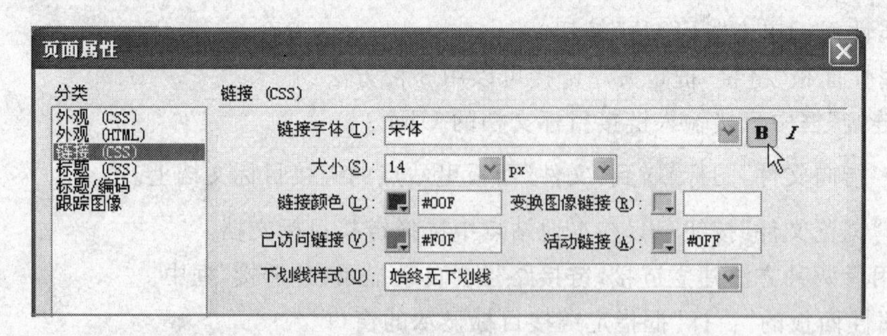

图 6-6　定义链接文字

"选择文件"对话框如图 6-7 所示。

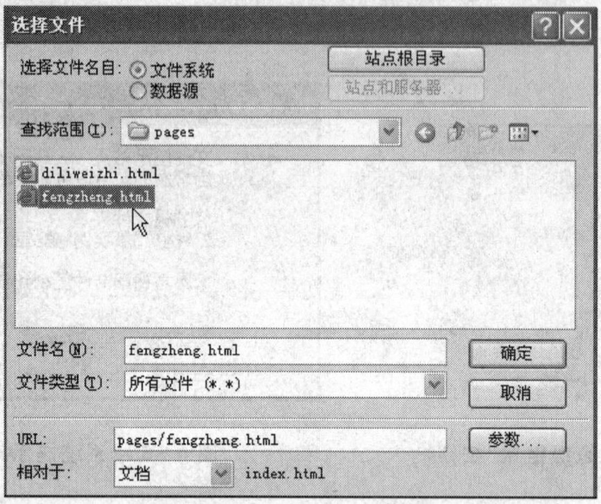

图 6-7　"选择文件"对话框

⑥ 选取网页第一段里的文字"风筝"→单击属性面板的"HTML"按钮→拖动"链接"框的"指向文件"图标到"文件"面板当前站点的"fengzheng. html"上，松开光标后链接路径自动填入"链接"框中。本操作用"指向文件"图标建立了超链接。

用"指向文件"图标建立超链接如图 6-8 所示。

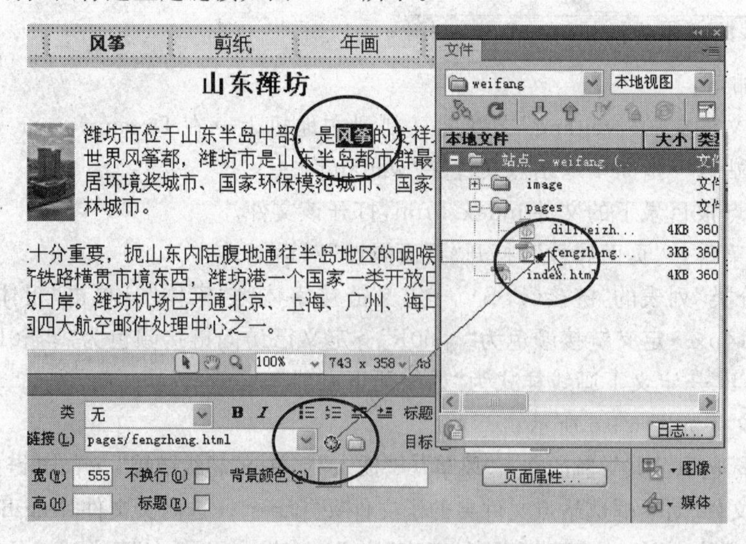

图 6-8　用"指向文件"图标建立超链接

⑦ 选中网页第二段的文字“潍坊地理位置”→单击属性面板的“HTML”按钮→单击“链接”框的“浏览”按钮→在“选择文件”对话框选择站点的“diliweizhi. html”文件→单击“确定”按钮。本操作用“浏览”按钮建立了超链接。

⑧ 预览网页，网页中有3个以文本为链接源的超链接，如图6-9所示。

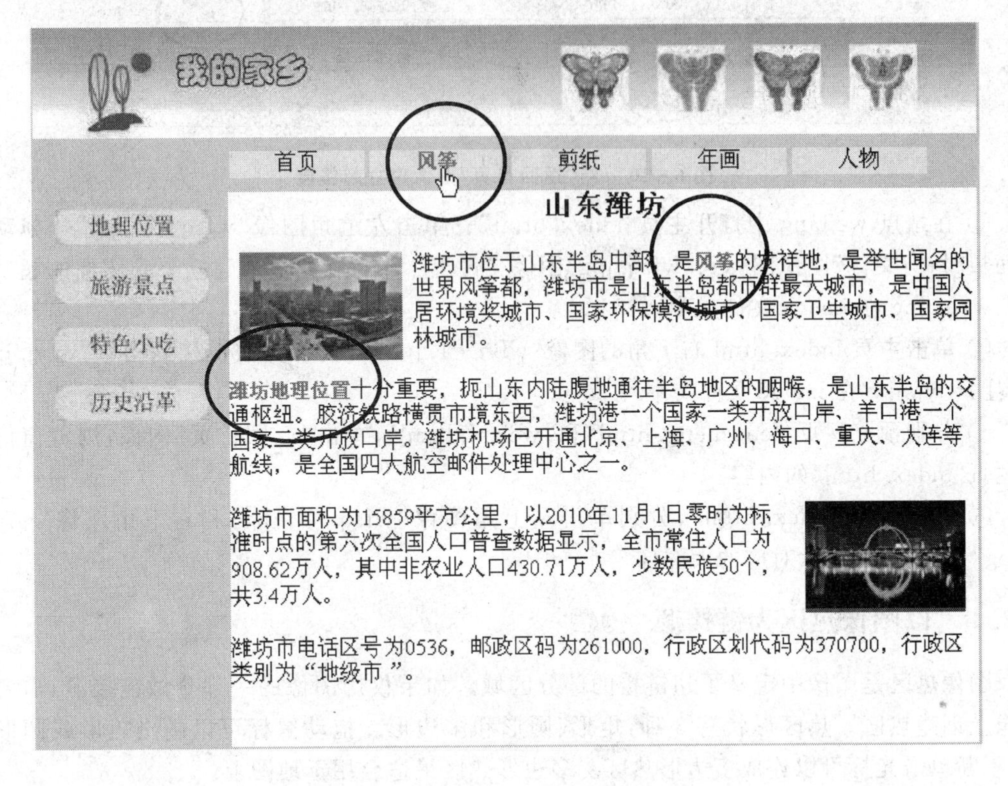

图6-9 以文本为链接源的超链接

6.2.3 以图像为链接源建立超链接

图像可以用作超链接的起始端点和目标端点，在图像上定义超链接与在文本上定义超链接的方法基本相同，要先选中一个图像作为链接源。

图像上是否定义了超链接要用鼠标指针判断，浏览网页时，当鼠标指针指向定义了超级链接的图像，指针会变为手形。

下面用一个实例介绍以图像为链接源建立超链接。

例6-2 以图像为链接源建立超链接.

操作步骤如下：

① 在Dreamweaver站点weifang中打开网页文件“fengzheng. html”→单击“返回首页”图像(back. gif)→拖动属性面板的“指向文件”图标到站点的主页文件“index. html”上。本操作给图像建立了到网页的超链接(注：fengzheng. html在pages文件夹中)。

给“返回首页”图像建立超链接如图6-10所示。

② 在站点weifang中打开网页“weizhi. html”→单击“返回首页”图像(back. gif)→同样方法链接到站点的主页文件“index. html”上。(注：weizhi. html在pages文件夹中。)

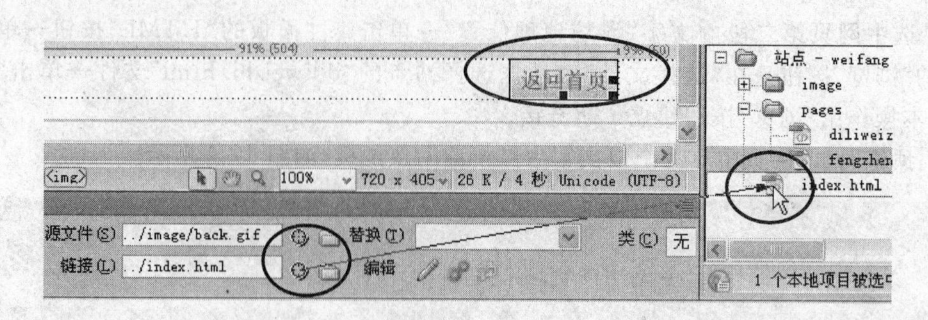

图 6-10　给"返回首页"图像建立超链接

③ 在站点 weifang 中打开主页"index.html"→单击左上角图像"wfsq-1.jpg"→拖动属性面板"指向文件"图像图标到"wfsq.jpg"图像文件上。本操作给图像建立了到图像的超链接(注:wfsq.jpg 在 image 文件夹中)。

④ 单击主页 index.html 右下角的图像"wfyj-1.jpg"→同样方法链接到图像"wfyj.jpg"上(注:wfyj.jpg 在 image 文件夹中)。

⑤ 分别预览网页"fengzheng.html"和"weizhi.html",单击"返回首页"图像,浏览窗口显示主页"index.html"的内容。

⑥ 预览主页"index.html",分别单击左上角图像"wfsq-1.jpg"和右下角图像"wfyj-1.jpg",浏览窗口显示对应的大图像。

6.2.4　以图像热区为链接源

图像热区是图像中定义了超链接的部分区域。如果仅用图像的一部分做链接源,需要在图像上创建热区。热区形状有3种:矩形、圆形和多边形。拖动鼠标可以画出矩形或圆形热区,不断单击光标可以连成多边形热区。多边形热区最适合用于地图上。

浏览网页时,当鼠标移动到热区位置,指针会变为手形,离开热区位置手型消失。

下面用一个实例介绍以图像热区为链接源建立超链接的方法。

例 6-3　以图像热区为链接源建立超链接.

操作步骤如下:

① 在站点 weifang 中打开网页"index.html"→选中左边图像(left.jpg)→在属性面板单击"多边形热点工具"→在图像中沿着"地理位置"黄色边沿不断单击光标形成热区→单击图像外结束热区定义,本操作建立了一个多边形热区。

图 6-11　热区被蓝色覆盖

② 在属性面板单击"矩形热点工具"→拖动光标在"特色小吃"处画矩形→单击图像外结束热区定义,建立了一个矩形热区。定义的热区被蓝色覆盖,如图 6-11 所示。

③ 单击"地理位置"热区→拖动"指向文件"图标到站点的"weizhi.html"文件上。建立了该图像热区到网页的超链接。

④ 单击"特色小吃"热区→拖动"链接"框旁的"指向文件"图标到站点的"xiaochi.html"文件上。建立了该图像热区到网页的超链接。

⑤ 浏览网页“index. html”，单击热区“地理位置”显示网页“weizhi. html”，单击热区“特色小吃”显示网页“xiaochi. html”。

6.2.5　建立锚记链接

锚记类似于书签，特别适合内容较长的网页。通过锚记链接可以像使用书签一样直接找到指定位置，在网页内容的段落间任意跳转。锚记链接不仅能用于同一网页，还能用于当前站点的不同网页，跳转到其他网页的指定位置。

建立锚记链接要首先建立锚记，然后建立到锚记的超链接。

1. 建立锚记

建立锚记是在网页文档中指定一个位置作为超链接的目标端点，这个位置通常是文档的特定主题。创建到锚记的链接以后，就可以快速跳转到由锚记指定的位置。

建立锚记的步骤如下：

① 确定光标位置。

② “插入”菜单→“命名锚记”，或单击“插入”面板“常用”卡上的“命名锚记”按钮，或用组合键 Ctrl＋Alt＋A。本操作打开“命名锚记”对话框。

③ 在“锚记名称”框输入一个名称→单击“确定”按钮。

“命名锚记”对话框如图 6－12 所示。

图 6－12　“命名锚记”对话框

2. 锚记命名规则

锚记命名要遵循以下规则：

① 同一个文档中的锚记名称是唯一的，不允许重名。

② 锚记名称不区分大小写，如“＃aa”和“＃AA”被认为是同一个锚记名称。

3. 建立到锚记的超链接

定义锚记后，创建指向锚记的超链接，浏览网页时单击链接源会跳转到锚记位置。

链到锚记常用如下 3 种方法。

方法 1：选定链接源→在属性面板“链接”框中输入＃号和锚记名，如“＃a1”。

方法 2：选定链接源→拖动属性面板的“指向文件”图标到锚记处。

方法 3：若锚记不在当前文档，则选定链接源后在“链接”框输入锚记所在文档的 URL 和文档名称，在名称后添加＃号和锚记名。如“../xiaochi. html＃a1”。

4. 建立到网页顶端的超链接

若网页内容较多，建立到网页顶端位置的超链接，可以快速返回网页顶端。

返回网页顶端不需要建立锚记，直接在属性面板“链接”框中输入“＃top”即可。

5. 显示锚记符

定义锚记以后,在插入点通常会显示锚记符。如果锚记符没有显示,通过下面操作可以让锚记符显示出来。

① "编辑"菜单→"首选参数"→ 单击"分类"列表的"不可见元素"→在"不可见元素"选项中勾选"命名锚记"→单击"确定"按钮。

勾选"命名锚记"如图 6-13 所示。

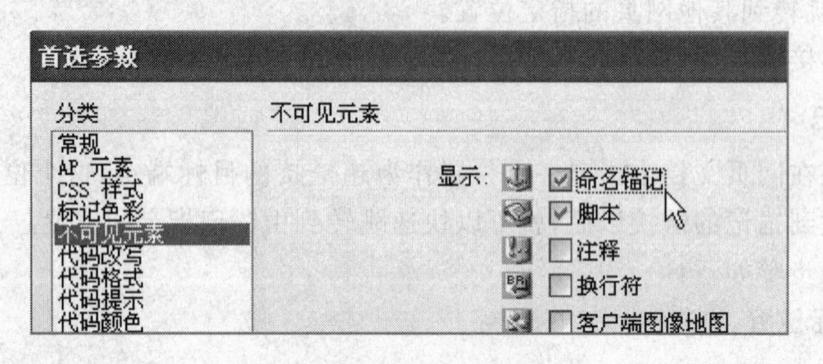

图 6-13 勾选"命名锚记"

② "查看"菜单→"可视化助理"→"不可见元素",使"不可见元素"前有对勾。

"不可见元素"前有对勾如图 6-14 所示。

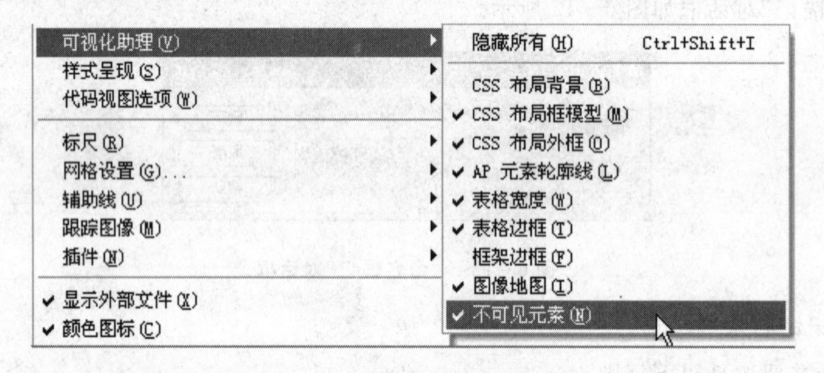

图 6-14 "不可见元素"前有对勾

6. 编辑锚记

对待锚记符可以像对待普通文字一样,在文档中移动、剪切、粘贴、删除,选中锚记符以后在属性面板"名称"框给锚记改名。

给锚记改名如图 6-15 所示。

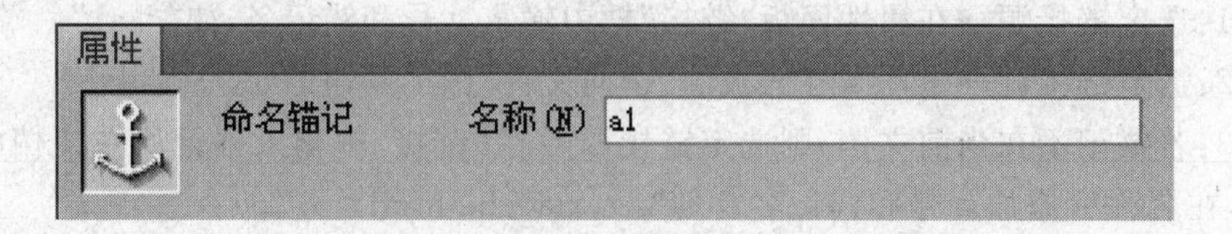

图 6-15 给锚记改名

下面用一个实例介绍锚记链接。

例 6-4　建立锚记链接

操作步骤如下：

① 在站点 weifang 中打开网页“xiaochi. html”→用前面介绍的方法使锚记符显示。

② 光标置于第一段文字标题“朝天锅”前→“插入”菜单→“命名锚记”→ 在“标记名称”框输入“a1”→单击“确定”按钮。

③ 光标置于第二段文字标题“鸡鸭和乐”前→插入锚记“a2”→同样方法在后面每段文字前插入一个锚记→锚记名字从“a3”到“a7”。页面总共建立了 7 个锚记。

④ 选中网页顶端文字“朝天锅”→属性面板“链接”框中输入“＃a1”→选中网页顶端文字“鸡鸭和乐”→属性面板“链接”框中输入“＃a2”→同样方法完成其他锚记链接。

⑤ 选中网页底端文字“回到顶部”→属性面板“链接”框中输入“＃top”。

建立锚记链接如图 6-16 所示。

图 6-16　建立锚记链接

⑥ 打开网页文档“fengzheng. html”→在左边图像上给“特色小吃”建立矩形热区→选中热区→属性面板“链接”框中输入“xiaochi. html＃a4”，建立了到另一文档的锚记链接。

⑦ 预览网页“xiaochi. html”，单击页面顶端的链接文字，浏览窗口显示从对应锚记位置开始的内容。单击页面底端文字“回到顶部”，浏览窗口显示从顶部开始的内容。

⑧ 预览网页“fengzheng. html”，单击页面左端“特色小吃”热区，窗口显示网页“xiaochi. html”中从锚记“a4”位置开始的内容。

6.2.6　建立 Email 链接

Email 链接是一种特殊链接，单击 Email 链接的链接源，会启动计算机中的 Email 客户端程序，打开一个空白邮件书写窗口，收件人的地址自动显示在电子邮件地址栏，只需写邮件内容直接发送。

Email 链接的地址必须以“mailto：”开始，这是声明链接协议。

下面用一个实例介绍 Email 链接。

例6-5　建立Email链接

操作步骤如下:

① 在站点weifang中打开主页“index.html”。

② 选中网页文档最下端的文本“wfu_jzy@163.com”作为链接源→在属性面板“链接”框中输入“mailto:wfu_jzy@163.com”。建立了Email链接。

建立Email链接如图6-17所示。

③ 预览网页文件“index.html”,单击网页最下端的链接文字,显示书写邮件窗口,收件人的地址自动添加到电子邮件地址栏。

书写邮件窗口如图6-18所示。

图6-17　建立Email链接

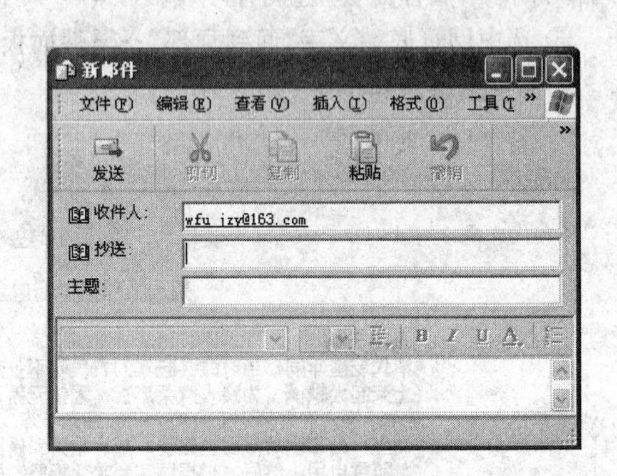

图6-18　书写邮件窗口

6.2.7　建立其他链接

1. 链接到其他站点

网页中经常会显示“友情链接”项目,单击其中一项可以跳转到相应站点的主页。

建立到其他站点的方法如下:

选中链接源,在属性面板“链接”框输入其他站点的地址,浏览时单击链接源就会跳转到指定网站。

到其他站点的链接地址必须以“http://”开始,这是声明链接协议。

例如,选中文本“百度”,属性面板“链接”框输入“http://www.baidu.com”,浏览网页时单击链接文字“百度”,浏览器会打开“百度”网站的主页。

2. 建立空链接

空链接是没有指派目标端点的超链接,主要为调用脚本或程序所使用,也可以用来向文档中的对象附加行为,当光标移到链接源时激活附加的行为。

创建空链接的方法很简单,选定链接源以后在属性面板“链接”框输入#号。

3. 建立脚本链接

脚本链接是一种特殊的超链接,单击带有脚本链接的对象,可以运行JavaScript代码或调用JavaScript函数,在不离开当前网页的情况下给访问者提供关于某项的访问信息,或显示脚本定义的动态效果,以及完成计算和表单验证等处理任务。

脚本链接代码具有可移植性,要注意模仿和学习。

下面用一个实例介绍简单的脚本链接。

例 6-6　建立脚本链接

操作步骤如下:

① 在站点 weifang 中打开网页“xiaochi. html”。

② 单击“朝天锅”图片→属性面板“链接”框输入“ javascript: alert('朝天锅')”。

③ 预览网页“xiaochi. html”→单击“朝天锅”图片显示消息框。

脚本链接如图 6-19 所示。

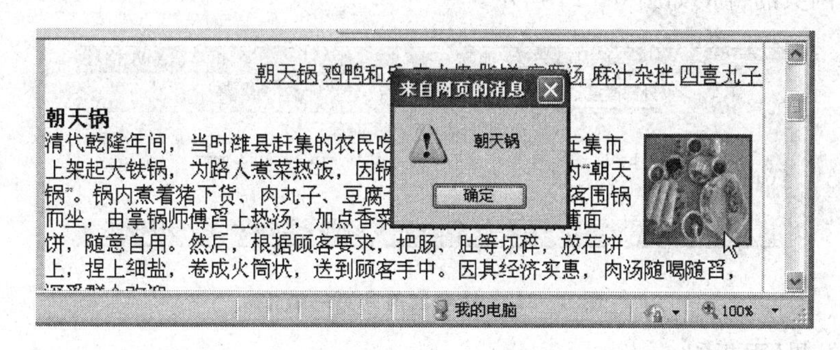

图 6-19　建立脚本链接

说明:

① alert()是 javascript 脚本的函数,用来显示消息框。

② 脚本代码中要使用单引号,如:javascript: alert('朝天锅'),因为在 HTML 中脚本代码作为 href 属性的值用双引号括起来。

6.3　检查超链接

一个站点的网页会包含许多超链接,Dreamweaver CS4 提供了检查超链接的功能,可以检查站点中所有网页文件的链接错误,并将检查结果显示在“结果”面板中。

链接检查要放在站点中进行,检查分为两种:检查当前网页的链接和检查当前站点的链接。检查内容包括 3 个:断掉的链接、外部链接、孤立文件。

6.3.1　检查当前网页的链接

检查当前网页的链接是对当前网页与站点其他网页的链接进行检查。

下面用一个实例介绍如何检查当前网页的链接。

例 6-7　检查当前网页的链接

操作步骤如下:

① 在站点 weifang 中打开网页“index. html”。

② “文件”菜单→“检查页”→“链接”,如图 6-20 所示。

③ 系统自动打开“结果”面板组显示检查结果,如果没有链接错误,“断掉的链接”项内容为空。

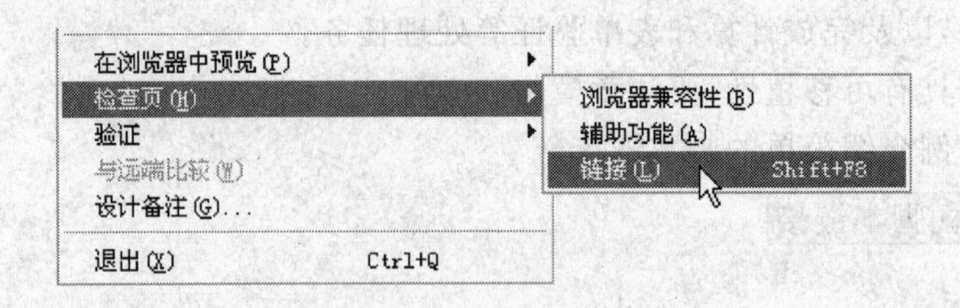

图 6-20 检查当前网页的链接

④ 单击"显示"框下三角按钮选择"外部链接",查看"结果"窗口,结果显示有一个外部链接,"结果"窗口下方给出检查报告。

检查当前网页的链接如图 6-21 所示。

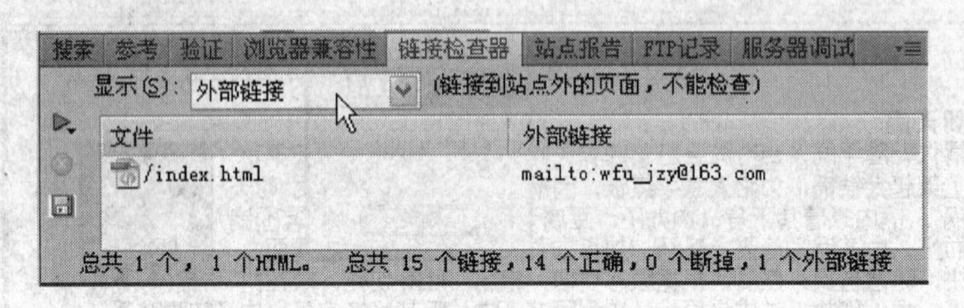

图 6-21 检查当前网页的链接

⑤ 关闭"结果"面板组。

关闭"结果"面板组可以用两个方法:

方法 1:"窗口"菜单→"结果"→"链接检查器"。

方法 2:单击面板组右上角"面板"按钮→在面板菜单选"关闭标签组"。

关闭"结果"面板如图 6-22 所示。

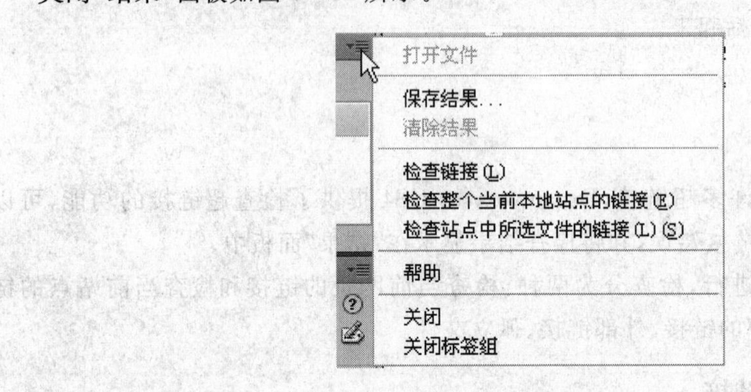

图 6-22 关闭"结果"面板

6.3.2 检查当前站点的链接

检查当前站点的链接是对当前本地站点所有网页的链接进行检查。

下面用一个实例介绍如何检查当前站点的链接。

例 6-8 检查当前站点的链接

操作步骤如下:

① 在"文件"面板中选择站点"weifang"作为当前站点。

② “站点”菜单→“检查站点范围的链接”。

③ 在“显示”框选择“孤立文件”项，查看站点的孤立文件。

查看站点的孤立文件如图 6－23 所示。

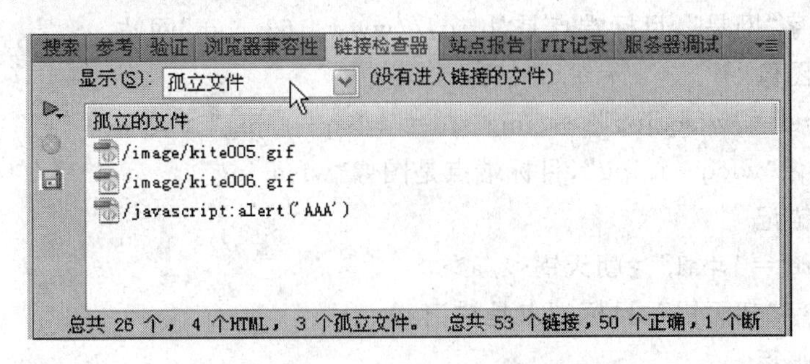

图 6－23　查看站点的孤立文件

④ 在“显示”框选择“断掉的链接”项，查看站点中断掉的链接。右击一个断掉的链接，快捷菜单中选择“清除结果”，可以清除当前站点所有断掉的链接。

清除当前站点所有断掉的链接如图 6－24 所示。

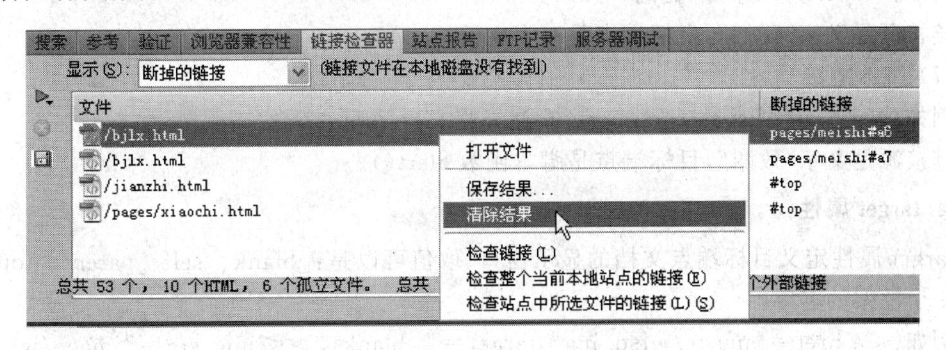

图 6－24　清除当前站点所有断掉的链接

6.4　超链接的 HTML 标记

6.4.1　超链接标记

在 HTML 中，超链接用标记＜a＞和＜/a＞来实现，放在＜a＞与＜/a＞之间的对象是链接源，链接源主要是文字和图像。

标记＜a＞有如下几个常用属性。

1. href 属性

href 属性是＜a＞标记最重要的属性，用来定义链接的目标端点，取值是目标端点的 URL。

href 属性举例如下：

(1) 链接到本站点的网页

例如：＜a href＝"pages/fengzheng.html"＞风筝＜/a＞

链接源是文字“风筝”,目标端点是pages文件夹中的网页文件“fengzheng.html”。

(2) 链接到网站

例如:<a href="http://www.163.com">网易</a>

链接源是文字“网易”,目标端点是“http://www.163.com”网站。

(3) 链接到图像

例如:<a href="wfsq.jpg"><img src="wfsq-1.jpg"></a>

链接源是图像“wfsq-1.jpg”,目标端点是图像“wfsq.jpg”。

(4) 链接到锚记

例如:<a href="#a1">朝天锅</a>

链接源是文字“朝天锅”,目标端点是锚记a1。

(5) 链接到邮箱

例如:<a href="mailto:wfu_jzy@163.com">联系我们</a>

链接源是文字“联系我们”,目标端点是一个邮箱。

(6) 空链接

例如:<a href="#">我们</a>

链接源是文字“我们”,目标端点是一个空链接。

(7) 脚本链接

例如:<a href="javascript:alert('欢迎光临')">致谢</a>

链接源是文字“致谢”,目标端点是脚本函数alert()。

2. target属性

target属性定义目标端点文档的显示窗口,取值可以是:_blank、_self、_parent、_top,也可以是一个框架的名字。

例如:<a href="image/wfsq.jpg" target="_blank "><img src="image/wfsq-1.jpg"></a>

target="_blank",表示打开一个空白窗口显示目标文档。

3. name属性

name属性在当前位置插入锚记,属性的取值是锚记名称。

例如:

<a name="a1" ></a>,在当前位置进行插入了一个名字为a1的锚记。

<a href="#a1">朝天锅</a>,以文字“朝天锅”为链接源建立了到锚记a1的超链接。

4. title属性

定义链接的标题文字,浏览网页时,光标指向链接源时指针旁边会显示标题文字。

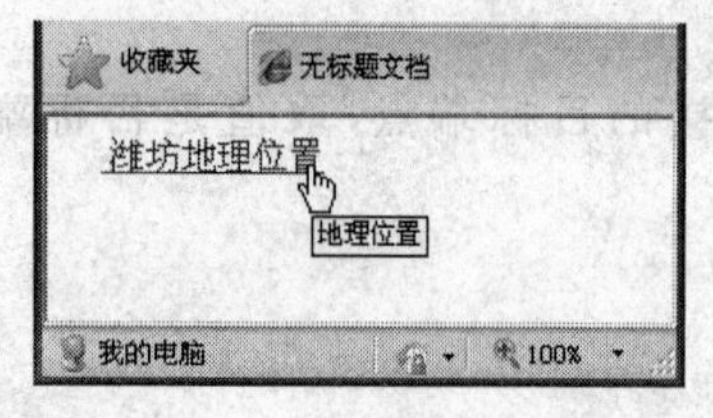

图6-25 链接的标题文字

例如:

<a href="pages/diliweizhi.html" title="地理位置">潍坊地理位置</a>

光标指针指到链接源时右下方显示标题文字。链接的标题文字如图6-25所示。

下面用一个实例介绍链接标记的使用方法。

例 6－9　使用链接标记

操作步骤如下：

① 在站点文件夹 weifang 新建文本文档“bjlx.txt”→文档更名为“bjlx.html”。

② 用“记事本”方式打开文档“bjlx.html”。

③ 在文档中输入以下代码：

```
<html>
<head><title>我的家乡</title></head>
<body>
<p>
<img src="image/tu-2.jpg" width="80" height="60" hspace="8" align="left">
<a href="pages/weizhi.html">潍坊</a>
是个美丽的沿海城市,在山东半岛中部。潍坊有许多特色小吃,如:
<a href="pages/meishi#a6">麻汁杂拌</a>和
<a href="pages/meishi#a7">四喜丸子</a>。
<a href="image/wfsq.jpg">潍坊市区</a>很美,
<a href="image/wfyj.jpg">潍坊夜景</a>很美,
<a href="pages/fengzheng.html">潍坊风筝</a>世界闻名。
</body>
</html>
```

④ 双击网页文件“bjlx.html”进行浏览，显示结果如图 6－26 所示。

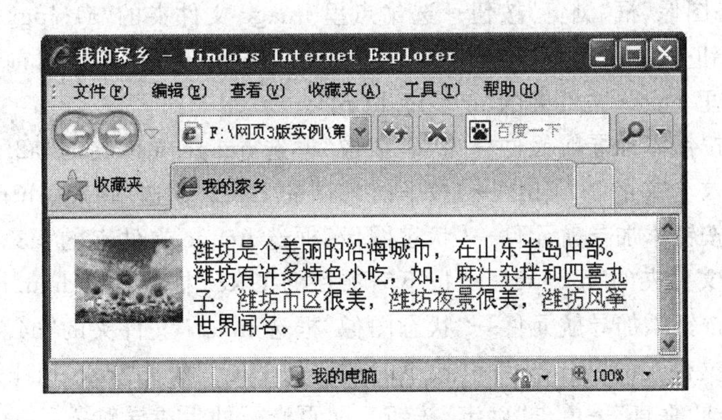

图 6－26　使用链接标记

说明：

① 本文档位于站点文件夹 weifang 根目录下。

② 在文字“潍坊”和“潍坊风筝”上定义了到网页的超链接。

③ 在文字“潍坊市区”和“潍坊夜景”上定义了到图像的超链接。

④ 在文字“麻汁杂拌”和“四喜丸子”上定义了到锚记的超链接。

6.5 上机实验 网页中使用超链接

6.5.1 实验1——给导航条附加超链接

1. 实验目的

在网页中插入导航条,同时给导航条附加超链接,了解导航条的使用方法。

2. 实验要求

实验的具体要求如下:

① 复制网页。

② 制作纵向导航条。

③ 给导航条附加超链接。

3. 实验步骤

① 在 Dreamweaver CS4 定义 weifang 为当前站点→右击站点主页“index. html”→快捷菜单中选“编辑”→级联菜单中选“复制”→将复制的文件改名为“index2. html”。

② 打开“index2. html”→删除左边单元格的图像→属性面板“水平”框选“居中对齐”→“垂直”框选“顶端”。本操作确定光标位置。

③“插入”菜单→“图像对象”→“导航条”,打开“插入导航条”对话框。

④ 单击“状态图像”框“浏览”按钮→选站点里 image 文件夹的“a1. jpg”→单击“光标经过图像”框“浏览”按钮→选站点里 image 文件夹的“b1. jpg”→单击“按下时前往的 URL”框“浏览”按钮→选站点里 pages 文件夹的“weizhi. html”。

⑤ 单击加号按钮添加导航元件→“状态图像”框选 image 文件夹的“a2. jpg”→“光标经过图像”框选 image 文件夹的“b2. jpg”→“按下时前往的 URL”框选“yange. html”。

⑥ 单击加号按钮添加导航元件→“状态图像”框选 image 文件夹的“a3. jpg”→“光标经过图像”框选 image 文件夹的“b3. jpg”→“按下时前往的 URL”框选“jingdian. html”。

⑦ 单击加号按钮添加导航元件→“状态图像”框选 image 文件夹的“a4. jpg”→“光标经过图像”框选 image 文件夹的“b4. jpg”→“按下时前往的 URL”框选“xiaochi. html”。

⑧“插入”框选“垂直”→单击“确定”按钮。网页光标处生成导航条。

“插入导航条”对话框如图 6-27 所示。

⑨ 单击文档中导航条边框将其选中→属性面板“填充”框输入 8,使得导航条各项的垂直距离为 8 像素。

⑩ 预览网页“index2. html”,单击导航条中任一项,都会链接到对应网页。

导航图效果如图 6-28 所示。

说明:

① 本例在定义导航图像的同时给导航图像附加了超链接。

② 浏览“index2. html”时,单击导航图转到其他网页,用浏览器的“后退”按钮返回,因为单击其他网页的“返回”按钮只能返回到“index. html”。

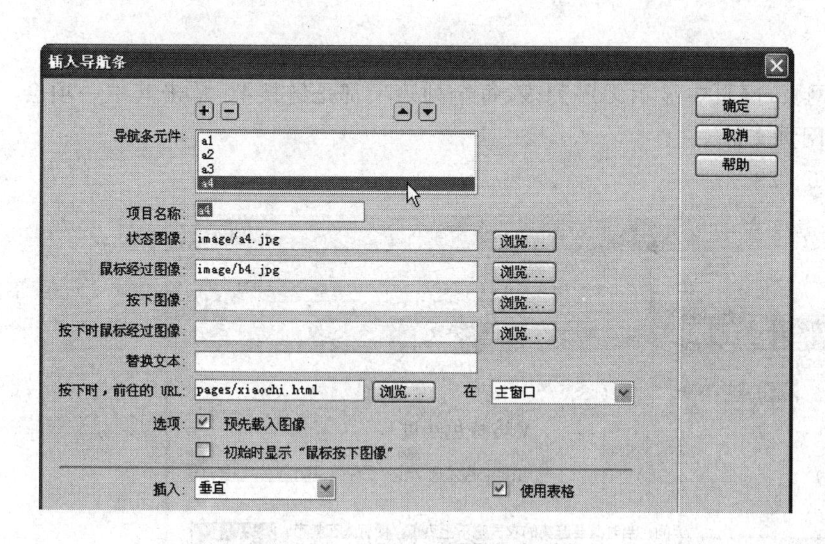

图 6-27　"插入导航条"对话框

图 6-28　导航图

6.5.2　实验 2——用 HTML 标记建立链接列表

1. 实验目的

用链接标记和列表标记在网页中插入链接列表，了解代码的使用方法。

2. 实验要求

实验的具体要求如下：

① 用代码制作网页。

② 用列表标记建立无序列表。

③ 用链接标记给每个列表项建立超链接。

3. 实验步骤

① 在本地站点 weifang 根目录新建文本文档"lblj. html"。

② 用"记事本"方式打开新建的文档。

③ 在文档中输入以下代码：

```
<html>
<head>
<title>我的家乡</title>
</head>
<body>
<ul>
<li><a href = "pages/fengzheng. html" target = "_blank">潍坊风筝</a></li>
<li><a href = "pages/jianzhi. html" target = "_blank">潍坊剪纸</a></li>
<li><a href = "pages/xiaochi. html" target = "_blank">潍坊小吃</a></li>
<li><a href = "pages/jingdian. html" target = "_blank">潍坊景点</a></li>
</ul>
```

```
</body>
</html>
```

④ 保存网页,浏览网页,网页中显示无序列表,每个列表项都是链接源,单击其中一项会打开新窗口显示相应的网页文件。

建立链接列表如图 6-29 所示。

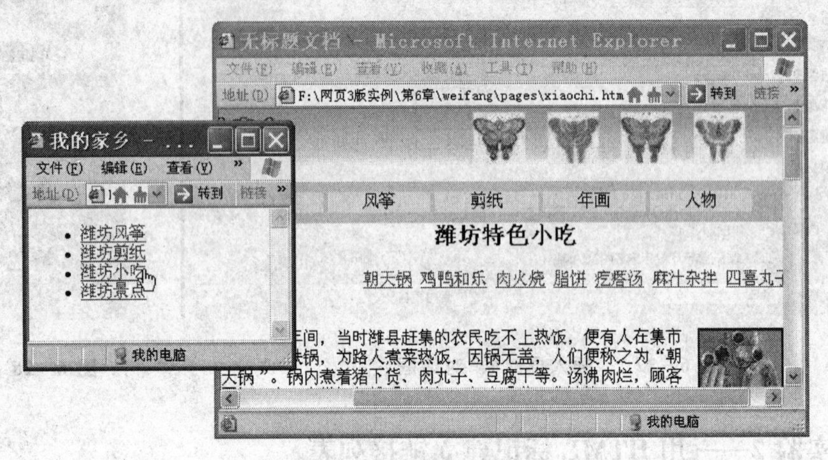

图 6-29 建立链接列表

6.5.3 实验 3——用 HTML 标记建立锚记链接

1. 实验目的

在网页中插入锚记,并给锚记建立超链接,了解链接标记的使用方法。

2. 实验要求

实验的具体要求如下:

① 制作网页。

② 插入锚记。

③ 建立到锚记的超链接。

3. 实验步骤

① 在站点文件夹 weifang 的子文件夹 pages 中新建文本文档“jianzhi. html”。

② 用“记事本”方式打开“jianzhi. html”。

③ 在文档中输入以下代码:

```
<html>
<head>
<meta http-equiv="Content-Type" content="text/html; charset=utf-8" />
<title>潍坊剪纸</title>
</head>
<body>
<p>潍坊民间剪纸艺术达到很高的水平,比较出名的有杨家埠剪纸和高密剪纸。
<p>剪纸类别主要有:
<a href="#b1">窗花剪纸</a>
<a href="#b2">年画剪纸</a>
```

```
<a href="#b3">生肖剪纸</a>
<a href="#b4">婚嫁剪纸</a>
<a href="#b5">童趣剪纸</a>
<a href="#b6">仕女剪纸</a>
<p><a name="b1" id="b1"></a><strong>窗花剪纸</strong>
逢年过节在窗户上贴窗花已经成为过年必不可少的环节。
<p><img src="../jianzhi/窗花剪纸.jpg" width="100" height="100">
<p><a name="b2" id="b2"></a><strong>年画剪纸 </strong>
将剪纸像年画一样贴在墙上，祈祷来年富裕吉祥。
<p><img src="../jianzhi/年画剪纸.jpg" width="136" height="97">
<p><a name="b3" id="b3"></a><strong>生肖剪纸</strong>
十二生肖剪纸一直是民间剪纸的主题，各种动物拟人化，惟肖惟妙。
<p><img src="../jianzhi/生肖剪纸.jpg" width="136" height="139">
<p><a name="b4" id="b4"></a><strong>婚嫁剪纸 </strong>
用婚嫁剪纸表现龙凤呈祥百年好合的祝福。
<p><img src="../jianzhi/婚嫁剪纸.jpg" width="104" height="139">
<p><a name="b5" id="b5"></a><strong>童趣剪纸 </strong>
表现儿童玩耍的场景，童趣盎然。
<p><img src="../jianzhi/童趣剪纸.jpg" width="136" height="100">
<p><a name="b6" id="b6"></a><strong>仕女剪纸</strong>
这种表现古代仕女的剪纸制作起来非常复杂。
<p><img src="../jianzhi/仕女剪纸.jpg" width="100" height="139">
<p><a href="#top">返回顶部</a>
</body>
</html>
```

④ 浏览网页，单击网页顶端的链接文字，浏览窗口显示从相应锚记位置开始的内容，单击网页底端的链接文字“返回顶部”，浏览窗口显示从顶端开始的内容。

锚记链接如图 6－30 所示。

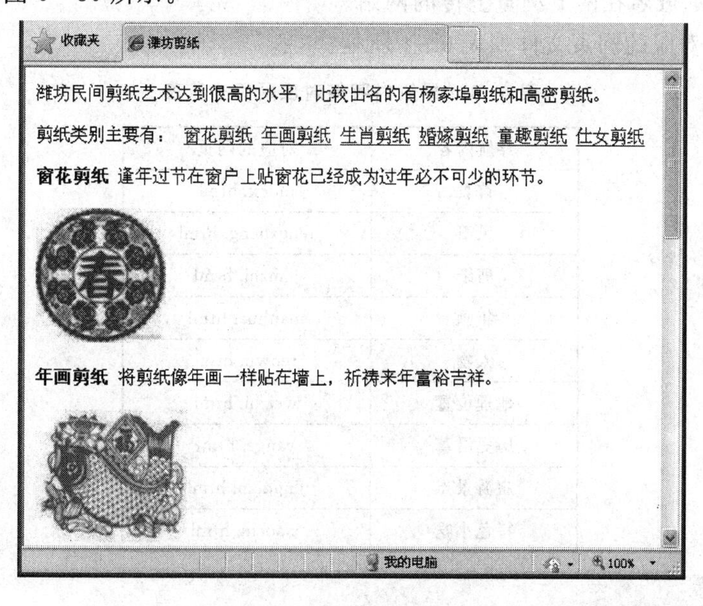

图 6－30　锚记链接

思考题与上机练习题六

1. 思考题

(1) 什么是超链接?

(2) 链接路径有哪几种类型?

(3) 同一站点内文件之间的链接应该使用哪种路径?

(4) 链接源主要有几种?

(5) 链接的目标端点主要有哪些?

(6) 用属性面板建立超链接的两个重要工具是什么?

(7) 图像热区有哪几种形状?

(8) 建立锚记链接的两个步骤是什么?

(9) 链接标记<a>用什么属性定义链接的目标端点?

(10) 链接源是文字“产品反馈”,目标端点是邮箱 abc@126. com,写出代码。

(11) 链接源是图像“a1. gif”,目标端点是网站 www. sina. com. cn,写出代码。

2. 上机练习题

(1) 在 Dreamveawer CS4 中建立指向本地文件夹 wf 的站点 wf,(文件夹 wf 在本章素材中的第 6 章,先将文件夹拷贝到本地机上)。

(2) 完成主页下端的邮箱链接。

(3) 完成站点中所有网页之间的超链接。

(4) 从主页开始浏览其中所有站点网页。

(5) 在网上申请免费空间和域名,并将本地站点上传。

(6) 用申请的域名在网上浏览上传的网站。

导航内容与对应的网页文件如表 6 - 1 所列。

表 6 - 1　导航内容与对应网页一览表

导航内容	对应的网页
首页	index. html
风筝	fengzheng. html
剪纸	jianzhi. html
年画	nianhua. html
人物	renwu. html
地理位置	weizhi. html
历史沿革	yange. html
旅游景点	jingdian. html
特色小吃	xiaochi. html

第7章　建立相同的网页布局

一个站点中的网页最好有相同的网页布局，这样的网站具有整体感觉，使浏览者印象深刻。建立相同网页布局的方法有：复制网页、使用框架、使用模板。

7.1　用复制网页方法建立相同网页布局

先复制网页，然后编辑修改复制的网页，是建立相同网页布局最简单的方法。

7.1.1　建立相同网页布局的步骤

首先，设计制作第一个网页（通常是主页 index.html），制作公共部分。如：页面布局、插入 logo 和 bnaner、定义背景颜色、确定公共导航的内容等。

其次，将第一个网页复制到站点其他位置，网页重命名，修改网页内容。

最后，在站点的网页之间建立超链接。

7.1.2　拷贝网页与复制网页

在 Dreamweaver CS4 的“文件”面板右击站点中一个文件，在“编辑”命令的级联子菜单中同时有“拷贝”命令和“复制”命令，两个命令在使用上的区别如下：

① 对一个文件使用“拷贝”命令以后，先在站点选取文件夹，然后用“粘贴”命令将拷贝的文件粘贴到指定位置，这个位置可以与拷贝的文件在同一文件夹，也可以与拷贝的文件在不同文件夹。

② 对一个文件使用“复制”命令以后，无需其他操作，系统直接在当前文件位置生成该文件的副本，文件的副本与选中的文件在同一文件夹。

“编辑”命令的级联子菜单如图 7－1 所示。

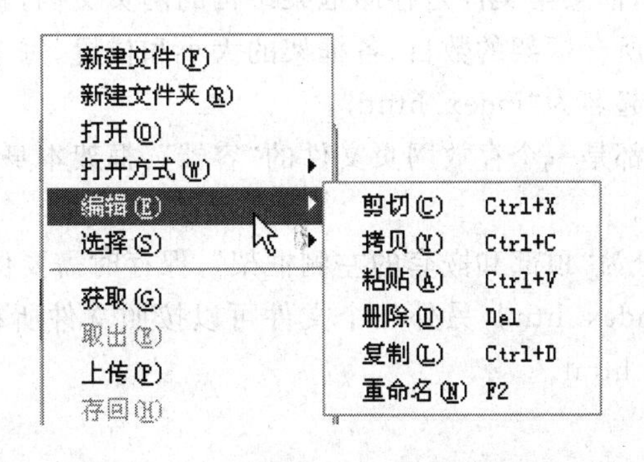

图 7－1　“编辑”命令的级联子菜单

7.1.3 编辑网页

将新产生的网页文件改名,打开文件编辑内容,将公共导航部分保留,删除网页其余内容,写入新的内容。

当多数网页内容完成之后,将网页逐个打开,建立当前网页与站点中其他网页的超链接。以后每当需要加入新网页,就用相同方法做一遍,直至完成所有网页。

经过这样的操作,站点中的网页显示相同的网页布局。

7.2 用框架方法建立相同网页布局

框架是网页布局的方式之一,也是网页设计中比较常用的技术。

7.2.1 认识框架

框架是浏览窗口的一个区域,使用框架技术可以将浏览器窗口分割成若干区域,使得一个浏览窗口能同时显示几个不同的 HTML 文件。每个框架都确定浏览器窗口的一个区域,每个区域显示一个独立的网页,这些区域由框架集组合在一起,成为框架网页。

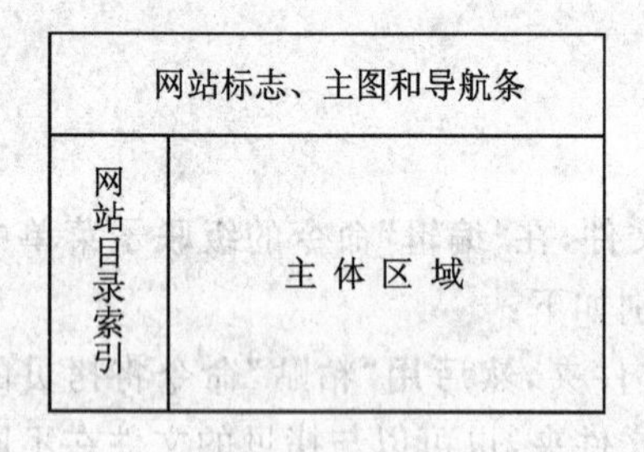

图7-2 "顶部和嵌套的左侧框架"布局

最常见的框架结构是"顶部和嵌套的左侧框架",浏览器窗口分割成顶部、左部和右部3个部分,由3个框架构成。习惯上,顶部框架显示的文件主要包含网站标志、网站横幅和公共导航等内容,左部框架显示的文件主要包含网站的目录索引,右部框架显示的文件包含具体内容,选中一个导航项目或目录项目,对应内容显示在右部框架区域中。

"顶部和嵌套的左侧框架"布局如图7-2所示。

7.2.2 框架集与框架

框架集是框架的集合,框架集文件是存储框架结构的网页文档,就像一个能容纳多个文档的"容器"。框架结构包括所含框架的数目、各框架的大小和位置、每个框架区域载入的网页文件名。通常给框架集文件起名为"index.html"。

框架集中的每个框架都是一个存放网页文件的"容器",框架本身不是文件,但可以在框架中显示任意一个网页文件。

例如,将页面布局划分为"顶部和嵌套的左侧框架",保存时需要保存4个独立文件,其中,框架集文件通常起名为 index.html,另外三个文件可以按照文件所在框架位置分别起名为:top.html、left.html、right.html。

7.2.3 "框架"面板

建立了框架集之后,"窗口"菜单→"框架",打开"框架"面板,可以在"框架"面板中查看框架集的样式结构。

"框架"面板提供框架集内部各框架的可视化表示形式,直观的显示框架集的层次结构,环绕框架集的边框是比较粗的黑线，环绕框架的边框是稍微细一点的灰色线。系统给每个框架默认名称来标识，这个默认名称可以在框架的属性面板更改。

在"框架"面板单击最外端的边框线，选中框架集，如图7-3所示。

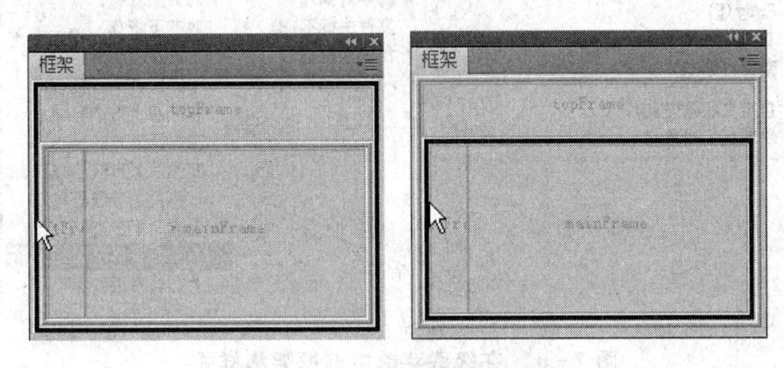

图7-3　选中框架集

单击框架边框线或单击框架内部，选中框架，如图7-4所示。

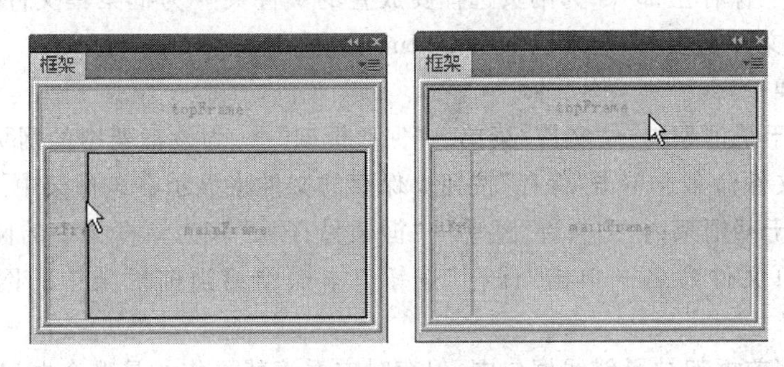

图7-4　选中框架

7.2.4　建立框架集网页

1. 插入预定义框架集

系统提供了许多框架集样式，可以根据需要选择框架集的样式。

方法1：在"插入"面板选"布局"选项→单击"框架"按钮→在下拉列表中选一个框架集样式。下拉列表显示了系统提供的预定义框架集样式，如图7-5所示。

方法2："插入"菜单→选"HTML"→选"框架"→在级联菜单中选框架集样式。如图7-6所示。

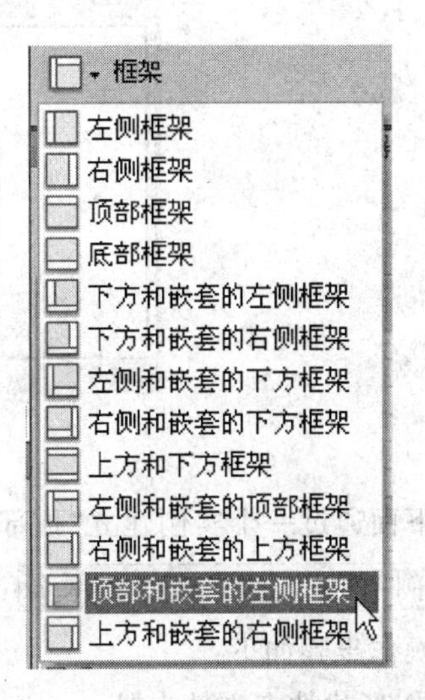

图7-5　在下拉列表中选框架集样式

2. 保存框架集和框架

框架结构设置完成后，进行保存框架集和框架的操作。

"文件"菜单→"保存全部"，此时打开"另存为"对话框，该对话框将打开若干次，逐一为框架集和每个框架中的网页文件指定文件名。

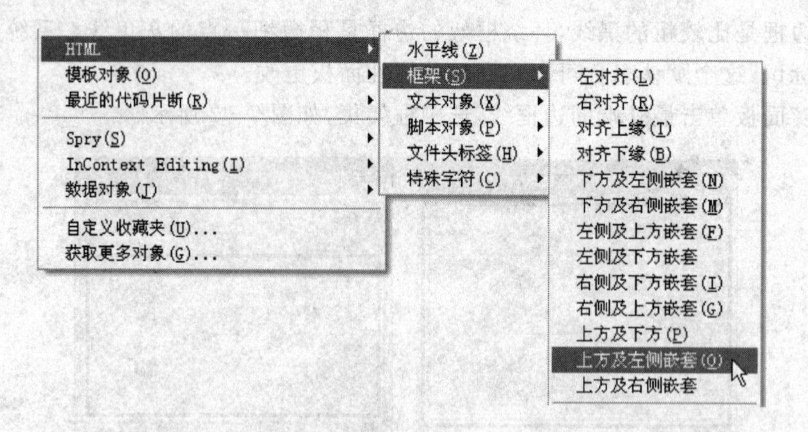

图 7-6　在级联菜单中选框架集样式

(1) 保存框架集

“文件”菜单→“保存全部”→为网页选择要放置的文件夹→为框架集文件命名→单击“保存”按钮。框架集文件是主页,通常以 index. html 命名。

(2) 保存框架

① 将光标置于某框架内→“文件”菜单→“保存框架”→ 为该框架中的网页选择要存放的文件夹→给网页文件命名→单击“保存”按钮。保存的文件将显示在该框架中。

② 将光标置于某框架内→“文件”菜单→“框架另存为”→为该框架中的网页选择要存放的文件夹→给网页文件命名→单击“保存”按钮。本操作给当前框架中的网页制作了一个副本。

正在保存的当前框架被黑斜线框包围,保存时应看清楚操作的是哪个框架。

保存框架如图 7-7 所示。

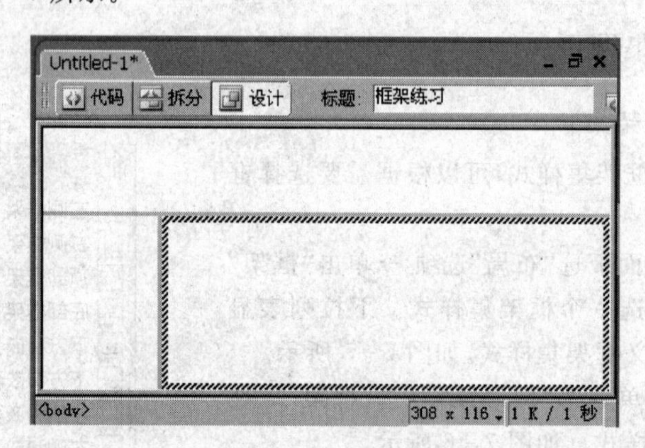

图 7-7　保存框架

下面通过一个实例建立“顶部和嵌套的左部框架”网页。

例 7-1　建立框架集网页

操作步骤如下:

① 新建站点文件夹“kuangjia”→在 Dreamweaver CS4 中建立同名站点指向本地站点文件夹“kuangjia”。

② 在“起始”窗口单击“HTML”，新建未命名的空白页。

③ “插入”菜单→“HTML”→“框架”→“上方及左侧嵌套”→显示“框架标签辅助功能属性”对话框，如图 7-8 所示。

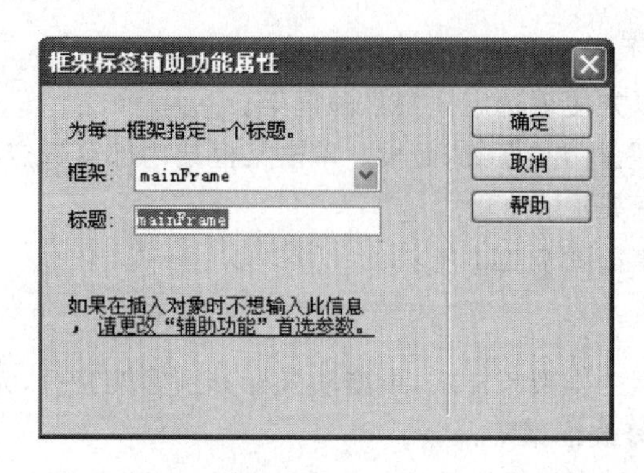

图 7-8　“框架标签辅助功能属性”对话框

说明：可以在“框架标签辅助功能属性”对话框为每一个框架指定一个名字，如果都取默认值，直接单击“确定”按钮。

④ “文件”菜单→“保存全部”→在“另存为”窗口选本地站点 kuangjia→给文件命名为“index. html”→单击“保存”按钮。本操作保存的是框架集网页。

⑤ 观察黑斜线框包围的区域是下方右边区域→在“另存为”窗口给文件命名为“right. html”→单击“保存”按钮。本操作保存的是显示在下方右边框架区域中的网页。

⑥ 鼠标单击左边区域→在“另存为”窗口给文件命名为“left. html”→单击“保存”按钮。本操作保存的是显示在下方左边框架区域中的网页。

⑦ 鼠标单击顶部区域→“文件”菜单→“保存框架”→在“另存为”窗口给文件命名为“top. html”→单击“保存”按钮。本操作保存的是显示在顶部框架区域中的网页。

⑧ 在“文件”面板可以看到框架集网页和每个框架中显示的网页，如图 7-9 所示。

⑨ 观察“设计”视图，可以看到框架集网页中 3 个框架区域的布局，如图 7-10 所示。

图 7-9　框架集网页和框架中显示的网页

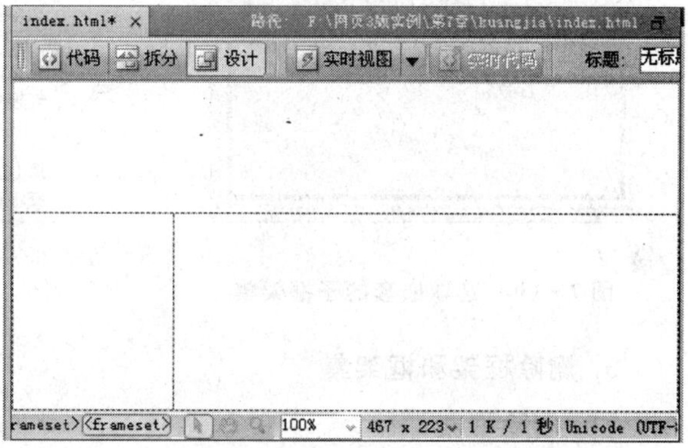

图 7-10　框架集网页中 3 个框架区域

说明：如果框架集包含 3 个框架，则需要保存 4 个单独的 HTML 文件，即：框架集文件和显示在 3 个框架中的文件。其中，框架集文件仅包含框架信息，而这 3 个网页文件则包含框架内初始显示的内容。

7.2.5 编辑框架集

1. 选定框架集和框架

在“框架”面板中可以方便地选定框架集和框架。

“窗口”菜单→“框架”,打开“框架”面板。单击某框架内部可选定该框架,单击框架边框可选取框架集或嵌套的子框架集。

选取嵌套的子框架集如图7-11所示。

2. 修改框架集

先用预定义框架集产生框架集样式,再拖动鼠标分割框架窗口,完成对框架集的修改。

方法1:用鼠标方法修改框架集:

① 拖动框架集上边框向下,或拖动框架集下边框向上,可以增加水平框架。

② 拖动框架集左边框向右,或拖动框架集右边框向左,可以增加纵向框架。

③ 拖动框架集的边框角,可以在垂直和水平两个方向同时增加框架。

④ 拖动框架之间的分割线可以调整框架大小。

⑤ 按住Alt键拖动框架集边框,可以产生嵌套子框架。

说明:修改框架集时最好显示工作窗口的标尺,使框架大小在调整时有所参考。

方法2:用菜单方法修改框架集:

将光标放在待分割的框架中→“修改”菜单→选“框架集”→在级联菜单中选择框架分割方式→操作完成后窗口将拆分成几个框架。新拆分出的框架用“保存框架”命令保存该框架中的网页文件。

系统提供4种框架拆分方式:拆分左框架、拆分右框架、拆分上框架、拆分下框架。

修改框架集的菜单如图7-12所示。

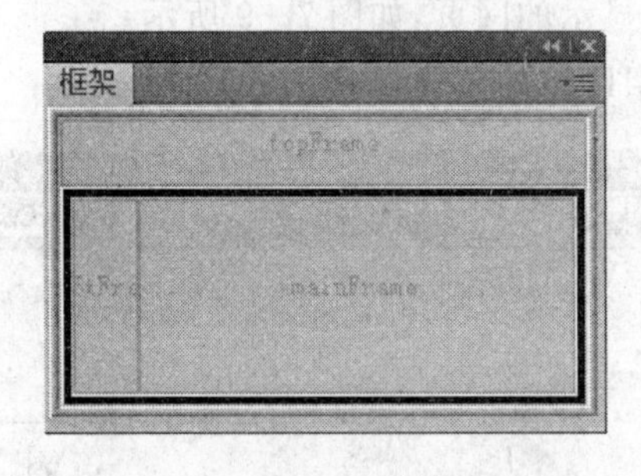

图7-11 选取嵌套的子框架集

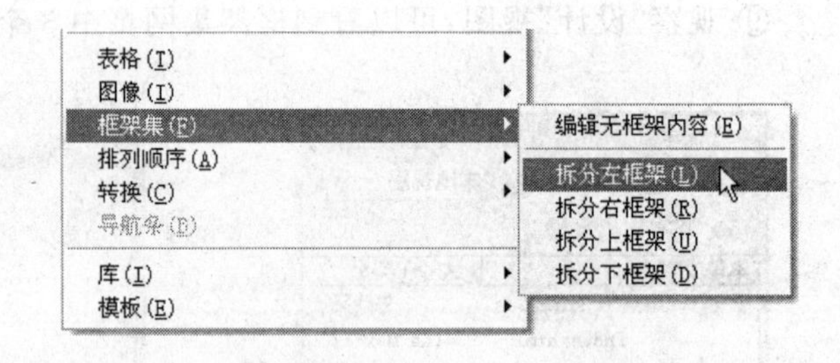

图7-12 修改框架集的菜单

3. 删除框架和框架集

(1) 删除框架

框架是窗口中的一个区域,将一个框架的边框拖到父框架的边框上,该框架被删除。如果位于被删除框架的文档有未保存的内容,系统将提示保存文档。

(2) 删除框架集

框架集是一个页面文件,如果框架集文件已保存,则删除框架集实际就是删除文件。

4. 框架边框的显示和隐藏

“查看”菜单→“可视化助理”→“框架边框”，设置框架边框在“设计”视图中是否显示。如果“框架边框”项前有对勾，表示框架边框显示，否则，框架边框不显示。这是“开/关”操作，相同的操作再执行一次，所得结果正相反。本设置也可以用属性面板完成。

设置框架边框是否显示的菜单如图 7－13 所示。

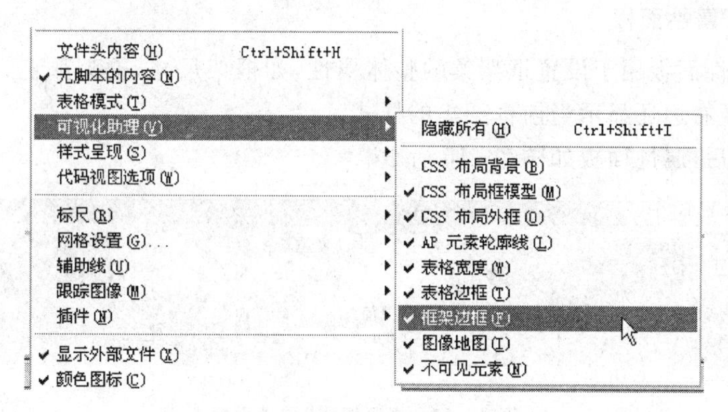

图 7－13　设置框架边框是否显示

7.2.6　框架集和框架的属性面板

框架集和框架都有各自的属性面板，框架属性设置主要有：框架名称、源文件、滚动条等，框架集属性设置主要有：框架尺寸、边框颜色、框架之间的边框宽度等。

1. 框架属性面板

“框架”属性面板用来设置当前框架名称、框架源文件、是否显示滚动条、框架大小是否可调等属性。

选中一个框架，属性面板如图 7－14 所示。

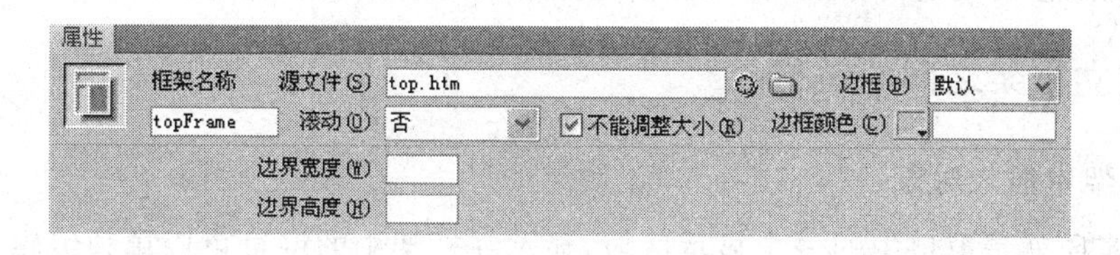

图 7－14　“框架”属性面板

各选项含义如下：

① 框架名称，定义当前框架名，系统会提供默认值。框架名可以作为超链接目标端点或被脚本引用。框架名称用英文字母开头，后面可以是字母或下画线，名称中不能有空格、句点和连字符，也不能使用 JavaScript 的保留关键字。

② 源文件，定义该框架源文件的 URL，可以单击“浏览”按钮直接从站点中选取。

③ 边框，定义框架边框是否显示。系统提供 3 个选项：“是”、“否”、“默认”，选“默认”等同于选“是”。

④ 边框颜色，定义框架边框的颜色。

⑤ 滚动，定义框架中是否出现滚动条。系统提供 4 个选项：“是”、“否”、“自动”、“默认”。

选“默认”等同于选“自动”,根据框架内容的多少自动确定是否在框架内出现滚动条。选“否”,即使框架内容超出框架大小也不会出现滚动条。

⑥ 不能调整大小,勾选该项后,网页在浏览器中将保持制作时的状态。

⑦ 边界宽度,设置框架内容与左右边框之间的距离,单位是像素。

⑧ 边界高度,设置框架内容与上下边框之间的距离,单位是像素。

2. “框架集”属性面板

“框架集”属性面板用于设置框架集的整体属性,如框架尺寸、框架颜色、框架之间边框的宽度等,属性面板右边还显示当前框架集的样式。

选中框架集后,属性面板如图7-15所示。

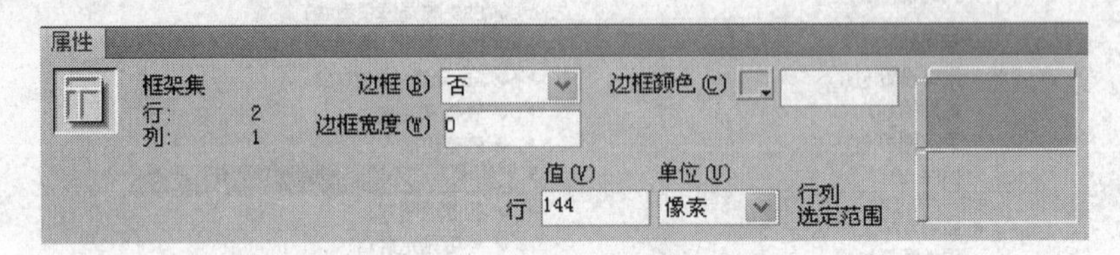

图7-15 “框架集”属性面板

各选项含义如下:

① 边框,定义框架集的边框是否显示。系统提供3个选项,选“是”,框架之间显示分隔线,选“否”,框架之间不显示分隔线,选“默认”等同于选“是”。

② 边框宽度,定义框架集边框的宽度,单位是“像素”,值为0时没有边框。

③ 边框颜色,定义框架集边框的颜色。

④ 框架集样式,表明当前框架的样式,有行分割,也有列分割。

⑤ 行,如果框架集是行分割,在“值”框输入框架集顶部框架的高度,有3种单位:像素、百分比、相对。

⑥ 列,如果框架集是列分割,在“值”框定义框架集左部框架的宽度。

7.2.7 建立框架之间的链接

1. 在框架中插入对象

框架的实质就是窗口中的一个显示区域,显示在框架中的网页可以单独编辑,也可以在框架中编辑,但只有位于框架区域中的内容才能在浏览器窗口显示出来。

将光标置于一个框架中,所插入的对象将保存在与该框架对应的网页里。

2. 建立各框架网页之间的链接

使用框架集的主要目的是将浏览器窗口分成多个区域,每个区域显示不同的网页文件,通过超链接将不同框架中的网页联系起来。

框架集网页由两个或两个以上框架构成,通常其中一个网页放置站点的导航栏目,链接源是导航栏目,链接目标显示在指定框架内。

下面通过一个实例介绍框架之间的链接。

例7-2 建立框架之间的链接

操作步骤如下：

① 将素材文件夹的 rf 复制到本地机→在 Dreamweaver CS4 中建立同名站点指向本地站点文件夹“rf”→在“文件”面板选“rf”为当前站点。

② 新建文档→插入“顶部和嵌套的左侧框架”。框架集包含 3 个框架。

③ “文件”菜单→“保存全部”→所有框架都用默认名字→框架集命名为“index. html”→显示在右侧框架的文件保存为“right. html”。

④ 光标置于左侧框架中→“文件”菜单→“保存框架”→文件保存为“left. html”→光标置于顶部框架中→将文件保存为“top. html”。至此，框架集和每一个框架保存完毕。

⑤ 打开“框架”面板→单击外边框选中框架集→属性面板的“行”框输入 150→“单位”框选“像素”。本操作将顶部框架区域的高设置为 150 像素。

⑥ 光标置于顶部框架→插入 1 行 2 列表格→单击表格边框选中表格→属性面板中设置表格宽度为 100%→设置表格边框为 0。

⑦ 按住 Ctrl 键单击左边单元格选中该单元格→属性面板中设置单元格宽度为 250 像素→设置单元格高度为 106 像素→在左边单元格插入站点文件夹的图像文件“logo. jpg”→在右边单元格插入站点文件夹的图像文件“banner. jpg”。

⑧ 在表格下方再插入一个 1 行 5 列的表格→设置表格宽度为 100%→设置单元格背景颜色为浅灰色(＃CCCCCC)→设置单元格高度为 20→分别在单元格输入文字：产品介绍、公司简介、联系方式、客户反馈、返回首页→设置文字在单元格居中。

说明：步骤 5～8 编辑的是网页文件 top. html。

⑨ 光标置于左侧框架→插入 10 行 1 列表格→第 1 行输入“产品介绍”→第 2～9 行输入 9 个产品名。

说明：本操作编辑的是网页文件“left. html”，产品名见素材文件夹的 Word 文档“潍坊润丰造纸助剂. doc”。

⑩ 光标置于右侧框架→输入主页的初始文字。

说明：本操作编辑的是网页文件“right. html”，初始文字见素材文件夹的 Word 文档“潍坊润丰造纸助剂. doc”。

⑪ 选中左框架的第 1 个产品名→拖动属性面板“指向文件”图标到站点文件“1. html”上→“目标”框选“MainFrame”→同样方法将左框架的产品 2～9 链接到站点文件“2. html”～“9. html”→“目标”框都选“MainFrame”。

说明：MainFrame 是右框架的名字。

⑫ 用鼠标选中顶部框架的文字“产品介绍”→链到“jianjie. html”→属性面板的“目标”框选“MainFrame”

⑬ 同样方法将文字“公司简介”链到“right. html”→将文字“联系方式”链到“connect. html”→将文字“返回首页”链到“right. html”。

⑭ 选中文字“客户反馈”→“链接”框输入“mailto：wfu_jzy@163. com”。

⑮ 预览主页“index. html”，单击产品名，对应产品内容显示在右边框架区域中，单击公共导航项，对应内容也会显示在右边框架区域中。

框架集初始页面如图 7－16 所示。

图 7-16 建立框架之间的链接

7.3 用模板建立相同网页布局

如果网页用表格布局，除了用复制页面方法，还可以用模板建立相同网页布局。

7.3.1 认识模板

在 Dreamweaver CS4 中，模板是一种特殊类型的文件，用于设计制作具有相同网页布局的页面文件。为了便于管理，模板文件专门保存在本地站点根目录下的 Templates 文件夹中，模板文件的扩展名为“.dwt”。

模板的编辑过程与普通网页制作相同，所不同的是模板只编辑网页的公共部分，并指定可编辑区域，一个模板可以有多个不连续的可编辑区域。基于模板建立的网页可以继承模板的页面布局，在可编辑区域输入内容，模板的公共部分在普通网页中不能修改。

修改模板内容，所有基于模板的网页文件都会发生改变。

7.3.2 新建模板

建立模板有两个途径：一是直接建立模板，二是将已经做好的网页公共部分另存为模板。

1. 直接建立模板

直接建立模板的步骤如下：

① “文件”菜单→“新建”→在“新建文档”对话框左边选“空白页”→“页面类型”列表中选“HTML 模板” →“布局”列表中选“无” →单击“创建”按钮。

“新建文档”对话框如图 7-17 所示。

② 在模板中建立网页公共部分。

③ “文件”菜单→“保存”，系统显示提示框“此模板不含任何可编辑区域。您想继续吗？”

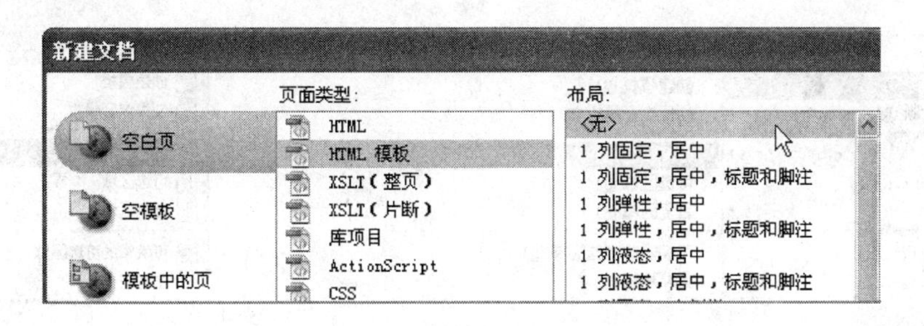

图 7-17　“新建文档”对话框

→单击“确定”按钮。提示框如图 7-18 所示。

④ 在“另存模板”对话框的“另存为”框给模板起名→单击“保存”按钮。“另存模板”对话框如图 7-19 所示。

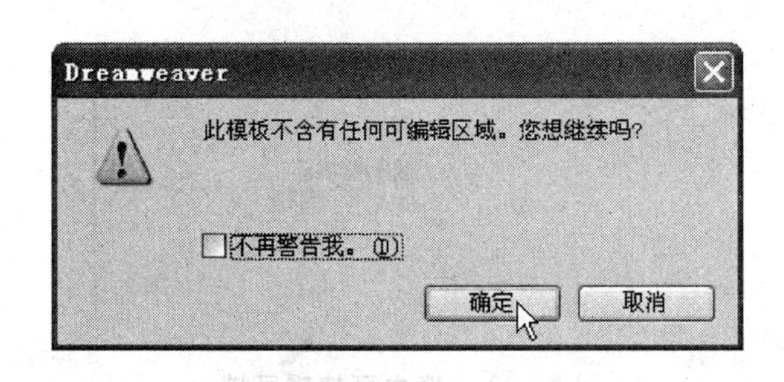

图 7-18　提示框

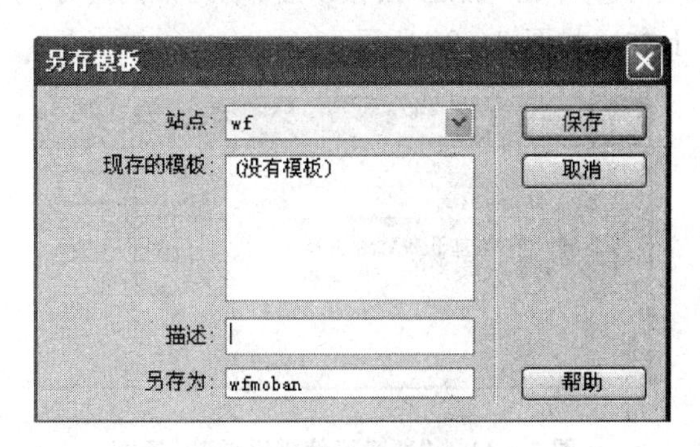

图 7-19　给模板起名

2. 将已经做好的网页公共部分另存为模板

将已经做好的网页公共部分另存为模板，操作步骤如下：

① 打开一个已经做好的网页，留下公共部分，删除其他部分。公共部分通常包括：logo 图、banner 图、公共导航条、目录列表等。

② “文件”菜单→“另存为模板”，其他操作与直接建立模板相同。

7.3.3　在模板中建立可编辑区域

新建模板中的所有区域都是锁定的，在网页制作中不可编辑，要在模板建立可编辑区域，这样模板应用到网页才有实际意义。可编辑区域通常是一个表格或一个单元格，多个表格或多个单元格不能定义为可编辑区域。可编辑区域可以放在页面任何位置。

基于模板的网页文件，只能在可编辑区域内编辑内容。

建立可编辑区域的步骤如下：

① 选中一个表格或将光标置于一个单元格内。

② “插入”菜单→“模板对象”→“可编辑区域”，或单击“插入”面板的“常用”卡→在“模板”列表项选“可编辑区域”。

用“插入”菜单加入“可编辑区域”如图 7-20 所示。

用“插入”面板加入“可编辑区域”如图 7-21 所示。

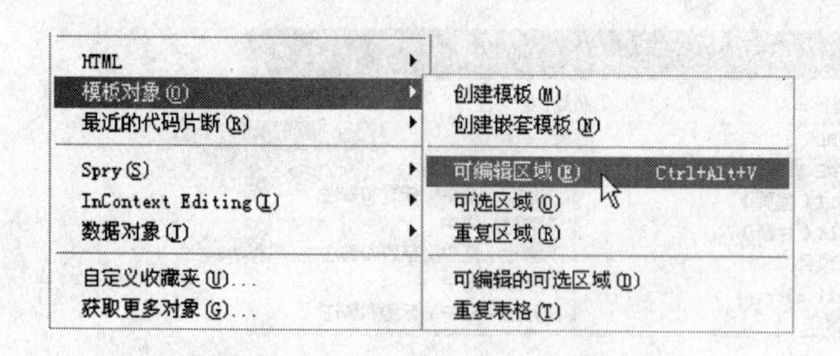

图 7-20　用“插入”菜单加入“可编辑区域”

图 7-21　用“插入”面板加入“可编辑区域”

③ 在“新建可编辑区域”对话框给可编辑区域输入名称。通常输入中文名称,这样更容易辨别。“新建可编辑区域”对话框如图 7-22 所示。

④ 单击“确定”按钮以后,单元格内显示可编辑区域名称和可编辑区域的标签(位于名称上方),如图 7-23 所示。

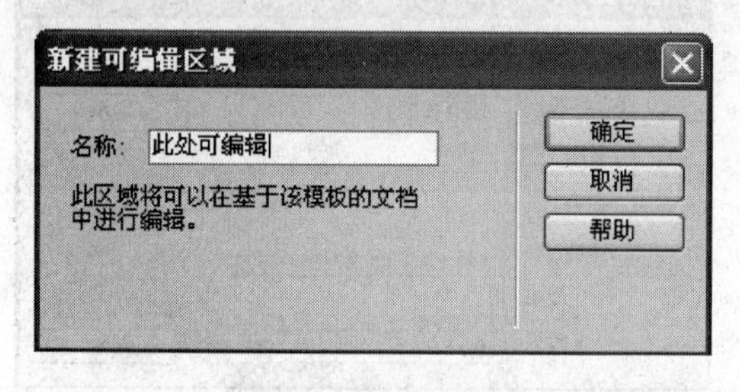

图 7-22　“新建可编辑区域”对话框

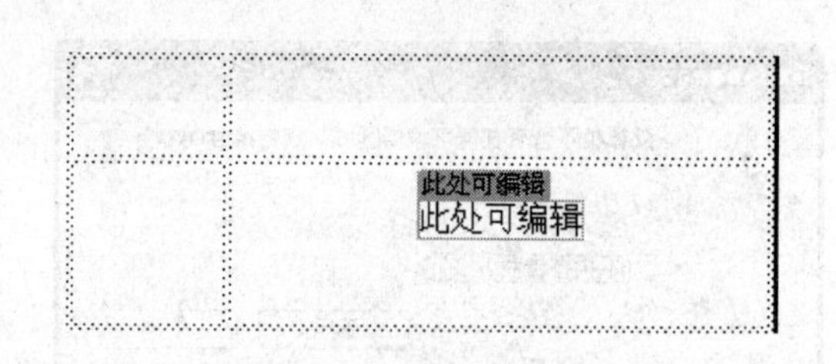

图 7-23　建立可编辑区域

说明:在模板“设计”视图中单击可编辑区域标签,可以在属性面板“名称”框给可编辑区域更改名称,如图 7-24 所示。

图 7-24　给可编辑区域更改名称

下面用一个实例介绍模板的建立过程。

例 7-3　建立模板

操作步骤如下:

① 将素材文件夹的 wf 复制到本地机→在 Dreamweaver CS4 中建立同名站点指向本地站点文件夹“wf”→在“文件”面板选中“wf”为当前站点。

② 建立 3 行 1 列表格→表格宽 704 像素→边框值为 1→使表格居中。

③ 定义第一行单元格高度为 82 像素→依次插入站点中的图像“logo.jpg”和“banner.jpg”。

④ 定义第 2 行单元格背景色为橘黄色(#FFCC67)→在单元格插入 1 行 7 列表格→表格“间距”为 4→定义嵌套表格的单元格背景色为淡黄色(#FFFF9A)→定义前 6 个单元格宽度为 110 像素→中间 5 个单元格分别输入:首页、风筝、剪纸、年画、人物→文字在单元格居中。

⑤ 拆分第 3 行单元格→定义左边单元格宽度为 110 像素→单元格背景色为橘黄色(#

FFCC67)→设置光标在单元格垂直位置为“顶对齐”→单元格内插入4行1列表格→属性面板设置表格“填充”为8(增加单元格纵向间距)→表格的4个单元格分别输入:地理位置、历史沿革、旅游景点、特色小吃→文字在单元格居中。

⑥ 单击第3行右单元格→属性面板“垂直”框选“顶部”(光标在单元格顶部)→“插入”菜单→“模板对象”→“可编辑区域”→给区域起名为“此处可编辑”,本操作将单元格设置成为可编辑区域。

⑦ 在大表格下方再插入1行1列表格→表格宽704像素→边框值为1→使表格居中→输入“Copyright © 2012 PMH wfu_jzy@163.com”→文字在单元格居中。

⑧ 以“wfmoban.dwt”为名保存模板,模板样式如图7-25所示。

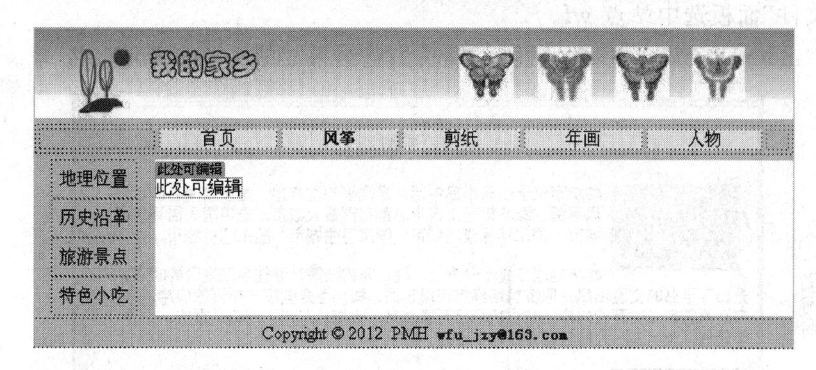

图7-25　新建模板

7.3.4　建立基于模板的网页

制作基于模板的网页有两个途径:一是新建基于模板的网页,二是应用模板到已经建立的网页。基于模板的网页文件中,只能对可编辑区域进行修改,文件的锁定区域是不能修改的。

1. 新建基于模板的网页

新建基于模板的网页步骤如下:

① “文件”菜单→“新建”→左边列表中选“模板中的页”→“站点”列表中选模板所在站点(如:wf)→第3列中选模板(如:wfmoban.dwt)→单击“创建”按钮。

“新建文档”窗口如图7-26所示。

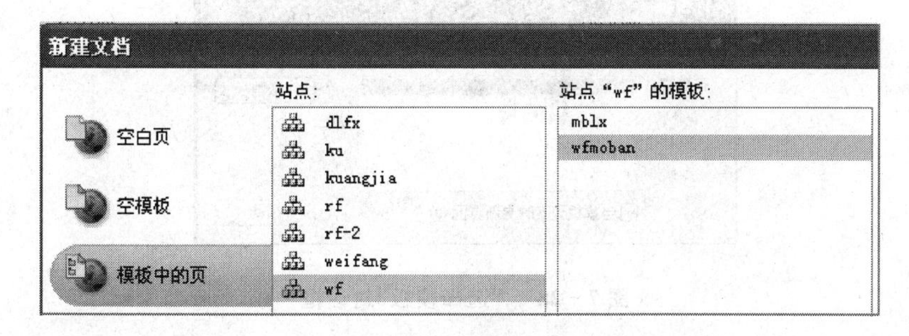

图7-26　新建基于模板的网页

② 在可编辑区域输入网页内容→保存网页。

2. 将模板应用于网页

应用模板到网页的步骤如下：

① 打开已建立的网页。

② “修改”菜单→“模板”→“应用模板到页”。当前网页的全部内容显示在可编辑区域中。

③ 保存网页。

下面用一个实例介绍将模板应用到网页的操作过程。

例 7-4　应用模板到网页

操作步骤如下：

① 在“文件”面板选中站点 wf。

② 打开“index.html”文件，预览网页，网页浏览结果如图 7-27 所示。

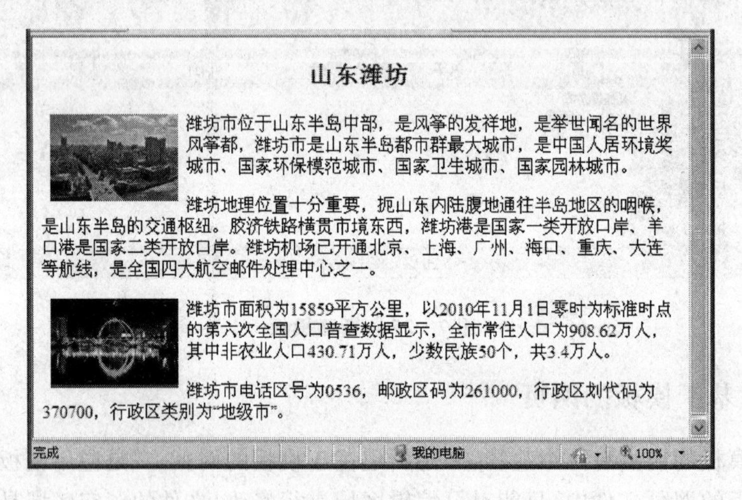

图 7-27　网页“index.html”的原始浏览效果

③ “修改”菜单→“模板”→“应用模板到页”→在“选择模板”对话框单击模板名“wfmoban.dwt”。

④ 单击“选定”按钮，显示“不一致的区域名称”对话框。

“选择模板”对话框如图 7-28 所示。

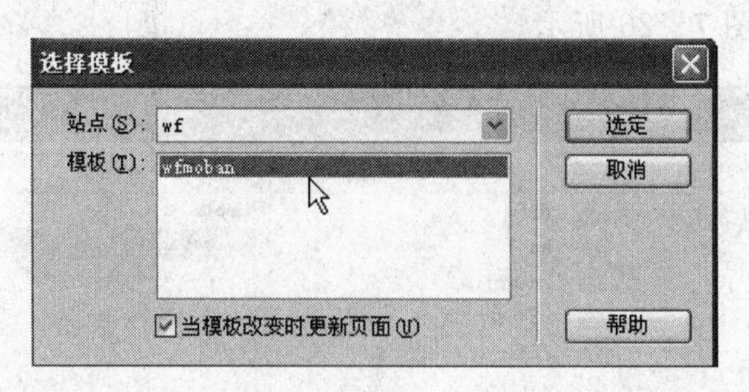

图 7-28　“选择模板”对话框

⑤ 在“不一致的区域名称”对话框单击“Document.body”→在“将内容转移到新区域”框选择可编辑区域名称“此处可编辑”→单击“Document.head”→在“将内容转移到新区域”框选“head”→单击“确定”按钮。

“不一致的区域名称”对话框设置如图 7－29 所示。

不一致的区域名称

此文档中的某些区域在新模板中没有相应区域。

名称	已解析
⊟ 可编辑区域	
Document body	此处可编辑
Document head	head

将内容移到新区域：此处可编辑　　用于所有内容

帮助　　取消　　确定

图 7－29　“不一致的区域名称”对话框

⑥ 预览网页“index.html”，应用模板后的网页浏览效果如图 7－30 所示。

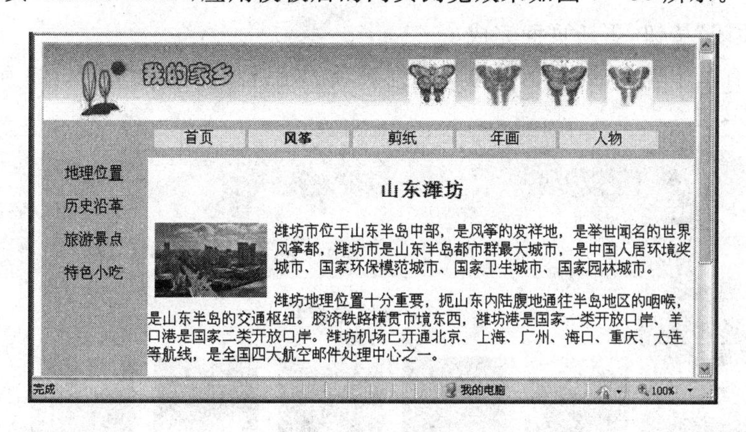

图 7－30　应用模板后的网页效果

⑦ 同样方法将模板“wfmoban.dwt”应用于站点内的其他网页，站点的网页具有了相同的页面布局(所有原始文件参见光盘第 7 章 wf1 文件夹)。

7.3.5　编辑模板与更新网页

当模板内容发生改变时，所有基于该模板的网页都会随之更新。所以，使用模板减少了逐个修改网页相同内容的麻烦。

编辑模板与更新网页的操作步骤如下：

① 打开模板文件进行编辑。

② 保存模板文件时在“更新模板文件”对话框单击“更新”按钮。

③ 更新结果会显示在“更新页面”对话框中，单击“关闭”按钮完成网页更新。

下面用一个实例介绍编辑模板与更新网页的操作过程。

例 7－5　编辑模板与更新网页

操作步骤如下：

① 在"文件"面板选中站点"wf"。

② 打开模板文件"wfmoban. dwt"→将左边 4 个列表栏目"地理位置、历史沿革、旅游景点、特色小吃"分别链接到 weizhi. html、yange. html、jingdian. html、xiaochi. html。

③ "文件"菜单→"保存",显示"更新模板文件"对话框,如图 7-31 所示。

④ 单击"更新"按钮,显示"更新页面"对话框,如图 7-32 所示。

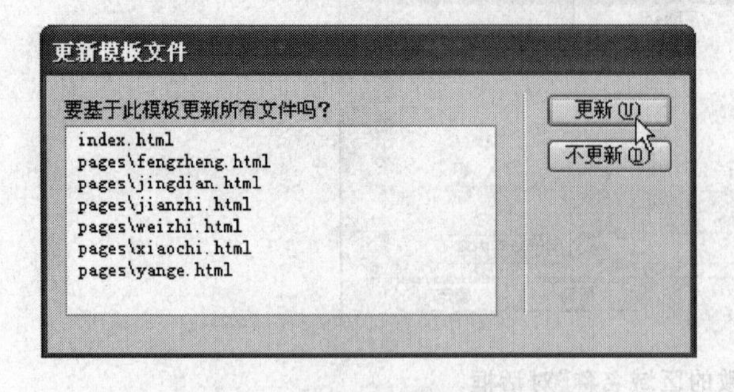

图 7-31 "更新模板文件"对话框

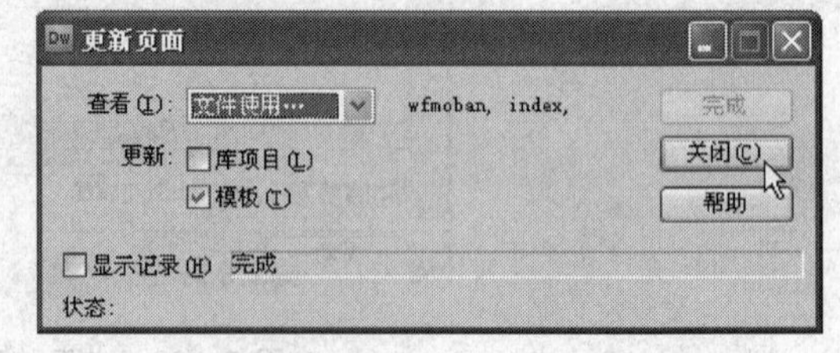

图 7-32 "更新页面"对话框

⑤ 单击"关闭"按钮,更新页面完成。

⑥ 预览所有基于模板的网页,左边 4 个列表项的超链接相同,如图 7-33 所示。

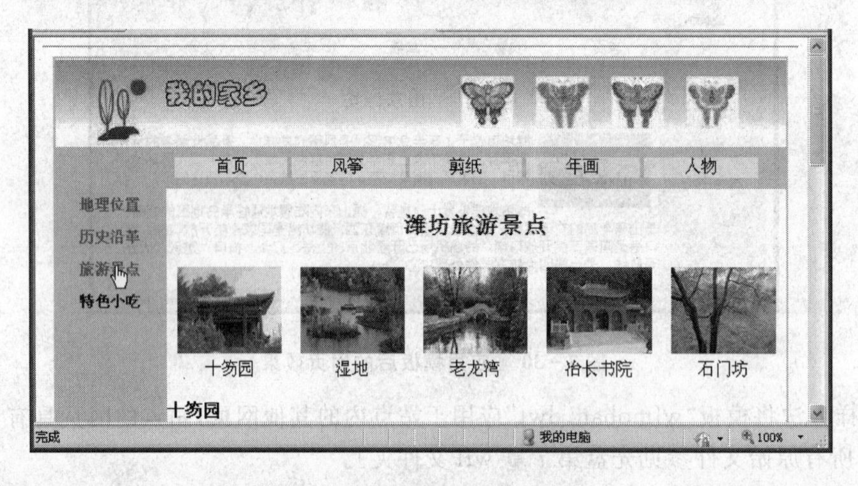

图 7-33 预览基于模板的网页

说明:更新网页时所有处于关闭状态的网页都被自动更新。如果网页是打开状态,它的内容会被更新,但关闭网页时要进行保存。

7.3.6 将文件从模板中分离

如果要对某个网页文件的锁定部分进行修改,需要将文件从模板中分离,分离后所有内容都可以编辑,不存在锁定区域。分离后的网页与模板不再有联系,修改模板网页不会受影响。

从模板中分离出来的网页,保留已经应用的网页布局。

将文件从模板中分离的步骤如下:

① 打开基于模板的网页文件。

② "修改"菜单→"模板"→"从模板中分离"。

说明：当网页内容基本确定之后，可以将网页与模板分离，并逐个网页建立链接。

7.3.7　恢复模板对网页的应用

如果对从模板中分离出来的网页重新应用模板，则页面会产生布局套叠的效果。所以，再次应用模板之后，先将网页内容复制出来，删除可编辑区域的所有内容，然后再把复制的内容粘贴到可编辑区域中。

7.3.8　使用“资源”面板应用模板

使用“资源”面板也能完成应用模板到页的操作。

步骤如下：

① 打开没有应用过模板的网页。

② 单击“文件”面板的“资源”标签→在“资源”面板左边单击“模板”按钮→在模板列表中选择模板文件→单击面板下方的“应用”按钮。

“资源”面板如图 7－34 所示。

图 7－34　“资源”面板

③ 在随后显示的“不一致的区域名称”对话框进行设置，设置方法与前面相同。

④ 单击“确定”按钮，模板被应用到当前网页。

7.4　框架的 HTML 标记

用 HTML 处理框架主要依靠两个标记：框架集标记＜frameset＞和框架标记＜frame＞。

7.4.1　框架集标记＜frameset＞

框架集标记＜frameset＞是双标记，用来定义分割浏览器窗口的框架集结构。

＜frameset＞标记的常用属性如下：

(1) cols 属性

定义框架集中各框架区域的宽度，属性值是一个宽度的值列表，用逗号分隔，宽度值的单位可以是像素，也可以是百分比。

例如：＜frameset cols＝"30％，70％"＞

将窗口左右分割，左框架区域占窗口的 30％，右框架区域占窗口的 70％。

例如：＜frameset cols＝"100，＊，200"＞

将窗口左、中、右分割，左框架区域的宽度为 100 像素，右框架区域的宽度为 200 像素，剩余的部分是中间框架区域的宽度。

(2) rows 属性

定义框架集中各框架区域的高度，属性值取值与 cols 属性类似。

例如：＜frameset cows＝"300，＊"＞

将窗口上下分割，上框架区域的高度为 300 像素，其余部分是下框架区域的高度。

(3) frameborder 属性

定义框架集中的框架是否显示框架之间的分隔线。若显示分隔线,属性值取 1 或 yes,若不显示分隔线,属性值取 0 或 no。

(4) bordercolor 属性

定义框架之间分隔线的颜色。

(5) framespacing 属性

定义框架之间分隔线的粗细。

例如:<frameset rows="150, *" cols="*" frameborder="yes" framespacing="1" bordercolor="#0000FF">

定义上下分割窗口的框架集,上框架区域的高度为 150 像素,其余高度归下框架区域,框架之间显示分隔线,分隔线粗细为 1 像素,分隔线颜色为蓝色(#0000FF)。

7.4.2 框架标记<frame>

框架标记<frame>是双标记,用来定义框架集的每个框架区域中显示的网页文件,以及在框架中是否显示滚动条。每对<frame>和</frame>标记标注一个框架,框架标记必须包括在框架集标记<frameset>和</frameset>标记之间。

框架区域可以再进一步分割,用框架中嵌套框架集的方法实现。

<frame>标记的常用属性如下:

(1) name 属性

用来为框架定义名称,超链接的目标端点可以按名称显示在指定框架区域中。

(2) src 属性

用来指定框架区域的初始文件,属性值是一个网页文件的 URL 地址。

(3) scrolling 属性

用来确定框架窗口是否出现滚动条。有 3 种取值:auto、yes、no。"auto"是指如果文档内容超出框架区域,自动出现滚动条。"yes"是显示滚动条,"no"是不显示滚动条。

7.4.3 使用框架标记

下面用一个实例介绍框架标记的使用方法。

例 7-6 使用框架标记

操作步骤如下:

① 在本地站点 rf 的根目录新建"kjlx.html"→用记事本方式打开文件。

② 输入如下代码:

```
<html>
<head>
<title>框架标记练习</title>
</head>
<frameset rows = "150, * " cols = " * ">
    <frame src = "top.html" name = "topFrame">
    <frameset rows = " * " cols = "150, * ">
```

```
        <frame src = "left.html" name = "leftFrame">
        <frame src = "right.html" name = "mainFrame">
    </frameset>
</frameset>
</html>
```

③ 保存网页，浏览网页，显示结果与主页 index.html 相同。

代码如下：

① <frameset rows="150, * " cols=" * ">，框架集上下分割窗口，上框架区域的高度为 150 像素，其余部分归下框架。

② <frame src="top.html" name="topFrame">，上框架的名称是“topFrame”，在上框架区域显示网页文件“top.html”，该文件与框架集文件在同一个文件夹。

③ <frameset rows=" * " cols="150, * ">，在下框架中嵌套了一个框架集，左右分割窗口，左框架区域的宽度为 150 像素，其余部分归右框架。

④ <frame src="left.html" name="leftFrame">，左框架的名称是“leftFrame”，在左框架区域显示网页文件“left.html”，该文件与框架集文件在同一个文件夹。

⑤ <frame src="right.html" name="mainFrame">，右框架的名称是“mainFrame”，在右框架区域显示网页文件“right.html”，该文件与框架集文件在同一个文件夹。

⑥ 从代码看，框架集结构是“项部和嵌套的左侧框架”。

7.5　上机实验　建立相同的网页布局

7.5.1　实验 1——框架练习

1. 实验目的

练习用框架方法布局网页，并建立各框架网页之间的联系。

2. 实验要求

实验的具体要求如下：

① 制作框架集，样式为“上方和下方”，将窗口分割为上、中、下 3 部分。

② 制作导航条。

③ 在不同框架区域的网页之间建立联系。

3. 实验步骤

操作步骤如下：

① 将素材文件夹“kjwf”复制到本地机→在 Dreamweaver CS4 建立同名站点指向站点文件夹“kjwf”→在“文件”面板选“kjwf”为当前站点。

② 新建文档→“插入”菜单→“HTML”→“框架”→“上方及下方”，建立上、中、下 3 个框架的布局。

③ “文件”菜单→“保存全部”→所有框架用默认名字→框架集保存为“index.html”→中部框架的文件保存为“center.html”。

④ 光标置于顶部框架中→"文件"菜单→"保存框架"→将文件保存为"top. html"→光标置于底部框架中→将文件保存为"bottom. html"。框架集和每一个框架保存完毕。

⑤ 打开"框架"面板→选中框架集→属性面板"行"框输入140→"单位"框选"像素",本操作将顶部框架区域的高度设置为140像素。

⑥ 光标置于顶部框架→插入1行1列表格→表格宽度为850像素→表格边框为0→表格"填充"和"间距"框都输入0→表格在窗口左对齐→在"标签检查器"面板设置表格背景图像为"bj. jpg"→定义光标左对齐→依次插入站点中图像"logo. jpg"和"banner. jpg"(注:图像"bj. jpg"使表格背景有渐变色效果)。

⑦ 在顶部框架再插入1行9列表格→表格宽度为850像素→表格边框为0→表格在窗口左对齐→设置所有单元格背景色为淡粉色(#FFF3DD)→中间7个单元格分别输入:首页、地理、历史、景点、小吃、风筝、剪纸。

说明:以上编辑的两个表格都是网页文件"top. html"的内容。

⑧ 光标置于中间框架→插入1行1列表格→表格宽度为850像素→表格边框为0→表格在窗口左对齐→打开站点"wf"的文件"index. html"→将内容拷贝粘贴到当前表格内。

说明:本操作编辑的是网页文件"center. html"。

⑨ 光标置于底部框架→插入1行1列表格→设置单元格背景色为淡粉色(#FFF3DD)→光标在单元格居中→输入版权信息和联系方式:Copyright © 2012 PMH wfu_jzy@163. com。

说明:本操作编辑的是网页文件"bottom. html"。

框架集与框架初始内容如图7-35所示。

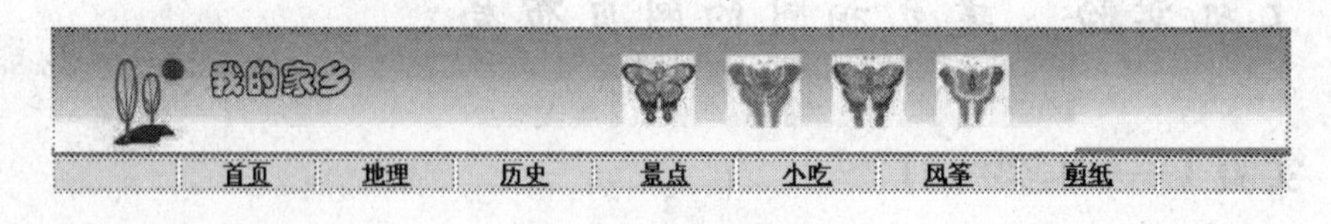

图7-35 框架集与框架初始内容

⑩ 按照导航栏内容制作站点其他网页→文件名是汉字的全拼→内容放在1行1列表格中→表格宽度为850像素→表格边框为0→表格在窗口左对齐(注:参照"center. html"的制作方法)。

⑪ 选中上框架的文字"首页"→拖动属性面板的"指向文件"按钮到"center. html"→属性面板"目标"框选"mainFrame"。

⑫ 选中上框架的文字“地理”→拖动属性面板的“指向文件”按钮到“dili. html”→属性面板“目标”框选“mainFrame”。

⑬ 同样方法完成其他链接。

⑭ 预览主页“index. html”，单击导航栏目中的项目，对应网页显示在中间框架区域。

例如，单击“景点”，“jingdian. html”显示在中间框架区域，如图 7－36 所示。

图 7－36　建立框架区域文件之间联系

7.5.2　实验 2——模板练习

1. 实验目的

建立模板，将实验 1 的网页布局用模板方法实现。

2. 实验要求

实验的具体要求如下：

① 制作模板。

② 将模板应用到网页。

③ 建立网页之间的超链接。

3. 实验步骤

① 复制实验 1 的本地站点文件夹 kjwf→将文件夹改名为 mbwf。

② 在 Dreamweaver CS4 中建立同名站点指向站点文件夹“mbwf”→在“文件”面板选“mbwf”为当前站点。

③ 新建空白模板文档→将“top. html”的表格与内容复制粘贴到模板中→将表格宽度改为 800 像素→使表格在页面居中。

④ 在已有表格的下方新建宽度为 800 像素的一行一列表格→使表格在页面居中→光标置于表格中→属性面板“水平”框选“左对齐”→“垂直”框选“顶端”→“插入”菜单→“模板对象”→“可编辑区域”→区域起名“此处可编辑”。

⑤ 将“bottom. html”的表格与内容复制粘贴到新建表格的下方→将表格宽度改为 800 像素→使表格在页面居中。

⑥ 以“mobanwf. dwt”为名保存模板,模板如图 7 - 37 所示。

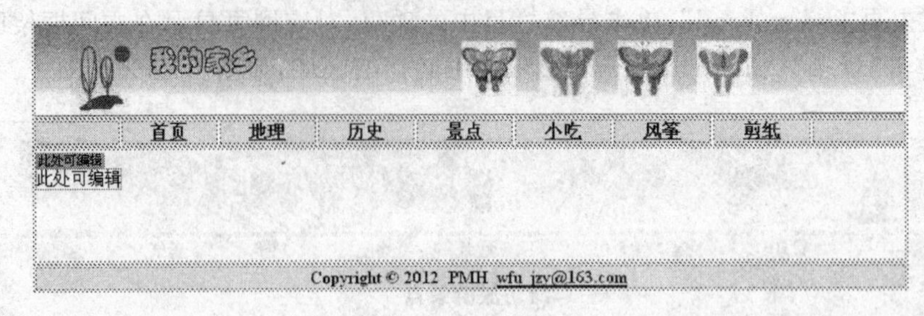

图 7 - 37　建立模板

⑦ 删除根目录下的 3 个文件 index. html、top. html、bottom. html→将根目录下的文件“center. html”改名为“index. html”→打开文件“index. html”→将页面里表格宽度改为 790 像素。“index. html”的原始页面如图 7 - 38 所示。

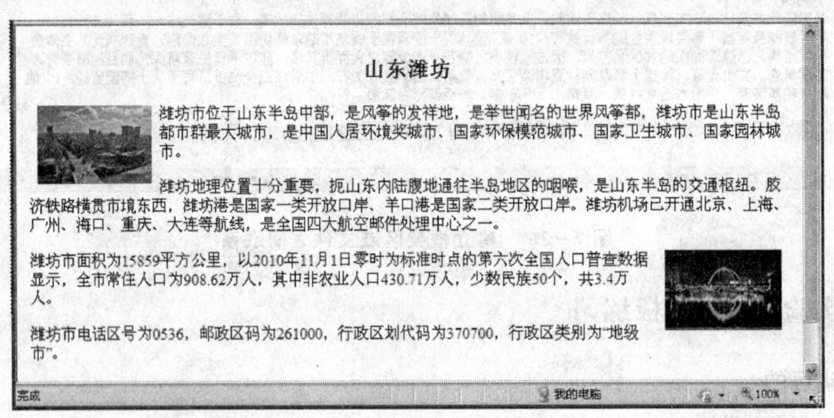

图 7 - 38　index. html 的原始页面

⑧“修改”菜单→“模板”→“应用模板到页”。对“index. html”应用模板后的页面如图 7 - 39所示。

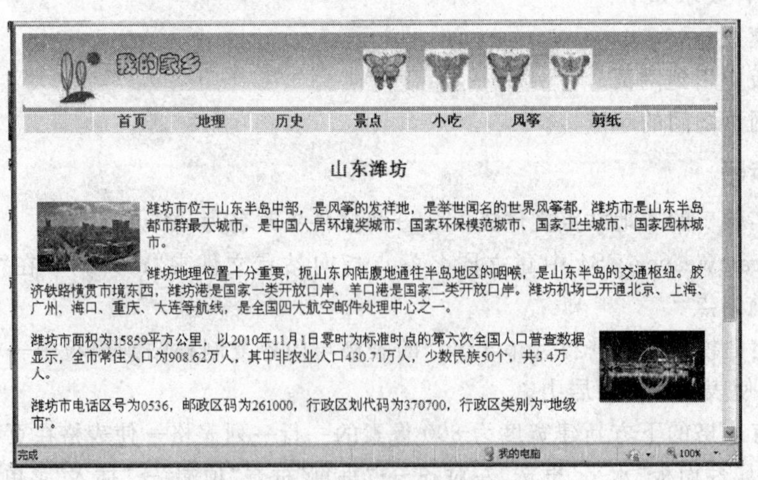

图 7 - 39　应用模板后的页面

⑨ 同样方法处理其他网页→先将页面里表格宽度改为 790 像素→再把光标置于表格内部→然后对页面应用模板。

⑩ 逐个测试各网页的超链接。如果出现联接错误，将当前网页从模板中分离，重新设置超链接。

说明：在模板中统一设置的超链接通常只针对外部链接，对于内部的超链接，当所有网页内容基本确定之后，最好将网页与模板分离，逐个网页进行设置。

思考题与上机练习题七

1. 思考题

(1) 什么是框架？为什么要使用框架技术？

(2) 框架集文件的内容是什么？

(3) 如何在“框架”面板中选择框架集和框架？

(4) 模板文件的扩展名是什么？模板文件保存在什么位置？

(5) 基于模板建立的网页只能编辑哪个区域？

(6) 应用模板到网页的步骤是什么？

(7) 将文件从模板中分离的步骤是什么？

(8) 实现框架的两个 HTML 标记是什么？

(9) 框架集标记的 rows 属性有什么作用？

(10) 框架标记的 src 属性有什么作用？

2. 上机练习题

(1) 参照实验 1，用框架技术建立个人站点。

(2) 参照实验 2，用模板方式修改编辑个人站点。

(3) 将本章素材文件夹 wfl 复制到本地机，在 Dreamveawer 中建立同名站点指向文件夹 wfl，在模板中定义可编辑区域，将模板应用到站点中所有网页文件，建立网页之间的超链接。(注：网页文件与第 6 章上机练习题相同)。

第8章　使用多媒体对象和资源

随着计算机技术和网络技术的发展，多媒体对象（如：视频、音频、游戏等）在浏览器中的播放更加流畅，使多媒体网页更加普及。本章介绍网页中使用多媒体对象的方法，以及利用“资源”面板重复使用站点资源的方法。

8.1　认识多媒体对象

8.1.1　什么是多媒体

多媒体是把文字、声音、图像、视频、通信等多样化媒体组合在一起的传播媒体，采用计算机技术对各种媒体进行处理，实现人机交互式信息交流。

多媒体技术是一个涉及面极广的综合技术，其研究涉及计算机硬件、计算机软件、计算机网络、人工智能、电子出版等，其产业涉及电子工业、计算机工业、广播电视业、出版业和通信业等。所以说，多媒体技术是开放性的没有最后界限的技术。

多媒体网页使页面变成有声、有画、有互动的形式，可以广泛应用于多种领域，如：艺术、教育、娱乐、工程、医药、商业及科学研究等。

8.1.2　多媒体文件的格式

多媒体文件的格式主要有：

① 声音文件格式：mp3、wav、mid、au、wma。

② 视频文件格式：avi、flv、mpg、mpge、wmv。

8.1.3　在 Dreamweaver CS4 中插入多媒体对象

在 Dreamweaver CS4 中可以很方便地插入多媒体对象。在网页中插入的媒体文件主要有：Flash 动画文件、FLV 视频文件、mid 或 mp3 音频文件。

(1) 用“插入”面板

单击“插入”面板“常用”卡中的“媒体”按钮，在列表中选择要插入的媒体类型。

用“插入”面板插入媒体如图 8－1 所示。

(2) 用“插入”菜单

“插入”菜单→“媒体”→在级联菜单选择要插入的媒体类型，

用“插入”菜单插入媒体如图 8－2 所示。

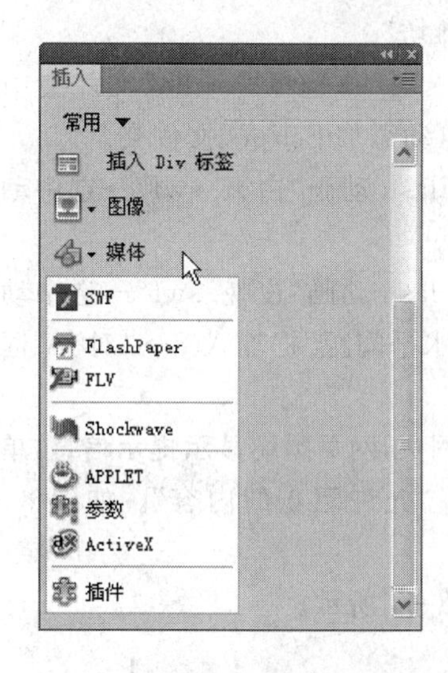

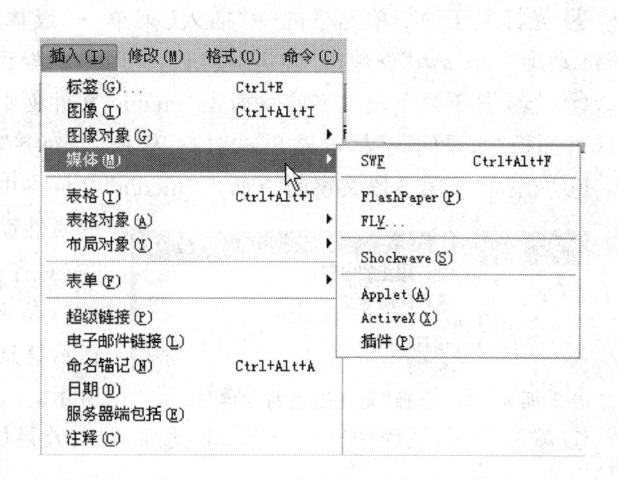

图 8-1　用“插入”面板插入媒体　　　　**图 8-2　用“插入”菜单插入媒体**

8.2　插入 Flash 动画

在网页中插入 Flash 动画是最普遍的网页制作技术。Flash 动画可以使网页生动活泼，对提升网站效果有很大的帮助。

8.2.1　Flash 文件的格式

Flash 文件有两种格式：fla 格式和 swf 格式。

① fla 格式，是 Flash 文件的源程序格式，用来制作和编辑动画。

② swf 格式，是 Flash 文件的输出格式，只用于播放，网页中插入的是 swf 格式。

8.2.2　插入 Flash 对象

在网页中插入 Flash 对象可以用“插入”菜单和“插入”面板两种方法实现。

1. 用“插入”菜单

确定光标位置→“插入”菜单→“媒体”→“swf”→在“选择文件”对话框选择 Flash 动画文件→单击“确定”按钮。

2. 用“插入”面板

确定光标位置→单击“插入”面板中“常用”卡的“媒体”按钮→在“选择文件”对话框选择 Flash 动画文件→单击“确定”按钮。

下面用一个实例介绍如何插入 Flash 动画。

例 8-1　网页中插入 Flash 动画

操作步骤如下：

① 将素材文件夹“myhome”复制到本地机→在 Dreamweaver 中建立同名站点指向本地站点文件夹“myhome”。

② 打开“index. html”文件→“标题”框输入“我的家乡-潍坊”。

③ 光标置于顶部单元格内→“插入”菜单→“媒体”→“swf”→选择“media”文件夹中的Flash动画“top. swf”→单击“确定”按钮。此时站点根目录自动添加Scripts文件夹。

④ 光标置于第1段文字前→插入“media”文件夹中的Flash动画“白天. swf”→选中动画→属性面板“水平间距”框输入8→“对齐”框选“左对齐”。

⑤ 光标置于第3段文字前→插入“media”文件夹中的Flash动画“夜晚. swf”→选中动画→属性面板“水平间距”框输入8→“对齐”框选“右对齐”。

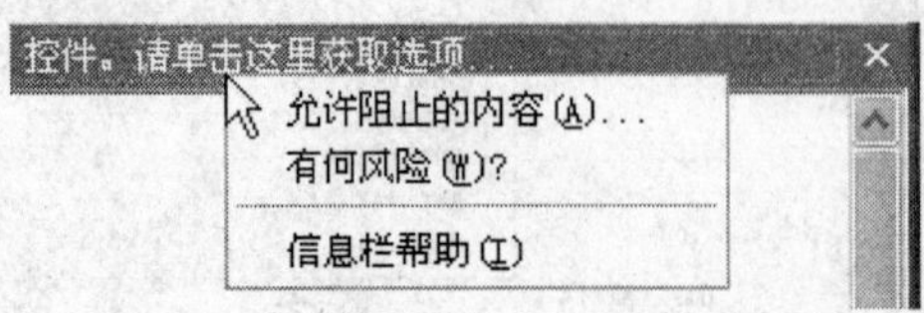

图 8-3　选择“允许阻止的内容”

⑥ 预览网页，网页顶端显示提示信息，单击提示信息选择“允许阻止的内容”。如图8-3所示。

⑦ 观看网页，页面中有3个Flash动画，网页效果如图8-4所示。

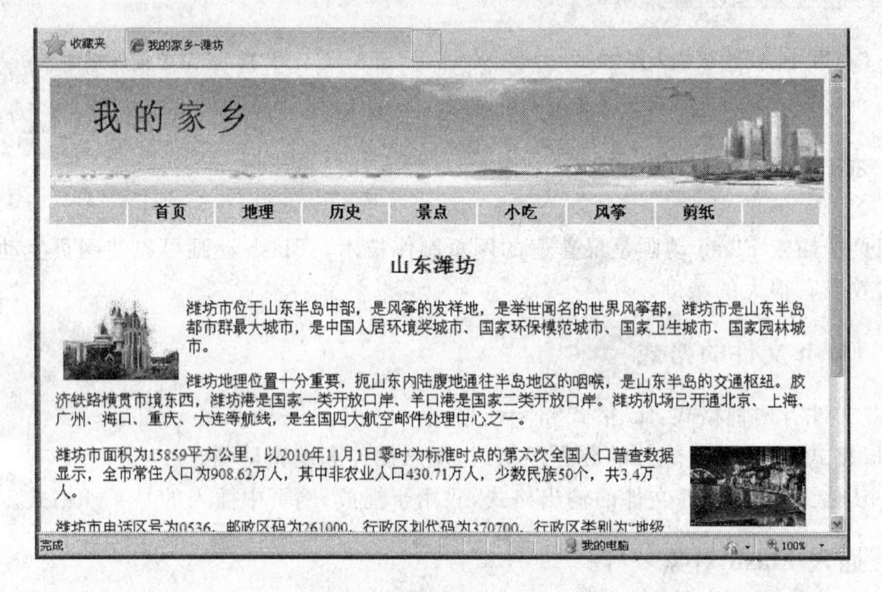

图 8-4　插入 Flash 动画

8.2.3　Flash 对象的属性面板

在“设计”视图中单击插入的Flash对象，属性面板如图8-5所示。

图 8-5　Flash 对象的属性面板

各选项含义如下：

① 名称，属性面板左上角显示swf和文件的大小，在其下方文本框里显示系统提供的对象名称“FlashID”，可以改为其他名称。此名称在行为或脚本中引用。

② “宽”和“高”，在“宽”和“高”框定义 swf 文件的显示尺寸，单位是像素。

③ 文件，“文件”框中显示 swf 文件的 URL。

④ 背景色，设置对象的背景颜色。

⑤ 编辑，单击“编辑”按钮将启动 Flash 程序。

⑥ 循环，勾选此项，动画会连续不断地播放，否则只播放 1 次。

⑦ 自动播放，勾选此项，浏览器下载完 swf 文件后立即开始播放。

⑧ “垂直边距”和“水平边距”，设置 swf 文件与周围内容的垂直或水平的距离，单位是像素。

⑨ 品质：系统提供 4 个选项：高品质(默认)、自动高品质、低品质、自动低品质。

· 高品质在控制回放过程中进行防重叠处理，对于较慢的主机会降低播放帧的速率。

· 自动高品质以高品质启动动画，若主机速度慢会自动切换到低品质。

· 低品质不使用防重叠处理。

· 自动低品质以低品质启动动画，若主机速度足够快会自动切换到高品质。

⑩ 比例，系统提供 3 个选项：默认(全部显示)、无边框、严格匹配。

· 默认是指在保持原始比例情况下按给定尺寸显示整个动画。

· 无边框是指保持原有纵横比，不显示边框，此选项会使图像被裁剪。

· 严格匹配是指动画完全与所给尺寸相匹配，此选项会使图像拉伸或扭曲。

⑪ 对齐，Flash 对象的对齐与图像的对齐类似，是指 Flash 对象与文本的对齐关系，可参见图像的对齐操作。

⑫ Wmode，定义 Flash 对象的透明与不透明。

⑬ 播放，单击“播放”按钮，在编辑状态下观看动画效果，此时“播放”按钮变为“停止”按钮。单击“停止”按钮，终止动画的播放。

⑭ 参数，取默认值即可。

8.2.4　修改 Flash 对象的背景色

修改 Flash 对象的背景色可以使 Flash 对象与网页融合在一起，看起来更协调。

下面用一个实例介绍用属性面板修改 Flash 对象背景色。

例 8－2　修改 Flash 对象的背景色

操作步骤如下：

① 在 Dreamweaver 中设置“myhome”为当前站点→在站点的“pages”文件夹新建网页文件“donghua. html”。

② 打开网页“donghua. html”→插入 1 行 1 列的表格→光标置于单元格内部→定义单元格背景色为“绿色”(＃00FF00)。

③ 在单元格内插入素材文件夹的 Flash 动画“clock. swf”→在属性面板定义动画的显示尺寸为：180×180→预览网页，动画背景色处理之前的显示结果如图 8－6 所示。

④ 在“设计”窗口单击动画对象→单击属性面板的“颜色”按钮→将吸管移到单元格颜色上单击，或直接将颜色值“＃00FF00”输入“颜色”框中。

⑤ 预览网页，动画背景色经过处理的显示结果如图 8－7 所示。

图 8-6 动画背景色处理之前

图 8-7 动画背景色经过处理

8.3 插入 FLV 视频

FLV(Flash Video)视频是一种流媒体格式,文件体积小,下载速度快,是网页中插入视频文件的主要格式。

在 Dreamweaver CS4 中可以很容易地插入 FLV 视频对象,并进行简单设置。

下面用一个实例介绍网页中插入 FLV 视频的方法。

例 8-3 网页中插入 FLV 视频

操作步骤如下:

① 在 Dreamweaver 中设置"myhome"为当前站点→在站点的"pages"文件夹新建网页文件"shipin. html"。

② 打开"shipin. html"→插入 2 行 2 列的表格→表格宽度为 800 像素→边框为 0→使表格在页面居中。

③ 光标置于第 1 行右边单元格→"插入"菜单→"媒体"→"FLV",显示"插入 FLV"对话框。如图 8-8 所示。

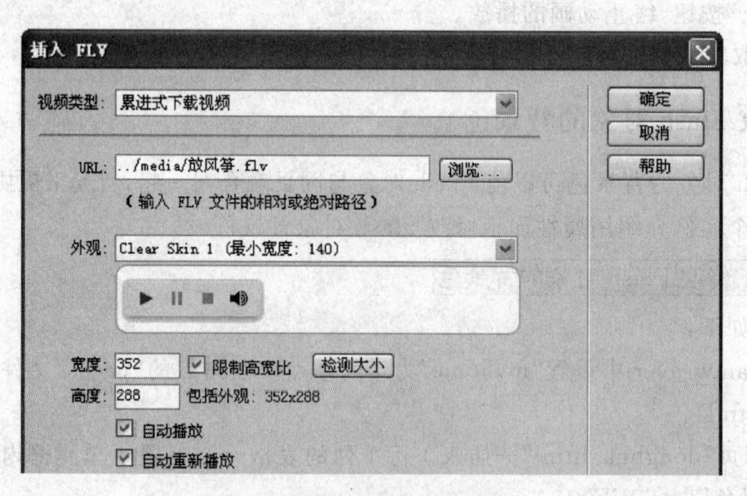

图 8-8 "插入 FLV"对话框

各选项含义如下:

- 单击 URL 框的"浏览"按钮选择视频文件,本例选择站点"media"文件夹的视频文件"放风筝. flv"。
- 在"外观"下拉菜单选择视频组件外观,选默认值即可。

· 勾选“自动播放”，打开网页会制动播放视频。

· 勾选“自动重新播放”，当视频文件播放完毕后自动重新播放。

· 勾选“限制高宽比”，当修改宽度时，高度会等比例改变。

· 单击“检验大小”按钮，在“宽度”和“高度”框查看视频文件尺寸，单位是像素。如果 Dreamweaver 无法确定尺寸，要手工输入宽度值和高度值。

④ 单击“确定”按钮，视频文件插入到单元格中。

⑤ 在“设计”窗口单击视频对象→属性面板“W”框输入显示宽度为 300→相匹配的高度值自动填入“H”框→拖动单元格边框与视频文件尽量靠近。

⑥ 光标置于第 1 行左边单元格→属性面板定义光标水平位置“左对齐”→垂直位置“顶端”→将素材文件夹“风筝. doc”的 1、2 段落的文字复制粘贴到单元格中。

⑦ 合并第 2 行的两个单元格→属性面板定义光标水平位置“左对齐”→垂直位置“顶端”→将素材文件夹“风筝. doc”的其余段落的文字复制粘贴到单元格中。

⑧ 预览网页，鼠标经过视频文件下方会自动弹出视频组件，如图 8-9 所示。

图 8-9 自动弹出视频组件

8.4 插入音频文件

音频文件通常用来做网页背景音乐，适当地配置网页背景音乐，能够增加网页效果。

8.4.1 数字音频的文件格式

插入到网页的音频文件格式主要有：mid、wav、mp3 等，其中 mid 格式文件的容量最小。

① mid 格式，主要表现器乐，可以提供较长时间的音频，文件小，声音品质好。文件扩展名也可以是“. midi”。

② wav 格式，有较好的声音品质，可以从 CD、磁带、麦克风录制自己的 wav 文件。缺点是文件较大。

③ mp3 格式,声音品质很好,且文件小。文件“流式播放”,不必等待整个文件下载完即可收听。缺点是播放需要插件,如 QuickTime、Windows Media Player、Realplayer 等。

8.4.2 给网页插入背景音乐

Dreamweaver 用嵌入插件对象的方式将音频播放器文件插入页面中,使声音文件与网页真正集成在一起。

下面用一个实例介绍给网页插入音频文件的方法。

例 8-4 网页中插入音频文件

操作步骤如下:

① 在 Dreamweaver 中设置“myhome”为当前站点→打开网页文件“index. html”。

② 光标置于中部表格最下方→“插入”菜单→“媒体”→“插件”→在“选择文件”对话框选择站点子文件夹“media”中的音频文件“儿时记忆. mp3”→单击“确定”按钮。当前光标处显示方形的插件图标。

③ 选中插件图标→属性面板“宽”框输入 190→“高”框输入 30,修改了插件图标的显示尺寸。

④ 预览网页,打开网页时背景音乐自动播放,网页底部显示播放器插件,可以用播放器插件控制音频文件的播放与停止等。

播放器插件如图 8-10 所示。

图 8-10 显示播放器插件

⑤ 在“设计”窗口选中插件图标→单击属性面板的“参数”按钮→在“参数”对话框单击加号按钮[+]添加参数→在“参数”下方输入“Loop”→在“值”下方输入“true”→单击“确定”按钮。这样设置以后背景音乐会循环播放。

“参数”对话框如图 8-11 所示。

⑥ 预览网页,网页自动循环播放背景音乐。单击插件的“暂停”按钮或“停止”按钮可以停止音乐的播放,单击插件的“播放”按钮可以重新播放背景音乐。

图 8-11　“参数”对话框

说明：

① true 表示该设置生效，false 表示该设置不生效。

② 在“设计“视图选中插件图标，转到“代码”视图查看代码。

插入背景音乐用 HTML 标记<embed>实现，其中，属性 src 指定音频文件的 URL，属性 Loop 指定音乐是否循环播放，属性 width 和 height 定义播放器大小。

本例播放背景音乐的代码如下：

<embed src="media/儿时记忆.mp3" width="190" height="30" loop="true"></embed>

8.4.3　链接到音频文件

创建一个超链接，目标端点是一个音频文件，单击链接源，将打开本地机的音频播放器播放音频文件。这个方法简单而有效。

下面用一个实例介绍链接到音频文件的方法。

例 8-5　链接到音频文件

操作步骤如下：

① 在 Dreamweaver 中设置 myhome 为当前站点→在 pages 文件夹新建网页文件“yinpin.html”。

② 打开网页文件“yinpin.html”→插入 2 行 3 列表格→表格“标题”选“顶部”→表格宽度为 600 像素→设置表格在页面居中。

③ 合并表格第 1 行的 3 个单元格→属性面板设置背景色为淡粉红色(#FFCCFF)→“水平”框选“居中对齐”→在单元格输入“我喜欢的歌曲”。

④ 设置表格第 2 行的单元格背景色为淡黄色(#FFFFCC)→“水平”框选“居中对齐”→3 个单元格分别输入文字：后来、滴答、离歌。

⑤ 选取文字“后来”→拖动“指向文件”图标到站点 media 文件夹的“后来.mp3”→选取文字滴答→拖动“指向文件”图标到站点 media 文件夹的“滴答.mp3”→选取文字“离歌”→拖动“指向文件”图标到站点“media”文件夹的“离歌.mp3”。

⑥ 预览网页，单击链接源文字“后来”→在“文件下载”对话框单击“打开”按钮，打开本地机默认的音频播放器播放“后来.mp3”文件，其余文件播放过程相同。

“文件下载”对话框如图 8-12 所示。

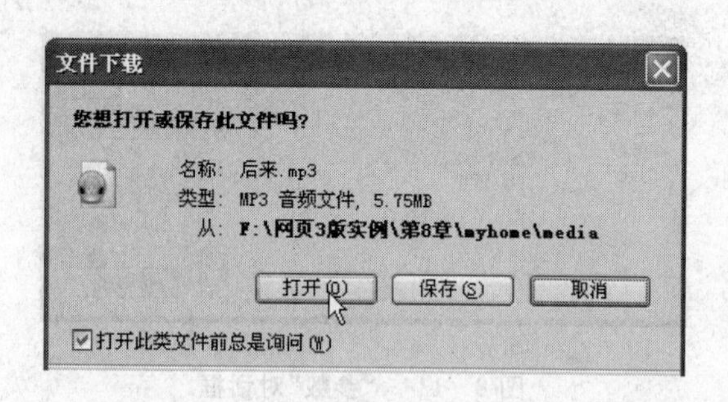

图 8-12　打开本地机默认的音频播放器

8.5　使用资源

在创建网站过程中,很多资源是可以重复使用的,它们的重复使用能提高工作效率,使网页制作达到事半功倍的效果。

8.5.1　"资源"面板

网页中有各种不同类型的资源,Dreamweaver 在"资源"面板中将资源按类型划分,进行统一管理,以便重复使用。

使用"资源"面板之前,首先要先设置好本地站点,勾选"启用缓存"复选框,这样"资源"面板才能正确显示资源内容,并允许随时更新。

"窗口"菜单→"资源",打开"资源"面板,"资源"面板显示当前站点内所有可以使用的资源,"资源"面板如图 8-13 所示。

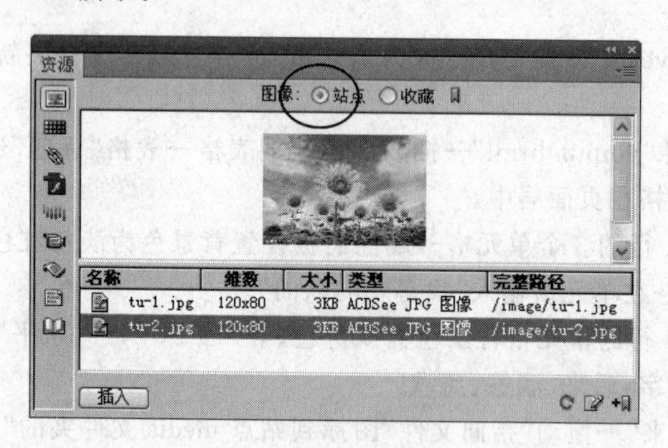

图 8-13　"资源"面板

说明:

① "资源"面板左侧有一列图标,每个图标代表一种资源类别,图标共有 9 个,从上到下代表的类别依次为:图像、颜色、链接、swf、Shockwave、影片、脚本、模板、库。单击一个图标,面板窗口显示该类别的资源列表。

② 在"资源"面板中有"站点"和"收藏"单选按钮,选择"站点"单选按钮,查看站点内所有资源的列表。选择"收藏"单选按钮,查看收藏的所有资源列表。模板和类型库的资源类型没有"站点"和"收藏"选项。

③“资源”面板上部最大的区域是预览区域，显示当前资源的可视化预览。如果资源是 Flash 动画，预览区域的右上角会显示绿色播放按钮，单击播放按钮观看动画效果。

④ 单击“资源”面板底端的“插入”按钮，可以将选中的当前资源插入到网页中。

⑤“资源”面板底端右边有 3 个按钮，从左到右依次为：刷新站点列表、编辑、添加到收藏夹。

8.5.2　将资源添加到网页

将资源添加到网页常用两种方法：

方法 1：将当前资源从“资源”面板拖到网页文件中。

方法 2：使用“资源”面板的“插入”按钮将选中的资源插入到网页文件中。

下面用一个实例介绍将资源添加到网页的方法。

例 8-6　将资源添加到网页

操作步骤如下：

① 在 Dreamweaver 中设置 myhome 为当前站点→在 pages 文件夹新建网页文件“ziyuan.html”。

② 打开网页文件“ziyuan.html”→在“资源”面板单击“站点”单选项→单击“模板”图标→选中模板资源 moban→单击“资源”面板底部的“插入”按钮，将站点中的模板插入到网页中。

③ 在模板的可编辑区域插入 2 行 3 列表格→表格“标题”样式选“顶部”→表格宽度为 600 像素→表格在页面居中对齐→属性面板的“填充”框和“间距”框都输入 8→拖动鼠标选中所有单元格→属性面板“水平”框选“居中对齐”。

④ 在表格第 1 行的 3 个单元格分别输入：图像资源、动画资源、视频资源。

⑤ 从“资源”面板将“tu－3.jpg”拖到第 2 行左边单元格→将“clock.swf”拖到第 2 行中间单元格→将“放风筝.flv”拖到第 2 行右边单元格→分别选中对象→属性面板定义对象的显示尺寸为 120×120。

⑥ 预览网页，效果如图 8-14 所示。

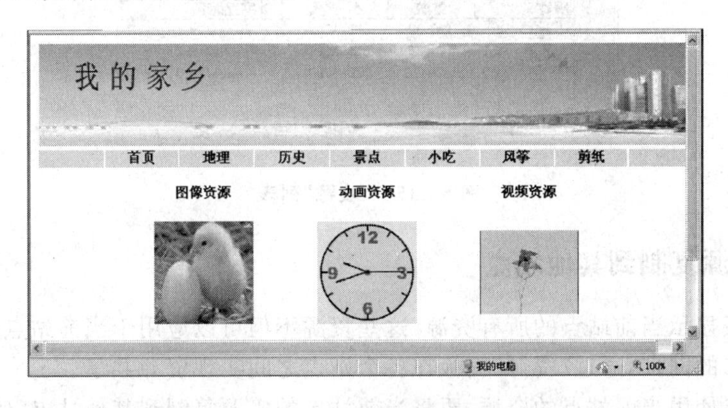

图 8-14　将资源添加到网页

说明：本例给网页添加了 4 种资源：模板资源、图像资源、动画资源、视频资源。

8.5.3　用收藏夹收藏资源

将使用频率很高的资源添加到收藏列表中，使用起来会更方便。将资源添加到收藏列表不会改变资源文件在磁盘上的位置。

收藏列表中的元素必须属于“资源”面板的某个类别。单击“收藏”单选项,在相应类别中可以看到已经收藏的资源。

1. 向“收藏”列表添加资源

向“收藏”列表添加资源可以采用 3 种方法。

方法 1:单击“资源”面板的“站点”单选项→选择一个资源(或按住 Ctrl 键选择多个资源)→单击“资源”面板底部“添加到收藏夹”按钮。

方法 2:选中“站点”列表的一个或几个资源→右击选中的资源→快捷菜单中选“添加到收藏夹”。

方法:3:在“设计”视图右击一个对象→快捷菜单中选择“添加到××收藏夹”。其中,“××”是对象类型,如“添加到 SWF 收藏夹”。

2. 将“收藏”列表里的资源插入到网页

将“收藏”列表里的资源插入到网页,方法与将资源添加到网页相同。

3. 删除“收藏”列表里的资源

选中一个资源,单击“收藏”列表窗口底部的“从收藏中删除”按钮,可以将选中的资源从“收藏”列表删除。

“收藏”列表如图 8 - 15 所示。

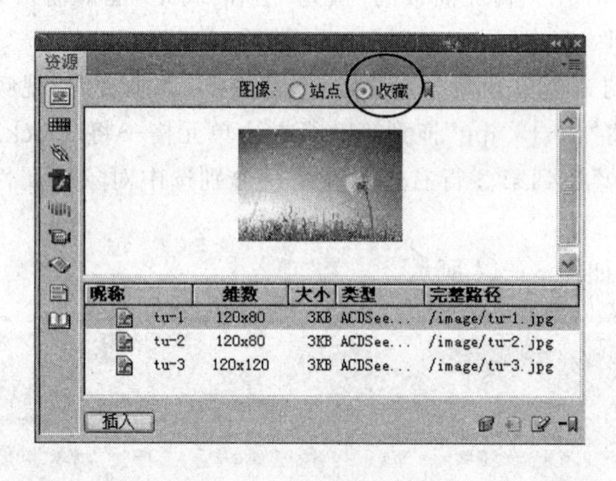

图 8 - 15 “收藏”列表

8.5.4 将资源复制到其他站点

“资源”面板显示当前站点的所有资源,这些资源不但可以应用于当前站点的网页,也可以应用于其他站点的网页,通过“资源”面板在各个站点之间实现资源共享。

在其他站点使用当前站点的资源,要将当前站点的资源复制到其他站点,使之成为该站点的资源。可以一次复制一个单独的资源,也可以一次复制一组资源。

复制资源到其他站点的操作步骤如下:

在“资源”面板的“站点”列表选中一个或几个资源→右击选中的资源→快捷菜单中选“复制到站点”→在级联菜单显示的站点列表中选一个站点,当前资源就被复制到指定站点中。

将指定站点定义为当前站点,在该站点的“资源”面板可以看到复制过来的资源。

将资源复制到其他站点如图 8－16 所示。

8.5.5　新建收藏夹

为了给收藏的资源进一步归类，可以建立新的收藏夹。

新建收藏夹的步骤如下：

单击“资源”面板的“收藏”单选项→单击窗口底部“新建收藏夹”按钮→输入文件夹名称→将资源拖动到文件夹图标上，新建的收藏夹如图 8－17 所示。

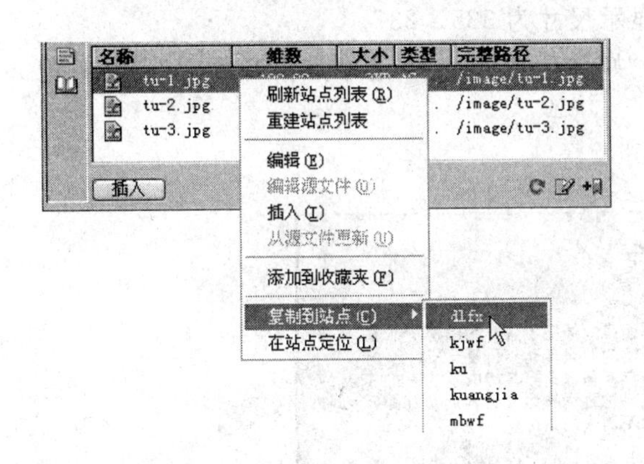

图 8－16　将资源复制到其他站点

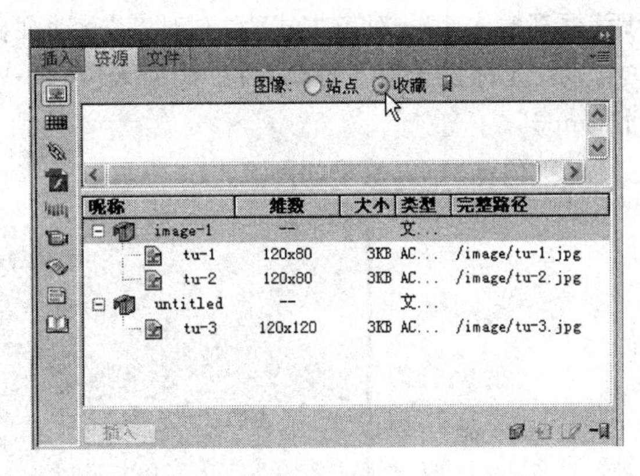

图 8－17　新建收藏夹

8.6　上机实验　使用多媒体对象和资源

8.6.1　实验 1——网页中使用多媒体对象

1. 实验目的

建立插入了多媒体对象的网页，网页中有背景音乐、Flash 动画和 FLV 视频。

2. 实验要求

实验的具体要求如下：

① 以“风车”为主题建立网页。

② 插入 Flash 动画。

③ 插入背景音乐。

3. 实验步骤

操作步骤如下：

① 在 Dreamweaver 中设置“myhome”为当前站点→在站点根目录新建网页文件“fengche. html”。

② 打开网页文件“fengche. html”→“修改”菜单→“页面属性”→在“页面属性”对话框单击“背景图像”框的“浏览”按钮→选图像文件“bj－2. jpg”→单击“确定”，给网页设置了背景图像。

③ 在页面中插入 3 行 1 列表格→表格宽度为 700 像素→使表格在页面居中。

④ 设置光标在第1行单元格水平居中→写文字“风车”→定义字体为“黑体”→定义文字大小为34像素。

⑤ 设置光标在第2行单元格水平位置“左对齐”→将素材文件夹“风车.doc”的内容复制粘贴到单元格→定义文字大小为22像素。

⑥ 光标置于文字开始处→“插入”菜单→“媒体”→“SWF”→选站点文件夹的Flash动画文件“风车.swf”→单击“确定”。

⑦ 选中插入的动画对象→属性面板勾选“循环”和“自动播放”→“垂直边距”框和“水平边距”框都输入12→对齐方式为“左对齐”→动画显示尺寸为325×237。

⑧ 光标置于第3行单元格→“插入”菜单→“媒体”→“插件”→选站点中音频文件“儿时记忆.mp3”。

⑨ 预览网页,效果如图8-18所示。

图8-18 实验1-网页中使用多媒体

8.6.2 实验2——网页中使用资源

1. 实验目的

使用资源建立网页,网页中的图像、Flash动画都来自资源。

2. 实验要求

实验的具体要求如下:

① 建立3行1列表格。

② 第1行插入资源“top.swf”。

③ 第2行插入文字和资源“焰火.swf”。

④ 第3行插入文字“wfu_jzy@163.com”。

3. 实验步骤

操作步骤如下:

① 在Dreamweaver中设置“myhome”为当前站点→在站点根目录新建网页文件“yanhuo.html”。

② 打开网页文件“yanhuo.html”→“修改”菜单→“页面属性”→在“页面属性”对话框单击“背景图像”框的“浏览”按钮→选图像文件“bj－1.jpg”→单击“确定”，给网页设置了背景图像。

③ 在页面中插入 3 行 1 列表格→表格宽度为 800 像素→使表格在页面居中。

④ 光标置于第 1 行单元格→在“资源”面板单击“站点”单选项→类型选 swf→swf 文件列表中选“top.swf”→单击“资源”面板的“插入”按钮。

⑤ 光标置于第 2 行单元格→设置光标水平位置为“左对齐”→将素材文件夹“潍坊地理位置.doc”的内容复制粘贴到单元格。

⑥ 光标置于第 2 段文字开始处→在“资源”面板单击“站点”单选项→类型选 swf→swf 文件列表中选“焰火.swf”→单击“资源”面板的“插入”按钮→选中插入的动画→属性面板设置动画显示尺寸为 245×180→“水平边距”框输入 12→“对齐”框选“右对齐”。

⑦ 光标置于表格第 3 行→设置光标位置“居中对齐”→输入“wfu_jzy@163.com”。

⑧ 预览网页，效果如图 8－19 所示。

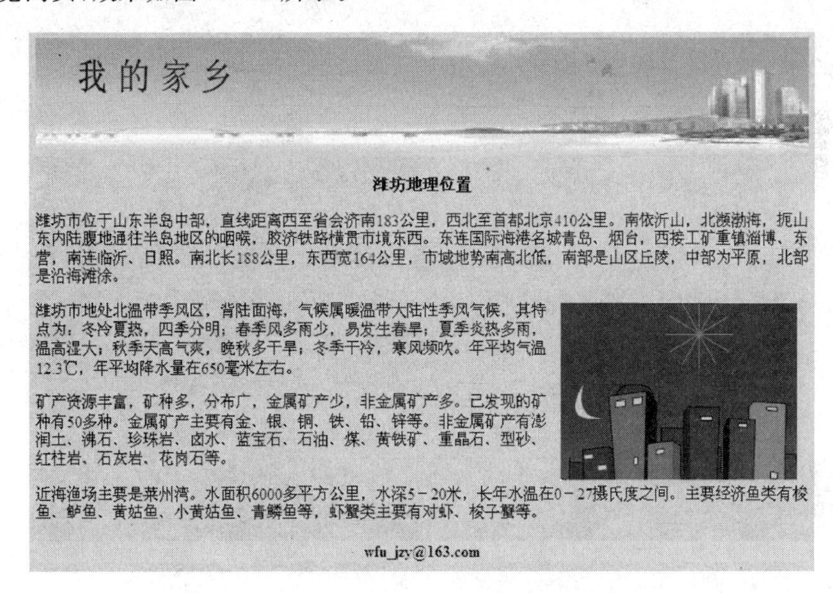

图 8－19　实验 2——网页中使用资源

思考题与上机练习题八

1. 思考题

(1) 什么是多媒体？

(2) 网页中插入的 Flash 动画是什么格式？

(3) 使用资源的好处有哪些？

(4) 将资源添加到网页有哪几种方法？

(5) 其他站点要使用当前站点的资源，应该如何操作？

2. 上机练习题

素材文件夹提供如下 swf 文件：

风车.swf、焰火.swf、蜡烛.swf、蜜蜂.swf、燕子.swf、彩虹.swf。

完成以下任务：

(1) 建立站点,将选定的素材文件夹内容复制到站点相应目录中。

(2) 仿照实验 1 的方法,根据选用素材制作网页,给网页添加背景音乐。网页文字内容自己组织,背景音乐自己找。

(3) 仿照实验 2 的方法,使用资源制作网页,给网页添加背景音乐。

第 9 章　使用 CSS 样式

CSS 样式可以设置网页外观，使网页风格保持一致，而且便于格式的调整修改，降低编辑修改网页的工作量。本章介绍 CSS 样式的种类、建立和使用内部 CSS 样式、建立和使用外部 CSS 样式表等内容。

9.1　认识 CSS 样式

9.1.1　CSS 样式表

CSS(Cascading Style Sheet)也称作“层叠样式表”，是一组格式设置规则，用来定义页面内容的显示方式。CSS 样式由网页制作者定义，用于更精确地控制网页中的元素，如表格、字体、颜色、背景、链接文字等。例如，对一段文字应用某个 CSS 样式，该段文字将按定义的 CSS 样式显示。

CSS 样式表不但可以格式化当前网页内容，还能通过链接或导入外部 CSS 样式表的方式，能将站点其他网页的内容格式化，从而使站点的网页有相同风格。

在 HTML 文件中，内部 CSS 样式放在文件头部，外部 CSS 样式放在外部 CSS 样式表文件中，页面内容放在 HTML 文件的主体。显然，CSS 样式能将页面内容与内容的显示方式分离，使 HTML 文件更简练，也使维护网页外观更容易。

CSS 样式不能脱离 HTML 页面，如果不与 HTML 相结合，CSS 就失去了存在的意义。

CSS 代码可以用 Dreamweaver CS4 或记事本编辑。

9.1.2　“CSS 样式”面板

“窗口”菜单→“CSS 样式”，打开“CSS 样式”面板，编辑和显示 CSS 样式主要在“CSS 样式”面板进行。

“CSS 面板”窗口分为上下 2 部分。

上部窗口以树型结构显示所有 CSS 样式表以及每个样式表所包含的样式，单击样式表前的“＋”号可以展开样式表，显示表中的样式。单击样式表前的“－”号可以折叠样式表，隐藏表中的样式。一个样式表中可以包含多个样式。

下部窗口显示当前样式的属性，单击“添加属性”可以给当前样式添加新的属性。

CSS 样式面板如图 9－1 所示。

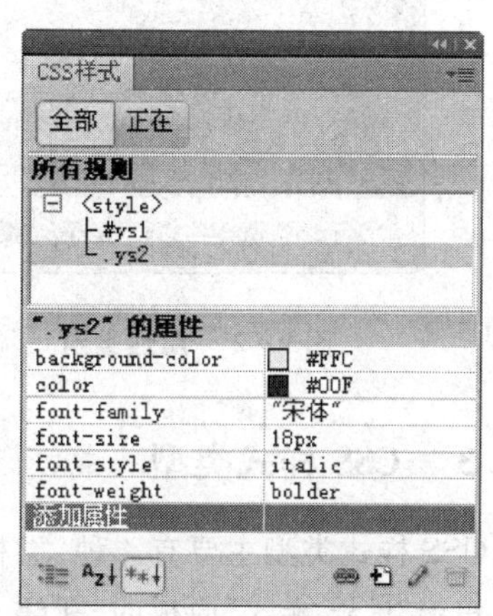

图 9－1　“CSS 样式”面板

说明：

① 面板右下方有 4 个按钮：，从左至右

依次是:附加样式表、新建 CSS 规则、编辑样式/编辑样式表、删除 CSS 样式/删除 CSS 样式表。

· 单击“附加样式表”按钮,可以链接一个外部样式表文件。

· 单击“新建 CSS 规则”按钮,可以为选中的样式表添加一个新样式。

· 如果当前选中一个样式表,单击按钮可以编辑样式表,此时可以编辑当前样式表里的所有样式。如果当前选中样式表里的一个样式,单击按钮可以编辑该样式。

· 如果当前选中一个样式表,单击按钮可以删除样式表。如果当前选中样式表里的一个样式,单击按钮可以删除该样式。

② 面板左下方有 3 个按钮:,从左至右依次是:显示类别视图、显示列表视图、只显示设置属性。

· 单击“显示类别视图”按钮,显示所有属性类别,单击“+”号展开类别,显示该类别所有属性名称,供设置属性参考。属性类别如图 9-2 所示。

· 单击“显示列表视图”按钮,所有属性按字母顺序显示。

· 单击“只显示设置属性”按钮,窗口只显示给当前样式设置的属性。是默认状态。

③ 在“CSS 样式”面板中右击样式表或样式,在快捷菜单中选择相应操作。要注意样式表的快捷菜单与样式的快捷菜单内容不同。

样式的快捷菜单如图 9-3 所示。

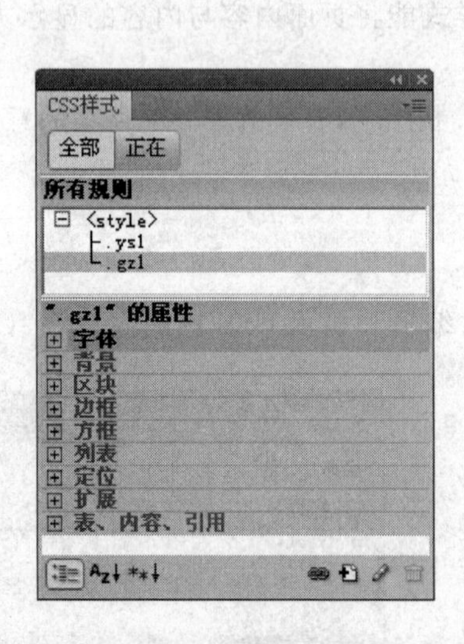

图 9-2　属性类别

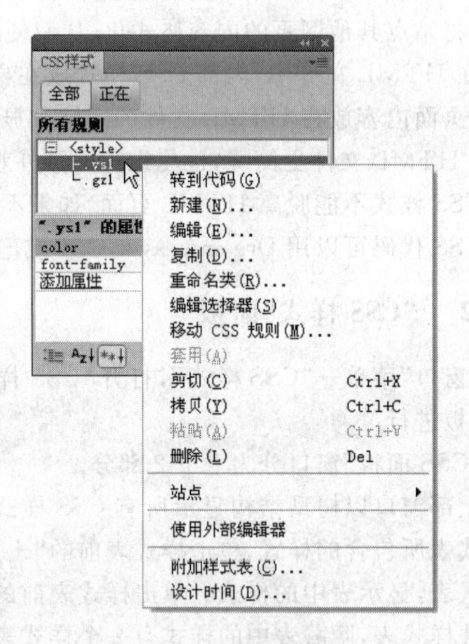

图 9-3　样式的快捷菜单

9.1.3　CSS 样式类型

CSS 样式类型主要有 4 种:类样式、ID 样式、标签样式、复合内容样式。

单击“CSS 样式”面板的“新建 CSS 规则”按钮,在“新建 CSS 规则”窗口的“选择器类型”框显示系统提供的 CSS 样式类型,如图 9-4 所示。

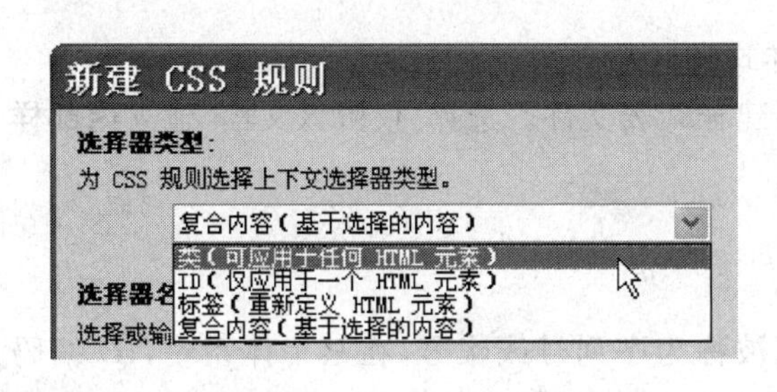

图 9-4　CSS 样式类型

说明：

① 类，类(class)样式命名以英文句点开头，类样式可以被多个 HTML 对象引用，可以将定义的类样式应用到任何 HTML 元素。

② ID，ID 样式命名以 # 号开头，定义的样式应用到以 ID 命名的 HTML 元素。ID 样式只能作用于一个对象，不能作用于多个对象，因为对象的 ID 是唯一的。

③ 标签，标签样式对 HTML 标记进行重新定义，设置完毕后立即生效，定义的标记样式将作用于所有该标记的对象。

④ 复合内容，复合内容样式主要设置超链接文本标记的属性。

9.1.4　CSS 样式类型的优先级

CSS 样式类型优先级如下：

① ID 样式优先于类样式。

② 后面的样式覆盖前面的样式。

③ 指定样式优先于继承的样式。

④ 行内样式优先于内部样式和外部样式。

9.1.5　CSS 样式规则的位置

CSS 样式可以放在以下位置：

1. 外部 CSS 样式表

存放在单独 CSS 文件(扩展名为“.css”)里的一组或几组 CSS 样式被称为“外部 CSS 样式表”，在 HTML 文件中用链接方式或导入方式将外部 CSS 样式规则应用于网页。

2. 内部 CSS 样式表

放置在 HTML 文件头部的一组或几组 CSS 样式被称为“内部 CSS 样式表”。“内部 CSS 样式表”又被称为“嵌入式 CSS 样式表”，用标记<style>和</style>括起来。

3. 内联 CSS 样式

放置在 HTML 文件特定标记内的 CSS 样式被称为“内联 CSS 样式”，“内联 CSS 样式”也称为“行内 CSS 样式”，这种样式只能作用于该标记的对象。

9.2　建立和使用内部 CSS 样式表

9.2.1　建立内部 CSS 样式

在属性面板“目标规则”框选“新 CSS 规则”→单击“编辑规则”按钮→在“新建 CSS 样式规则”对话框选 CSS 样式的类别→“规则位置”选“仅限该文档”→在“CSS 规则定义”对话框建立

样式规则。

按这样步骤建立的样式属于内部CSS样式表。

“规则位置”有2种选择:仅限该文档、新建样式表文件。选择“仅限该文档”建立内部样式表,选择“新建样式表文件”建立外部样式表。

9.2.2 建立ID的CSS样式

ID(Identity)是身份标识号码的意思,也被称为序列号或帐号,在某个体系中,ID编码是唯一的。

ID的CSS样式只作用于与定义了ID的元素,样式名称以“#”号开头。在Dreamweaver中,首先给元素命名ID,然后定义CSS样式规则。样式规则定义完毕,用ID命名的元素会立即更新显示。

下面用一个实例介绍如何建立“ID”的CSS样式。

例9-1 建立ID的CSS样式

操作步骤如下:

① 将素材文件夹“wylx—9”拷贝到本地机→在Dreamweaver中建立同名站点指向站点文件夹。

② 打开站点根目录的网页文件“index.html”→选中第1行的文本“风筝都”→单击属性面板的“HTML”按钮→在ID框输入a1,给选中的文本元素定义了ID。

图9-5 单击“编辑规则”按钮

③ 选中文字“风筝都”→单击属性面板“CSS”按钮→在“目标规则”框选“新CSS规则”→单击“编辑规则”按钮。如图9-5所示。

④ 在“新建CSS规则”对话框的“选择器类型”框选“ID”→在“选择器名称”框输入“#a1”→“规则位置”选“仅限该文档”。

“新建CSS规则”对话框如图9-6所示。

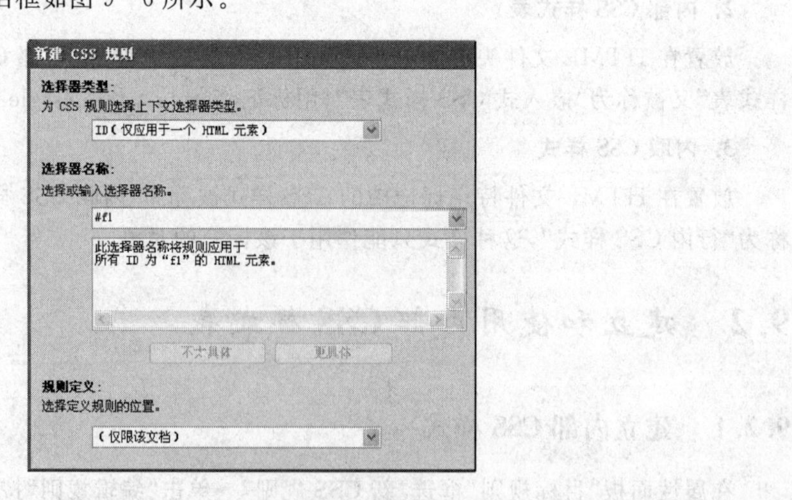

图9-6 “新建CSS规则”对话框

⑤ 单击“确定”按钮后打开了“＃a1 的 CSS 规则定义”对话框→左边“分类”列表选“类型”→右窗口“Font－family”框选择“楷体_GB2312”(定义字体)→“Font－weight”框选择“bold”(使文字加粗)→单击“Color”按钮定义字颜色为蓝色(＃00F)→单击“确定”按钮。

“＃a1”的样式规则如图 9-7 所示。

⑥ 观察“设计”视图中的文字“风筝都”,文字的显示被立即更新,显示样式为:楷体、加粗、蓝色。如图 9-8 所示。

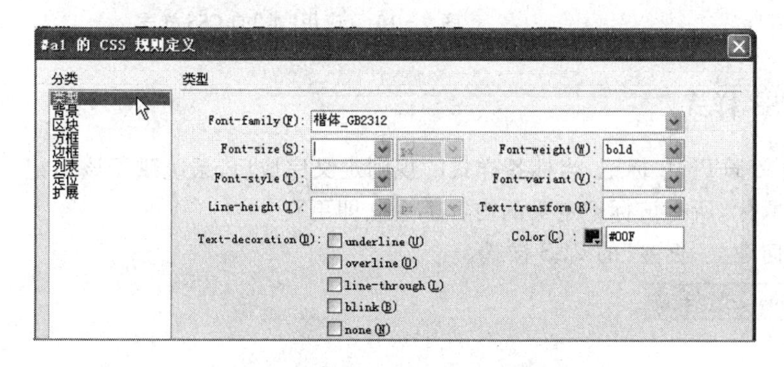

图 9-7　“＃a1”的样式规则

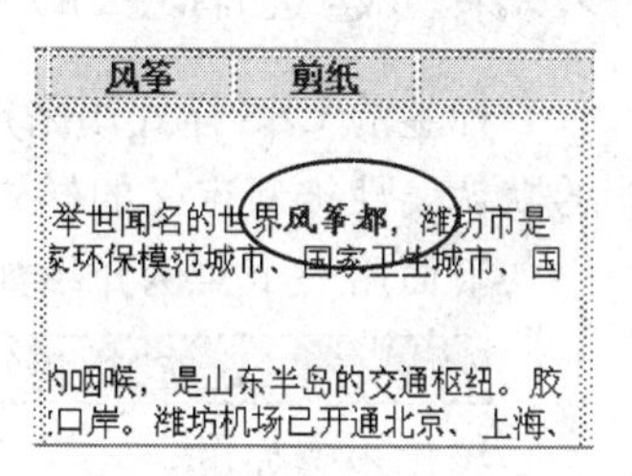

图 9-8　应用“ID”的 CSS 样式

9.2.3　建立“类”的 CSS 样式

类的 CSS 样式可以应用于任何 HTML 元素,样式名称以圆点开头。CSS 样式规则定义完成以后,先选定对象,然后在属性面板的“类”框或“目标规则”框选样式名,选定的对象立即按照指定样式格式化。

下面用一个实例介绍如何建立“类”的 CSS 样式。

例 9-2　建立“类”的 CSS 样式

操作步骤如下:

① 在 Dreamweaver 中选择“wylx-9”为当前站点。

② 打开网页文件“index. html”→属性面板“目标规则”框选“新 CSS 规则”→单击“编辑规则”按钮。

③ 在“新建 CSS 规则”对话框的“选择器类型”框选“类”→在“选择器名称”框输入“. a2”→“规则位置”选“仅限该文档”→单击“确定”按钮。

④ 在“. a2 的 CSS 规则定义”对话框左边“分类”列表中选“类型”→“font－family”框选“宋体”→“font－weight”框选“bold”→“font－style”框选“italic”→字颜色为粉色(＃F0F)。本操作定义文本显示样式为:宋体、加粗、倾斜、粉色。

⑤ “分类”列表选“背景”→“background－color”框输入“＃FF0”(定义背景色为黄色)→单击“确定”按钮。

⑥ 拖动鼠标在“设计”视图的文档中选一段文本→单击属性面板“目标规则”框下三角按钮→在列表中选择“a2”,如图 9-9 所示。

⑦ 查看选中的文本,选中文本的背景是黄颜色,文字显示样式为:宋体、粉红色、加粗、倾斜,如图 9-10 所示。

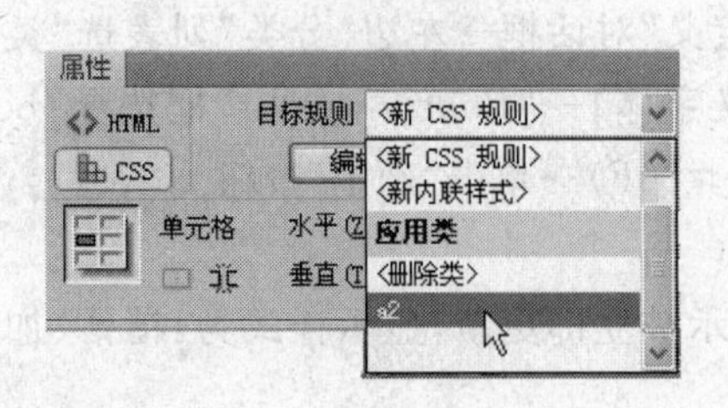

图 9－9　选择“类”样式“a2”

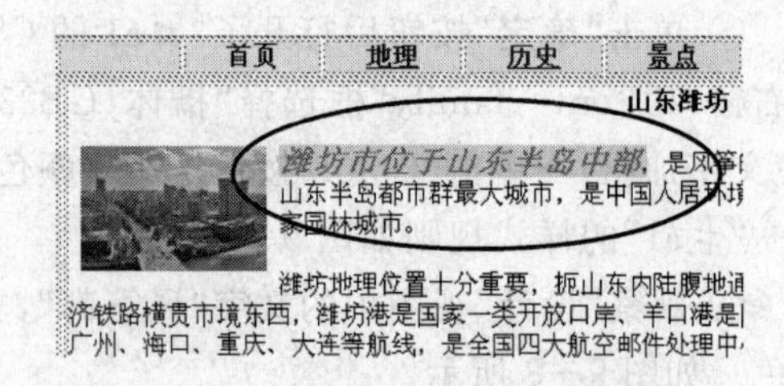

图 9－10　应用“类”的 CSS 样式

9.2.4　建立“标签”的 CSS 样式

标签的 CSS 样式用来定义 HTML 标记，当标签样式的规则定义完成后，系统赋予该标记的默认属性被新定义的样式取代，所有该标记定义的内容都会立即更新。

下面用一个实例介绍如何建立“标签”的 CSS 样式。

例 9－3　建立“标签”的 CSS 样式

操作步骤如下：

① 在 Dreamweaver 中选择“wylx－9”为当前站点。

② 打开网页文件“index. html”→属性面板“目标规则”框选“新 CSS 规则”→单击“编辑规则”按钮。

③ 在“新建 CSS 规则”对话框的“选择器类型”框选“标签”→在“选择器名称”框选标记“p”→“规则位置”选“仅限该文档”→单击“确定”按钮。

④ 在“p 的 CSS 规则定义”对话框的“分类”列表中选“类型”→单击“颜色”按钮选绿色(＃060)。

⑤ 查看“设计”视图，所有位于标记＜p＞和＜/p＞之间的文字都变成绿色。

9.2.5　建立“复合内容”的 CSS 样式

复合内容的 CSS 样式主要用来定义链接文字，使用复合内容样式能改变链接文本的显示方式。当样式规则定义完毕，所有链接文字都会立即更新。

下面用一个实例介绍如何建立“复合内容”的 CSS 样式。

例 9－4　建立“复合内容”的 CSS 样式

操作步骤如下：

① 在 Dreamweaver 中选择“wylx－9”为当前站点。

② 打开网页文件“index. html”→“修改”菜单→“页面属性”→“分类”列表选“链接”→“下划线样式”选“始终无下划线”。

③ 属性面板“目标规则”框选“新 CSS 规则”→单击“编辑规则”按钮。

④ 在“新建 CSS 规则”对话框的“选择器类型”框选“复合内容”→在“选择器名称”框选“a：link”→“规则位置”选“仅限该文档”→单击“确定”按钮。

⑤ 在“a：link 的 CSS 规则定义”对话框的左边“分类”列表中选“类型”→“Font－family”框选“宋体”→单击“颜色”选黑色(＃000)→单击“确定”按钮。本操作定义未单击过的链接文字为宋体、黑色。

⑥ 同样方法打开“a:visited 的 CSS 规则定义”对话框→定义字颜色为蓝色(♯00F)→单击“确定”按钮。本操作定义访问过的链接文字为宋体、蓝色。

⑦ 同样方法打开“a:hover 的 CSS 规则定义”对话框→“分类”列表中选“背景”→单击“Background－color”框的“颜色”按钮选黄色(♯FF0)→单击“确定”按钮。当鼠标指向链接文字时,链接文字显示黄色背景。

⑧ 打开“CSS 样式”面板,查看给链接文字定义的 CSS 样式。加上前面实例定义的样式,当前的内部 CSS 样式表中共有 4 类样式,分别是:ID 样式(♯a1)、类样式(.a2)、标签样式(p)、复合内容样式(a:link,a:visited,a:hover)。

“CSS 样式”面板如图 9－11 所示。

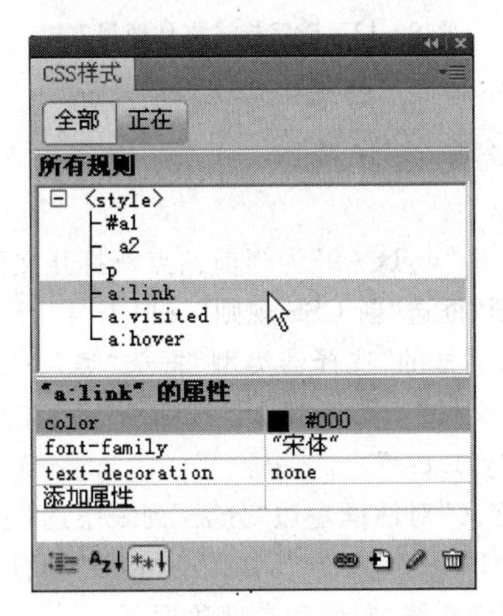

图 9－11　给链接定义的 CSS 样式

⑨ 预览网页,未访问过的链接文字是黑色,访问过的链接文字是蓝色,鼠标指向链接文字时会显示黄色背景。

9.3　建立和使用外部 CSS 样式

外部样式存放在外部样式表文件中,外部样式可以被网站的所有网页使用。

9.3.1　建立外部样式

如果在“新建 CSS 样式规则”对话框的“规则位置”选择“新建样式表文件”,则建立外部样式表文件存放定义的样式。外部样式表文件要保存在站点中,最好给外部样式表文件单独建立文件夹,保存在样式表文件中的样式被称为“外部样式”。

9.3.2　使用外部样式

使用外部样式要首先链接或导入外部样式表。属性面板“类”框中选择“附加样式表”,在随后打开的对话框选择外部样式表文件,并确定样式表文件的使用方式。

① 选择“链接”方式,样式表文件将以链接方式被调用。这是默认选项。

② 选择“导入”方式，样式表文件中的样式将作为当前文档内置的CSS样式使用。

确定样式文件使用方式的对话框如图9-12所示。

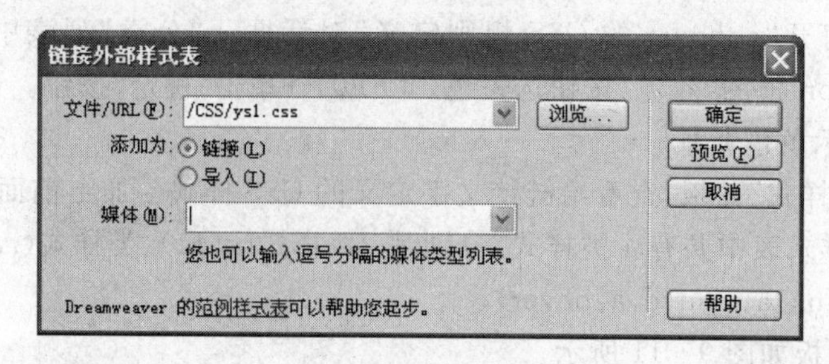

图9-12　确定样式文件使用方式

下面的实例介绍如何用外部CSS样式格式化表格。

例9-5　用外部CSS样式格式化表格

操作步骤如下：

① 在Dreamweaver中选择“wylx-9”为当前站点→打开文件“index.html”。

② 在属性面板“目标规则”框选“新CSS规则”→单击“编辑规则”按钮。

③ 在“新建CSS规则”对话框的“选择器类型”框选“类”→在“选择器名称”框输入“.bg”→“规则位置”选“新建样式表文件”→单击“确定”按钮→样式文件的保存位置选站点的“CSS”文件夹→样式文件的名字为“ys1.css”。

④ 在“.bg的CSS规则定义”对话框左边“分类”列表中选“边框”→取消“Style”的“全部相同”复选项的对勾→“Top”和“Bottom”框选“solid”→“Left”和“Right”框选“none”。本操作定义边框样式，顶部和底部边框为实线，左部和右部边框不显示。

⑤ 取消“Width”的“全部相同”复选项的对勾→“Top”和“Bottom”框选“thick”→其他框选“值”→然后输入0。本操作定义顶部和底部边框线为粗线，左部和右部边框为0像素。

⑥ 取消“Color”的“全部相同”复选项的对勾→在“Top”框输入“#0F0”→在“Bottom”框输入“#090”→单击“确定”按钮。本操作定义顶部边框为浅绿色，底部边框为深绿色，其他边框无色。

边框设置如图9-13所示。

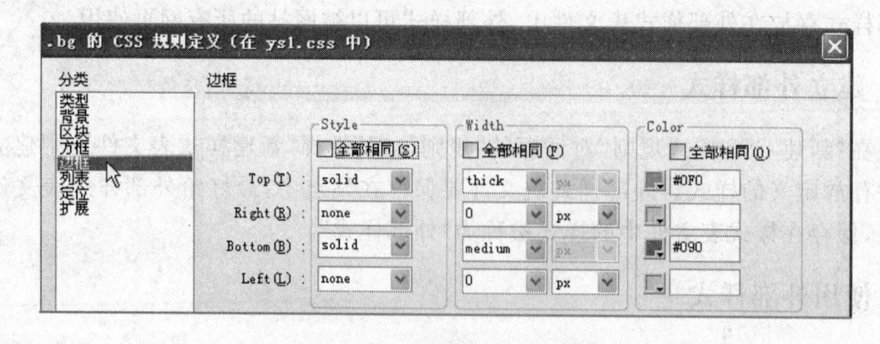

图9-13　设置边框CSS样式

⑦ 如果当前页自动显示两条边框，需要转到“代码”，删除＜body＞标记或＜p＞标记中的“class="bg"”属性，如果没有，此步骤可以略过。

⑧ 在站点根目录新建“wbys. html”→插入 3 行 1 列表格→使表格在页面居中→选中表格→属性面板“类”框中选“附加样式表”。

⑨ 在“链接外部样式表”对话框单击“浏览”按钮→选择站点“CSS”文件夹的“ys1. css”文件→选“链接”单选项(这是默认选项)→单击“确定”按钮。操作完成以后，样式文件“ys1. css”中的样式“. bg”出现在属性面板的“类”框中。

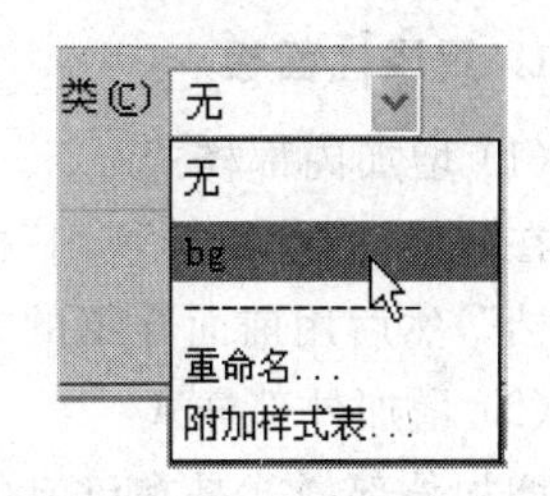

图 9－14　链接外部样式

⑩ 选中表格→属性面板“类”框中选“bg”，如图 9－14 所示。

⑪ 预览网页“wbys. html”，表格按照“bg”样式定义的内容显示，只显示顶部和底部边框，边框都是粗实线，顶部为浅绿色，底部为深绿色。如图 9－15 所示。

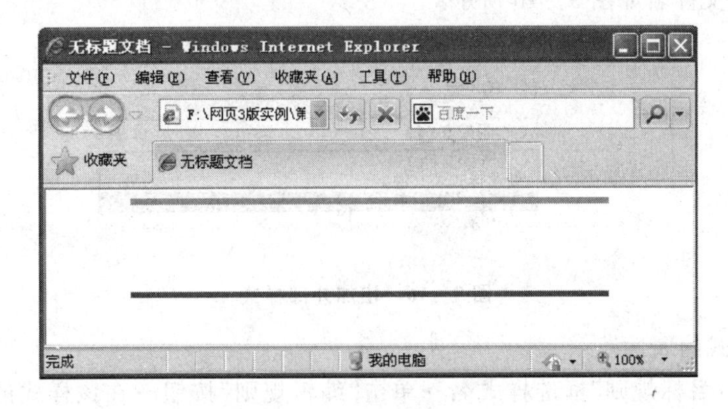

图 9－15　对表格应用外部样式

说明:表格的 CSS 样式只格式化表格边框线，对表格内部单元格的线框不起作用。

9.3.3　取消样式的使用

1. 取消表格对外部样式的使用

选取应用了外部样式的表格→在属性面板“类”框中选“无”，应用了样式的表格立即恢复初始状态。

2. 取消文本对内部样式的使用

选取应用了样式的文本→在属性面板的“目标规则”框中选“删除类”，应用了样式的文本立即恢复原始状态。

说明:用相似方法可取消其他对象的样式应用。还可以在“代码”视图删除 HTML 标记中调用样式的代码。

9.4　编辑 CSS 样式

编辑 CSS 样式主要包括:增加样式、增加样式的属性、编辑样式的属性、删除样式、删除样式的属性、复制样式等。这些操作可以通过 CSS 面板或属性面板完成。

9.4.1 增加样式和样式属性

1. 用属性面板

(1) 增加内部样式

在属性面板“目标规则”框选“新 CSS 规则”→单击“编辑规则”按钮→“规则位置”选“仅限该文档”,然后用前面介绍的方法定义新的内部样式。

(2) 增加外部样式

增加外部样式是在已有的样式文件中添加样式。

在属性面板“目标规则”框选“新 CSS 规则”→单击“编辑规则”按钮→“规则位置”选已有的外部样式文件名,然后用前面介绍的方法定义新的外部样式。

选外部样式文件名如图 9-16 所示。

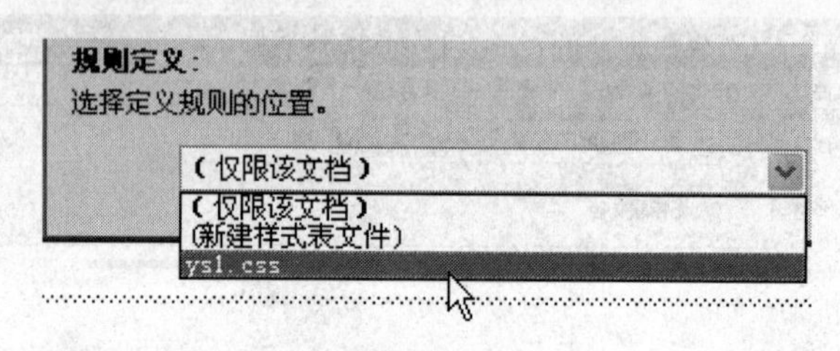

图 9-16 增加外部样式

(3) 增加样式的属性

在属性面板“目标规则”框选样式名→单击“编辑规则”按钮→在该样式的 CSS 规则对话框添加或修改样式属性。

2. 用“CSS 样式”面板

(1) 增加内部样式

选中“CSS 样式”面板的<style>→单击面板下方的“新建 CSS 规则”按钮 →在“新建 CSS 规则”对话框的“选择器类型”框定义 CSS 样式的类型→在“选择器名称”框输入样式名称→在“规则位置”选“仅限该文档”→然后定义规则。

(2) 增加外部样式

选中“CSS 样式”面板的外部样式表文件名→单击面板下方的“新建 CSS 规则”按钮 →在“新建 CSS 规则”对话框的“选择器类型”框定义 CSS 样式的类型→在“选择器名称”框输入样式名称→在“规则位置”选样式文件名→然后定义规则。

(3) 增加样式的属性

在“CSS 样式”面板的上部选中一个样式→在“CSS 样式”面板的下部单击“添加属性”项→添加属性名和属性值。或者单击面板下方的“编辑样式”按钮 →在该样式的规则定义对话框添加或修改属性。

单击“添加属性”项如图 9-17 所示。

3. 用“代码”视图

在 Dreamweaver 的“代码”视图中增加样式属性也很方便。如果是内部样式,直接转到

“代码”视图编辑头部的样式代码。如果是外部样式，先打开样式文件，然后在“代码”视图中编辑样式，打开样式文件与打开网页文件的方法相同。

编辑样式代码要充分利用代码提示框，只要回车开始输入新的属性，代码提示框就会自动打开，提供属性名称，属性选定以后会自动显示下一个提示框并提供属性值。

代码提示框如图 9－18 所示。

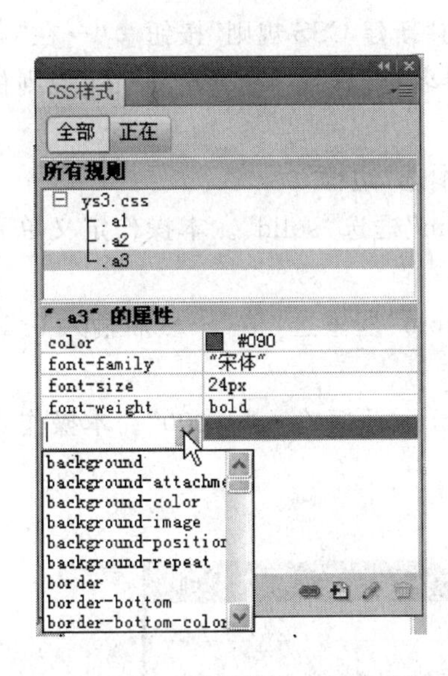

图 9－17　单击“添加属性”项

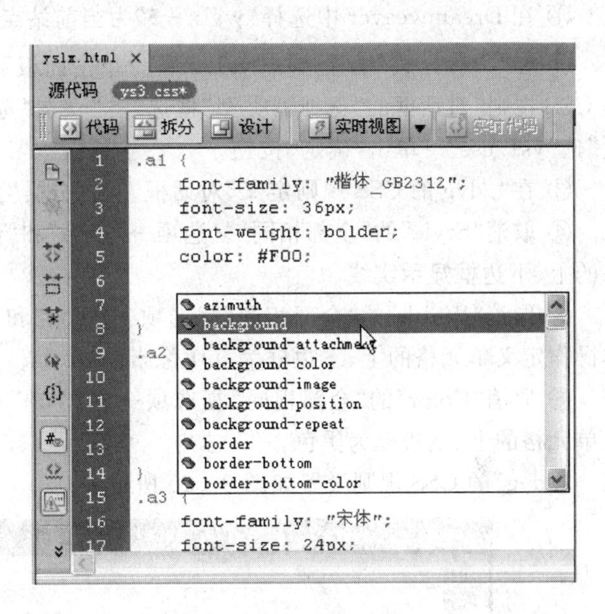

图 9－18　代码提示框

9.4.2　删除样式和样式属性

选中样式或样式属性→单击“CSS 样式”面板下方的“删除”按钮，选中的样式或样式属性立即被删除。

9.4.3　编辑样式和样式属性

选中样式或样式属性→单击“CSS 样式”面板下方的“编辑”按钮，在随后打开的规则定义对话框重新定义样式或样式属性。

9.4.4　复制样式

在“CSS 样式”面板右击一个样式→快捷菜单中选“复制”→在“复制 CSS 规则”框给样式定义类型、名称、存放位置→单击“确定”按钮，指定规则被复制到指定位置。

其实，新建样式和编辑样式等操作也可以用快捷菜单完成。

样式操作的快捷菜单如图 9－19 所示。

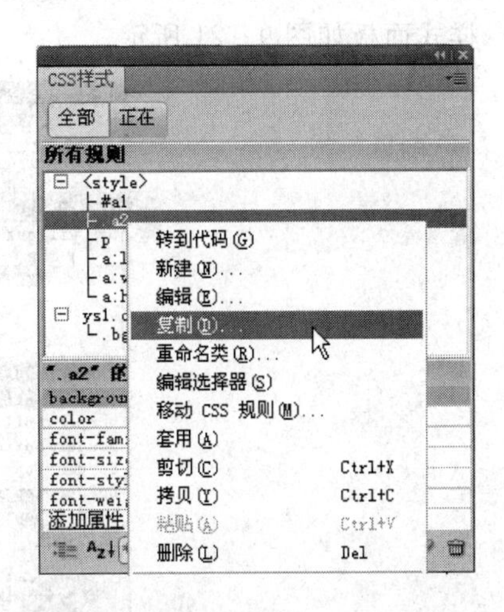

图 9－19　样式操作的快捷菜单

下面用一个实例介绍给外部 CSS 样式表增加样式。

例 9－6　给外部 CSS 样式表增加样式

给外部样式表 ys1.css 添加“类”样式“.dyg”，用来格式化单元格。

操作步骤如下：

① 在 Dreamweaver 中选择“wylx－9”为当前站点→打开文件“wbys.html”。

② 在“CSS 样式”面板选中“ys1.css”→单击面板下方的“新建 CSS 规则”按钮 →在“新建 CSS 规则”对话框的“选择器类型”框选“类”→在“选择器名称”框输入“.dyg”→在“规则位置”选“ys1.css”→单击“确定”按钮。

③ 在“.dyg 的 CSS 规则定义”对话框左边“分类”列表中选“边框”。

④ 取消“Style”的“全部相同”复选项→“Top”和“Bottom”框选“solid”。本操作定义单元格的上、下边框显示实线。

⑤ 取消“Width”的“全部相同”复选项→“Top”和“Bottom”框里选“值”→然后输入 0.1。本操作定义单元格的上、下边框为 0.1 像素。

⑥ 取消“Color”的“全部相同”复选项→在“Top”和“Bottom”框输入“#000”。本操作定义单元格的上、下边框为黑色。

“.dyg”的 CSS 规则设置如图 9－20 所示。

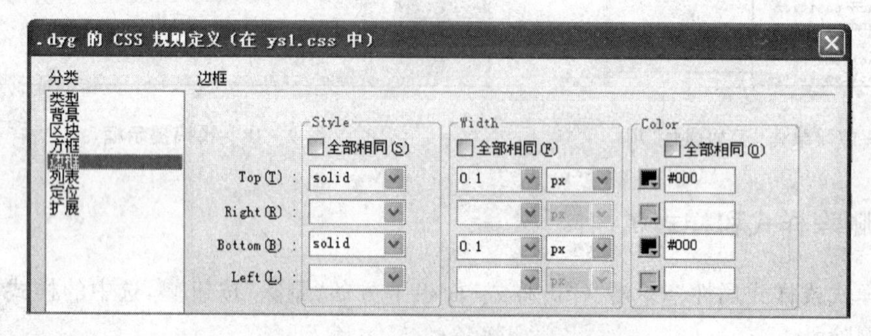

图 9－20　“.dyg”的 CSS 规则设置

⑦ 单击“确定”按钮，样式“.dyg”被添加到样式文件“ys1.css”中。

样式面板如图 9－21 所示。

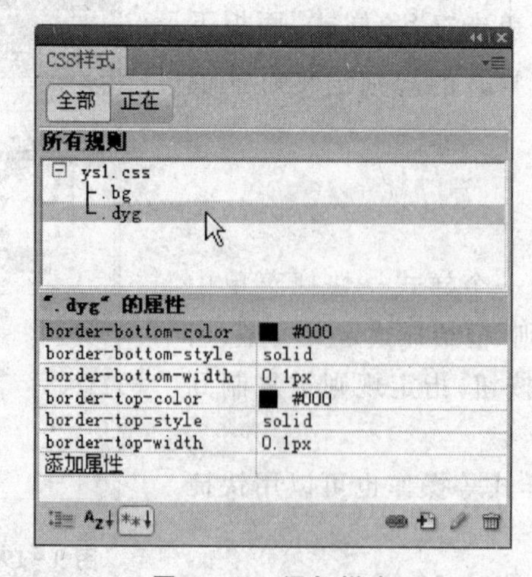

图 9－21　添加样式

⑧ 光标置于表格第 1 行的单元格中→属性面板“目标规则”框选“. dyg”→同样方法在表格第 2 行和第 3 行的单元格应用样式“. dyg”。

⑨ 预览网页 wbys. html，效果如图 9－22 所示。

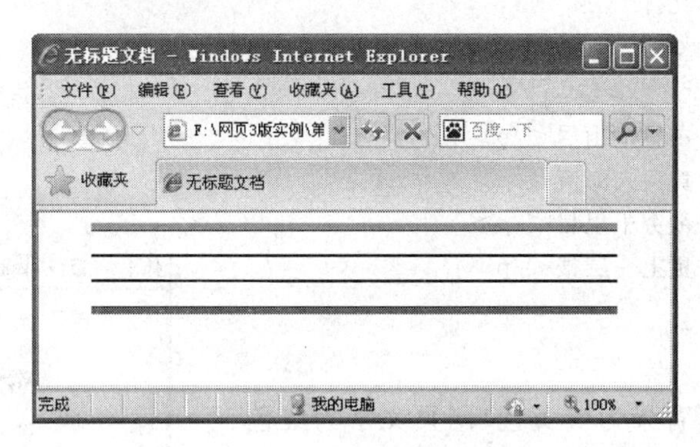

图 9－22　对单元格应用外部样式

9.5　CSS 样式代码

了解 CSS 样式代码对于编辑 CSS 样式是十分必要，前面用可视化方法设置的 CSS 样式，都可以在 Dreamweaver 的“代码”视图中查看样式代码。本节从简单的 CSS 样式代码入手，了解 CSS 样式代码的组成和调用。

加载 CSS 样式可以采用 4 种方法：内部样式、外部样式、行内样式、导入样式。以下按照这个顺序，依次介绍样式代码。

9.5.1　建立和使用内部样式

内部样式通常放在 HTML 文档的头部，用标记<style>和</style>括起来，内部样式只针对本文档，不能作用于其他页面文档。在标记中用“class”属性应用内部 CSS 样式，属性值是某个样式名。

下面用一个实例介绍内部样式的建立和使用。

例 9－7　内部样式的建立和使用

建立和使用内部的类样式“text1”，用来格式化一段文本。

操作步骤如下：

① 在素材文件夹“CSS 样式代码”新建文件“1 -样式代码初步. html”。

② 用“记事本”方式打开“1－样式代码初步. html”。

③ 输入如下代码：

```
<html>
<head><title>内部样式练习</title>
<style type = "text/css" >
.txt1{
	font - size:"14px";
	font - family:黑体;
```

```
        font - weight: bolder;
        text - align:"center";
        color:red;}
    body{background: #FFC;}
    </style></head>
    <body>
    <p class = "txt1">白日依山尽</p>
    <p class = "txt1">黄河入海流</p>
    <p class = "txt1">欲穷千里目</p>
    <p class = "txt1">更上一层楼</p>
    </body>
    </html>
```

④ 浏览网页,网页背景为淡黄色,网页文字为红色、黑体、加粗,文字大小为 14 像素,文字在页面居中。显示效果如图 9 - 23 所示。

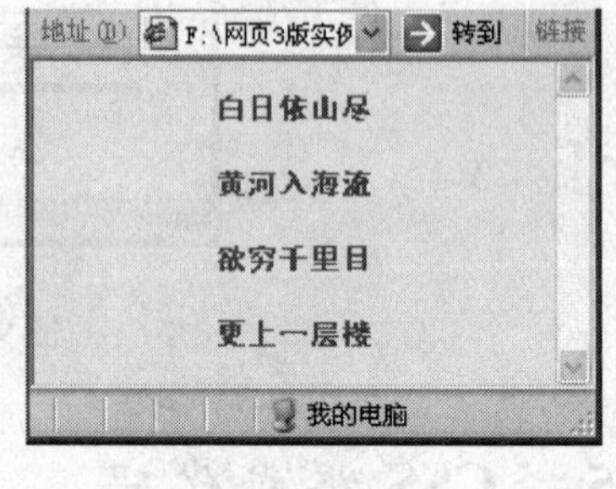

图 9 - 23　内部样式的建立和使用

说明:

① 本例的内部样式集中了最常用的样式属性。

② 定义了类样式“text1”。

- font - size:"14px";　　定义字的大小为 14 像素。
- font - family:黑体;　　定义字体为黑体。
- font - weight: bolder;　　定义文字加粗。
- text - align:"center";　　定义文字在页面居中。
- color:red;　　定义字颜色为红色,“red”可以用“#F00”换下来。

③ 定义了标签样式“body”。

- background: #FFC;　　定义网页背景颜色为淡黄色。

④ 本例可以把类样式用标签样式替换下来,替换以后的代码如下:

```
<html>
<head><title>内部样式练习</title>
<style type = "text/css">
p{
    font - family: "黑体";
    font - size: 14px;
    font - weight: bolder;
    color: #F00;
    text - align:center;
}
body{background: #FFC;}
</style></head>
<body>
<p>白日依山尽</p>
<p>黄河入海流</p>
<p>欲穷千里目</p>
```

```
<p>更上一层楼</p>
</body>
</html>
```

⑤ <style>标记中可以定义多个样式，下列代码同时定义了类样式和ID样式。

```
<style type = "text/css">
.ys1 {                                  定义类样式。
    font - family: "宋体";              定义字体为“宋体”。
    color: #F00;                        定义字颜色为“红色”。
}
#ys2 {                                  定义ID样式。
    font - family: "黑体";              定义字体为“黑体”。
    font - weight: bolder;              定义文字加粗。
    color: #00F;                        定义字颜色为“蓝色”。
}
</style>
```

9.5.2 链接外部样式

链接格式：<link type="text/css" rel="stylesheet" href="样式文件的URL">

建立样式表文件，在HTML文档头部以link方式链接，当前网页就可以使用样式表文件中的外部样式。外部样式可以被站点中所有页面使用，而链接是最常用的样式加载方式。

下面用一个实例介绍链接外部样式文件。

例9-8　链接和使用外部样式

操作目的：建立样式表文件和外部样式，链接样式表文件，使用外部样式。

操作步骤如下：

① 在素材文件夹“CSS样式代码”新建文件“ys2.css”。

② 用“记事本”方式打开“ys2.css”→输入代码→保存文件。

代码如下：

```
.p1{
font - size:24;
font - family:宋体;
font - style:italic;
color:blue;
}
#p2{
font - size:18;
font - family:黑体;
color:green;
background - color:yellow
}
p{
font - size:34;
```

```
font-family:宋体;
color:red;
}
```

③ 在素材文件夹“CSS 样式代码”新建网页文件“2-链接外部样式.html”。

④ 用“记事本”方式打开“2-链接外部样式.html”→输入如下代码:

```
<html>
<head><title>链接外部样式</title>
<link type="text/css" rel="stylesheet" href="ys2.css">
</head>
<body>
<p>使用标签样式</p>
<p class=p1>使用类样式</p>
<p id=p2>使用 ID 样式</p>
</body>
</html>
```

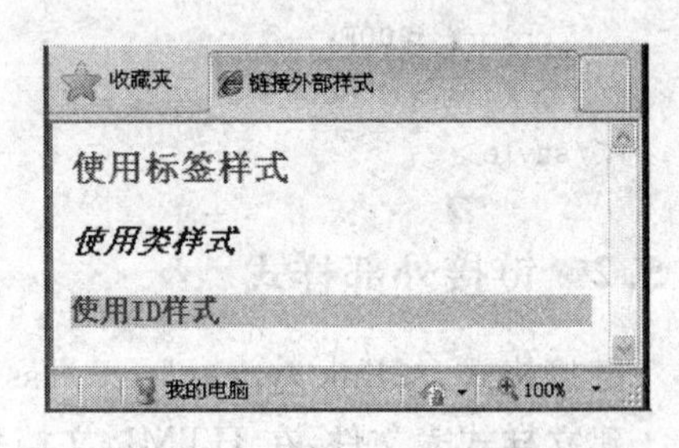

图 9-24　链接外部样式

⑤ 浏览网页“2-链接外部样式.html”,显示效果如图 9-24 所示。

说明:本例在样式表文件中定义了标签样式、类样式和 ID 样式,在 HTML 文档中应用了 3 个样式,应用样式的代码如下:

- <p>使用标记样式</p>　　直接使用标记就能应用标签样式。
- <p class=p1>使用类样式</p>　　用 class 属性应用类样式。
- <p id=p2>使用 ID 样式</p>　　用 id 属性应用 ID 样式。

9.5.3　导入样式文件

导入格式:<style type="text/css"> @import url("样式文件的 URL");</style>

在网页文档头部以@import url("样式文件的 URL")方式导入样式表文件。

建立样式文件,在 HTML 文档头部以@import 方式导入,当前网页就可以使用样式文件中的外部样式。通常导入链接公共样式(如:global.css)。

下面用一个实例介绍导入样式文件的方法。

例 9-9　导入和使用外部样式

导入和使用外部样式表“ys2.css”中的样式。

操作步骤如下:

① 在素材文件夹“CSS 样式代码”新建文件“3-导入外部样式.html”。

② 用“记事本”方式打开“3-导入外部样式.html”→输入如下代码:

```
<html>
<head><title>导入外部样式</title>
<style type="text/css"> @import url("ys2.css");</style>
</head>
<body>
```

```
<div align = "center">
<p>使用标签样式</p>
<p class = p1>使用类样式</p>
<p id = p2>使用 ID 样式</p>
</div>
</body>
</html>
```

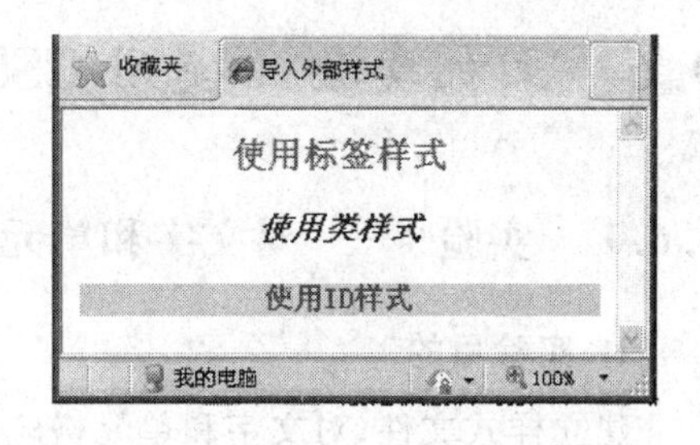

图 9 - 25　导入外部样式

③ 浏览网页，效果如图 9 - 25 所示。

说明：本例与例 9 - 8 使用了同一个样式文件，为区别起见，本例加了标记<div>使所有内容在页面居中，如果不加该标记，显示效果相同。

9.5.4　使用内联样式

在 HTML 标记内用 style 属性定义样式，这种样式是“内联样式”，也称为“行内样式”。内联样式只针对标记内的元素有效，样式没有与内容分离，建议尽量不使用。

下面用一个实例介绍内联样式。

例 9 - 10　使用内联样式

操作目的：定义和使用内联样式。

操作步骤如下：

① 在素材文件夹“CSS 样式代码”新建文件“4 -使用内联样式. html”。

② 用“记事本”方式打开“4 -使用内联样式. html”→输入如下代码：

```
<html>
<head><title>使用内联样式</title>
</head>
<body>
<p style = "font - size:18px; color:red;font - weight: bolder;">
使用内联样式
</p>
</body>
</html>
```

③ 浏览网页，效果如图 9 - 26 所示。

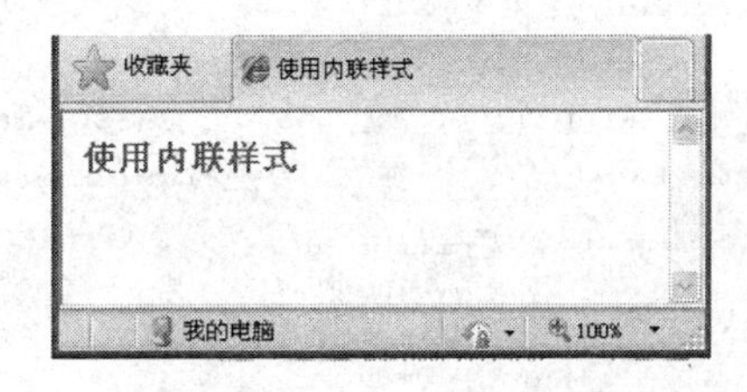

图 9 - 26　使用内联样式

9.6 上机实验 使用 CSS 样式

9.6.1 实验 1——对文字和单元格应用 CSS 样式

1. 实验目的

建立样式文件,对文字和单元格应用外部样式。

2. 实验要求

实验的具体要求如下:

① 建立网页“yslx. html”,网页中有表格和文字。

② 建立样式文件“ys3. css”。

③ 在样式文件“ys3. css”中建立外部样式。

④ 对文字和单元格应用外部样式。

3. 实验步骤

操作步骤如下:

① 在 Dreamweaver 中选择“wylx - 9”为当前站点→在站点根目录新建文件“yslx. html”→打开文件“yslx. html”。

② 在页面插入 1 行 1 列表格→单击“标签检查器”面板的“background”属性的“浏览”按钮→选择站点 image 文件夹中”bj2. jpg”,给表格添加了背景图像。

③ 在属性面板“目标规则”框选“新 CSS 规则”→单击“编辑规则”按钮。

④ 在“新建 CSS 规则”对话框的“选择器类型”框选“类”→在“选择器名称”框输入“. a1”→“规则位置”选“新建样式表文件”→单击“确定”按钮→将样式文件保存在站点的“CSS”文件夹→给样式文件起名为“ys3. css”。

⑤ 在“. a1 的 CSS 规则定义”对话框的“分类”列表中选“类型”→定义字体为“楷体- 2312”→定义字大小为“36px”→定义字颜色为“红色”(#F00)→定义文字加粗(bolder)。

定义类样式 a1 如图 9 - 27 所示。

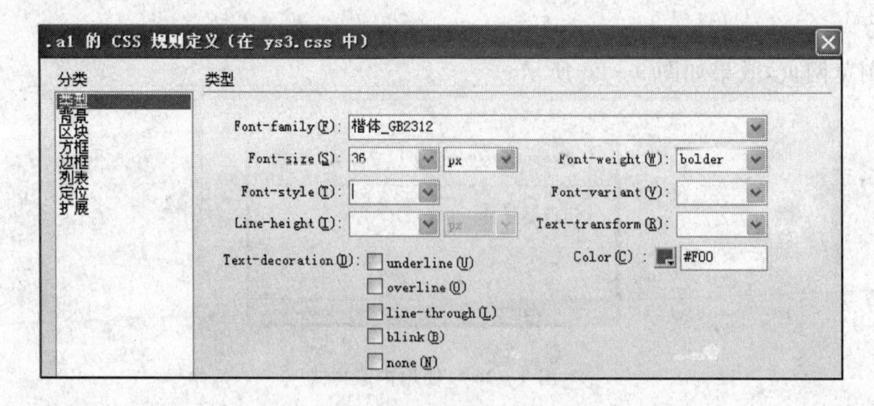

图 9 - 27 定义类样式 a1

⑥ 打开“CSS 样式”面板→选中“ys3. css”→单击面板底部“新建 CSS 规则”按钮→在“新

建 CSS 规则”对话框的“选择器类型”框选“类”→在“选择器名称”框输入“. a2”→“规则位置”选“ys3. css”。

⑦ 在“. a2 的 CSS 规则定义”对话框的“分类”列表中选“边框”→取消“Style”的“全部相同”复选项→“Bottom”框选“solid”→取消“Width”的“全部相同”复选项→“Bottom”框选“medium”→取消“Color”的“全部相同”复选项→“Bottom”框输入“＃999”。本操作定义单元格仅显示下边框，边框线为实线，中等粗，灰颜色。

定义类样式 a2 如图 9 - 28 所示。

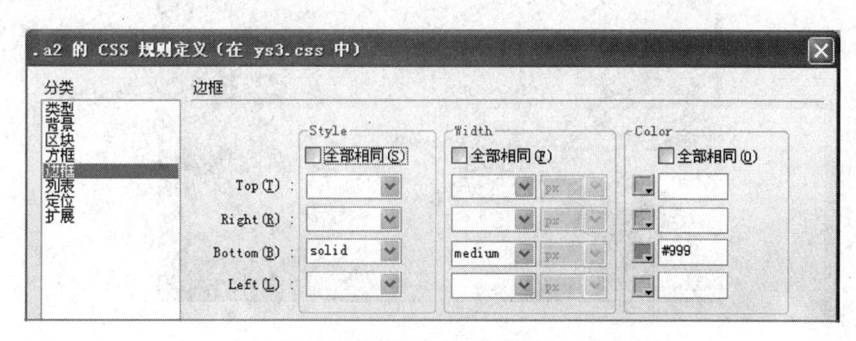

图 9 - 28　定义类样式 a2

⑧ 在“CSS 样式”面板给“ys3. css”添加 CSS 规则→与定义样式“a1”相同方法建立类样式“a3”→定义字体为“宋体”→定义字大小为“24px”→定义字颜色为“淡绿色”(＃090)→定义字中等粗“bold”。

“ys3. css”的样式如图 9 - 29 所示。

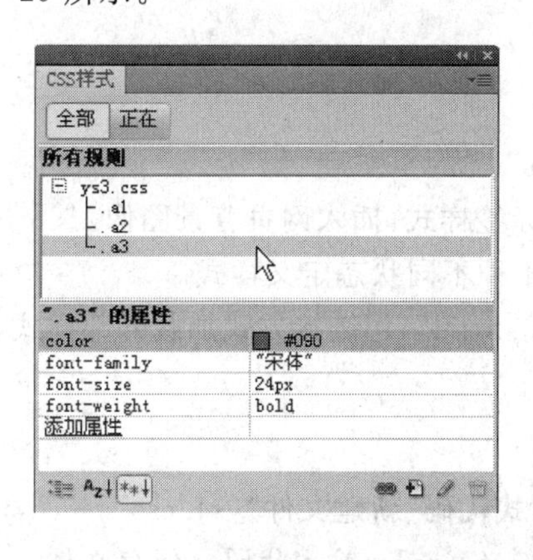

图 9 - 29　“ys3. css”的样式

⑨ 在表格中插入 11 行 1 列表格→表格宽 250 像素→属性面板“边框”中输入 0→属性面板“对齐”框选“居中对齐”。

⑩ 选中所有单元格→属性面板设置光标水平居中。

⑪ 表格第 1 行输入诗歌标题文字“咏梅”→选中文字→属性面板“目标规则”选“a1”，给诗歌标题文字应用样式“a1”。

⑫ 按住 Ctrl 键单击第 1 行单元格，选中该单元格→属性面板“目标规则”选“a2”，第 1 行单元格应用了样式“a2”，使单元格底部显示边框线。

⑬ 第 3～6 行输入诗歌前 4 句→第 8～11 行输入诗歌后 4 句。诗歌见素材文件夹。

⑭ 拖动鼠标选中诗歌文字→属性面板"目标规则"选"a3",对诗歌的内容文字应用样式"a3"。

⑮ 预览网页,效果如图 9－30 所示。

图 9－30　对文字和单元格应用 CSS 样式

9.6.2　实验 2——定义超链接文字的 4 种状态

1. 实验目的

建立样式文件,定义超链接文字的 4 种不同状态。

2. 实验要求

实验的具体要求如下:

① 建立样式文件"ys4. css"。

② 给标记<body>定义标签样式,插入网页背景图像。

③ 分别给超链接文字的 4 种不同状态定义样式。

④ 建立网页"5 -链接样式. html",用链接方式加载外部样式。

3. 实验步骤

操作步骤如下:

① 在素材文件夹"CSS 样式代码"新建文件"ys4. css"。

② 用"记事本"方式打开"ys4. css"→输入代码→保存文件。

代码如下:

```
a:link{
color:red;
text-decoration:underline;
font-weight: bolder;
}
a:visited{
color:green;
text-decoration:none;
```

```
font-weight: bolder;
}
a:hover{
color:black;
text-decoration:underline;
font-size:16pt;
font-weight: bolder;
}
a:active{
color:blue;
text-decoration:none;
font-weight: bolder;}
body{
background-image:url(bj-2.jpg);
}
```

③ 在文件 ys4.css 所在目录建立网页文件“5-链接样式.html”。

④ 用“记事本”方式打开网页文件“5-链接样式.html”→输入如下代码：

```
<html>
<head><title>链接文字样式</title>
<link type="text/css" rel="stylesheet" href="ys4.css">
</head>
<body>
<a href="#">超链接文字有四种状态</a><p>
<a href="#">超链接文字有四种状态</a>
</body>
</html>
```

⑤ 浏览网页，网页有背景图，链接文字初始状态是红色，当鼠标指到文字上，文字会放大并变为黑色，单击链接文字时文字为蓝色，单击另一个链接文字时，已访问过的链接文字是绿色。效果如图 9-31 所示。

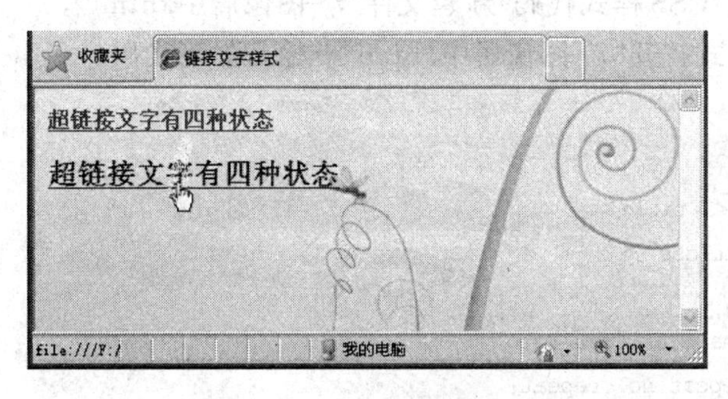

图 9-31　CSS 样式代码练习

9.6.3 实验 3——处理背景图像的样式

1. 实验目的

用内部样式处理背景图像,如果图像尺寸较小不能覆盖页面,定义图像平铺或居中。

2. 实验要求

实验的具体要求如下:

① 建立网页"6 - 图像平铺. html"和"7 - 图像居中. html"。

② 给标记<body>定义标签样式,插入尺寸较小的网页背景图像。

③ 定义使图像平铺或居中的属性。

3. 实验步骤

操作步骤如下:

① 在素材文件夹"CSS 样式代码"新建文件"6 - 图像平铺. html"。

② 用"记事本"方式打开"6 - 图像平铺. html"→输入如下代码:

```
<html>
<head>
<title>图像平铺</title>
<style type = "text/css">
.a1{
    background - image:url(cat1.jpg);            插入的图像默认平铺
    }
</style>
</head>
<body class = "a1">
</body>
</html>
```

③ 浏览网页,效果如图 9 - 32 所示。

④ 在素材文件夹"CSS 样式代码"新建文件"7 - 图像居中. html"。

⑤ 用"记事本"方式打开"7 - 图像居中. html"→输入如下代码:

```
<html>
<head>
<title>图像居中</title>
<style type = "text/css">
.a1{
    background - image:url(cat1.jpg);
    background - repeat:no - repeat;
    background - position:center center;
    }
</style>
</head>
<body class = "a1">
```

```
</body>
</html>
```

⑥ 浏览网页，效果如图 9 - 33 所示。

图 9 - 32　图像平铺

图 9 - 33　图像居中

思考题与上机练习题九

1. 思考题

(1) 什么是 CSS 样式表？

(2) 内部样式表放在 HTML 文档的什么位置？

(3) CSS 样式类型主要有哪 4 种？

(4) 在 HTML 文件中用哪两种方式加载外部样式表文件？

(5) ID 样式和类样式的名称分别用什么符号开头？

(6) 标签样式用来定义什么？

(7) 内部样式用什么标记括起来？

(8) 链接外部样式的格式是什么？

(9) 导入外部样式的格式是什么？

2. 上机练习题

(1) 仿照实验 1 在 Dreamweaver 中制作一个网页，网页内容自己组织。建立外部 CSS 样式表文件，网页背景颜色、文本显示方式、表格显示方式、以及链接文字的 4 种状态都用外部样式实现。用链接方式加载外部样式表。

(2) 新建网页，用记事本方式打开，把上机练习题 1 的 HTML 代码和 CSS 样式代码复制粘贴到新建网页中，重新整理，将外部样式改成内部样式。

第 10 章　使用 AP 元素和行为

“AP 元素”以往被称为“层”，是一种容器对象。“行为”是一组能够产生网页特效的客户端 JavaScript 代码。使用 AP 元素和行为是网页制作的常用技术。本章介绍 AP 元素和行为的使用方法。

10.1　使用 AP 元素

10.1.1　认识 AP 元素

AP 元素是容器对象，HTML 文件正文中的对象都能包含在 AP 元素中，所以 AP 元素能用来实现页面布局。AP 元素的位置是可重叠的，设计者不仅能控制 AP 元素的前后位置，也能控制 AP 元素的显示或隐藏。

AP 元素在页面中的位置不受限制，可以用来给 HTML 页面元素分配绝对位置，对应的 HTML 标记是“Div”。

网页制作不一定必须使用 AP 元素，但掌握了 AP 元素的使用方法，能够大大加强网页设计的灵活性，给网页添加意想不到的效果。

10.1.2　插入 AP 元素

插入 AP 元素可以通过命令菜单和功能面板两种方法实现。在 AP 元素中可以嵌套一个或多个 AP 元素，这些插入到 AP 元素中的 AP 元素被称为“嵌套的 AP 元素”。

1. 用命令菜单插入 AP 元素

“插入”菜单→“布局对象”→“AP Div”，系统在当前光标位置自动插入一个默认大小的 AP 元素。

插入 AP 元素的命令菜单如图 10 - 1 所示。

2. 用功能面板插入 AP 元素

打开“插入”面板的“布局”选项组→单击“标准”按钮→单击“绘制 AP Div”→拖动鼠标在“设计”视图画一块区域，松开鼠标后网页中显示 AP 元素的范围。

插入 AP 元素的“布局”面板如图 10 - 2 所示。

3. 插入嵌套的 AP 元素

光标置于 AP 元素中→单击“插入”面板的“绘制 AP Div”图标→拖动鼠标在 AP 元素内部画出一块区域，松开鼠标后显示嵌套的 AP 元素。

嵌套的 AP 元素如图 10 - 3 所示。

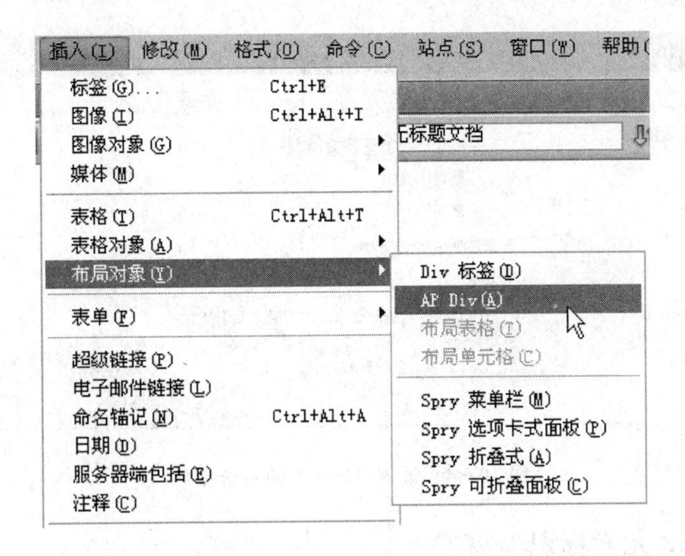

图 10-1　用命令菜单插入 AP 元素

图 10-2　插入 AP 元素的“布局”面板

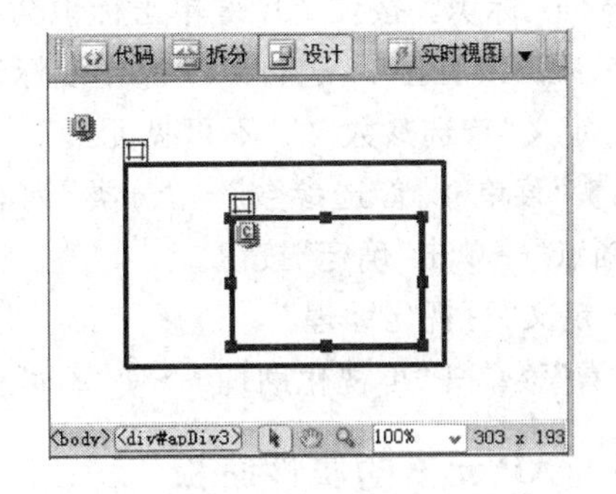

图 10-3　嵌套的 AP 元素

10.1.3　设置 AP 元素的首选参数

AP 元素的默认大小由“首选参数”决定。“编辑”菜单→“首选参数”→“分类”列表中选“AP 元素”→窗口右边设置选项→单击“确定”按钮，完成首选参数的设置。

设置 AP 元素的首选参数如图 10-4 所示。

各选项含义如下：

① 显示，确定 AP 元素在默认情况下是否可见，有 4 个选项：default(默认)、inherit(继承)、visible(可见)、hidden(隐藏)。

② “宽”和“高”，定义 AP 元素默认的宽度和高度，单位是像素。用命令菜单插入 AP 元素时，AP 元素显示默认大小。

③ 背景颜色，给 AP 元素区域指定背景颜色。

④ 背景图像，给 AP 元素区域指定背景图像。

⑤ 勾选“嵌套”选项以后，在 AP 元素区域中绘制的 AP 元素自动为嵌套的 AP 元素，移动父 AP 元素，嵌套的 AP 元素会随之移动。

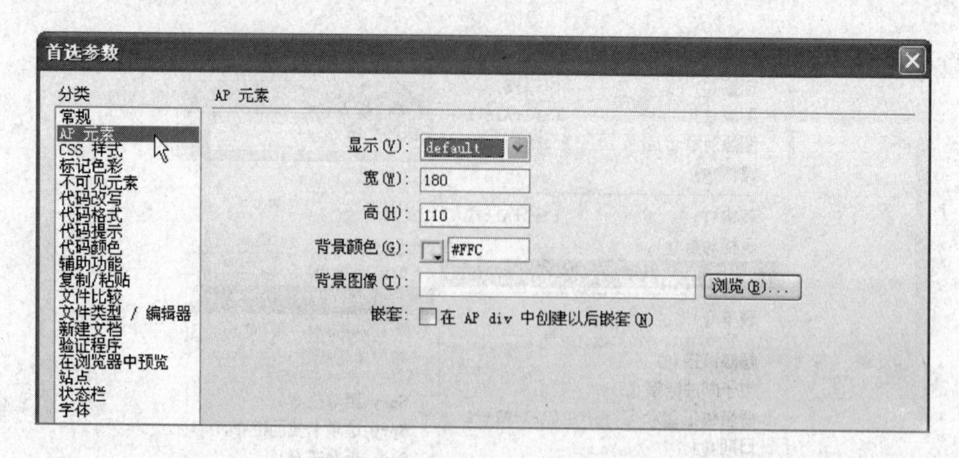

图 10-4 设置 AP 元素的首选参数

10.1.4 显示 AP 元素标识

页面中插入 AP 元素以后,页面左上角会显示 AP Div 标识,嵌套的 AP 元素左上角也会显示 AP Div 标识。按住 Alt 键单击标识会显示 AP 元素的名称。

如果标识没有显示,进行以下操作使标识显示出来。

(1) 定义“首选参数”的“不可见元素”

“编辑”菜单→“首选参数”→“分类”列表中选“不可见元素”→右边选项列表中勾选“AP 元素的锚点”→单击“确定”按钮。

(2) 定义“可视化助理”

“查看”菜单→“可视化助理”→使“不可见元素”前有对勾。

10.1.5 AP 元素的属性面板

AP 元素的大多数属性可以在属性面板设置,如宽、高、背景颜色等。如果网页中插入多个 AP 元素,并且多个 AP 元素属性设置相同,可以选中多个 AP 元素,在属性面板同时给多个 AP 元素设置属性。

1. 单个 AP 元素的属性面板

单击 AP 元素的边框选中一个 AP 元素,属性面板如图 10-5 所示。

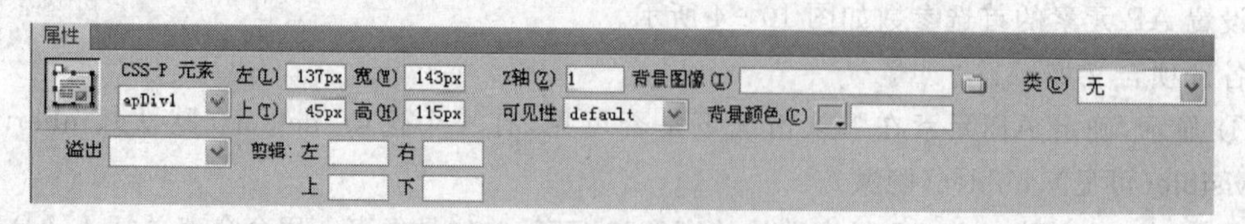

图 10-5 单个 AP 元素的属性面板

各选项含义如下:

① 在“CSS-P 元素”下面的文本框中可输入或修改当前 AP 元素的名称。

② 在“左”框和“上”框定义 AP 元素相对于页面或父层左上角的位置。

③ 在“宽”框和“高”框定义 AP 元素的宽度和高度。

④ 在“Z 轴”框定义 AP 元素的的层次。

⑤ 在“可见性”框定义 AP 元素的可见性，有 4 个选项：default（默认）、inherit（继承）、visible（可见）、hidden（隐藏）。

⑥ 在“背景图像”框定义 AP 元素的背景图像。

⑦ 在“背景颜色”框定义 AP 元素的背景颜色。

⑧ 在“类”框选择已有的 CSS 样式或附加样式表。

⑨ 在“溢出”框定义当 AP 元素的内容尺寸超出 AP 元素的尺寸时如何处理。有 4 个选项：visible（显示）、hidden（隐藏）、scroll（滚动条）、auto（自动）。

- visible，当 AP 元素的内容尺寸超出层的范围，自动增加层的尺寸。
- hidden，当 AP 元素的内容尺寸超出层的范围，隐藏超出部分的内容，层尺寸不变。
- scroll，无论 AP 元素的内容尺寸是否超出层的范围，层都显示滚动条。
- auto，是默认值，当 AP 元素的内容尺寸超出层的范围，层自动增加滚动条。

⑩ 在“剪辑”选区的“上”、“下”、“左”、“右”框定义层的可视区域与层边界之间的像素值。

2. 多个 AP 元素的属性面板

按住 Shift 键逐个单击 AP 元素边框选中多个 AP 元素，属性面板显示“HTML”和“CSS”选项按钮。无论单击“HTML”按钮还是“CSS”按钮，多个 AP 元素的属性面板是相同的，都在属性面板下半部分。

多个 AP 元素的属性面板如图 10 - 6 所示。

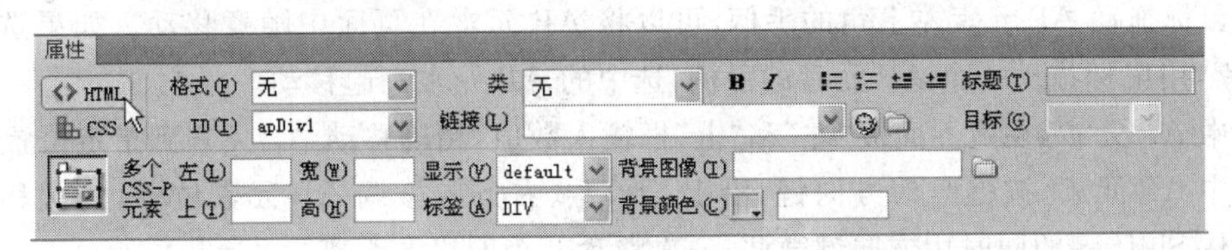

图 10 - 6　多个 AP 元素的属性面板

各选项含义如下：

① “左”框中输入的值定义所有 AP 元素与页面左侧的距离，例如，在“左”框中输入“20px”，则选定的多个 AP 元素距离页面左侧都是 20 像素。

② “上”框中输入的值定义所有选定的 AP 元素与页面上侧的距离。

③ “宽”框中输入的值定义所有 AP 元素的宽度，例如，在“宽”框中输入“100px”，则选定的多个 AP 元素都是 100 像素宽。

④ “高”框中输入的值定义所有 AP 元素的高度。

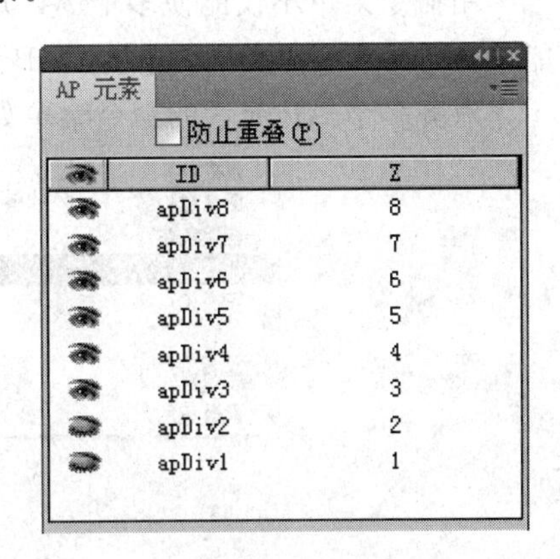

图 10 - 7　“AP 元素”面板

10.1.6　“AP 元素”面板

“AP 元素”面板显示当前网页所有 AP 元素，如图 10 - 7所示。

面板说明如下：

① 勾选“防止重叠”,AP元素互不重叠。

② “眼睛”列定义AP元素在“设计”窗口是否可见,眼睛睁开表示元素在设计窗口显示,眼睛关闭表示元素在设计窗口隐藏,单击眼睛图标切换两种状态。单击最上方眼睛图标控制所有元素显示和隐藏。

③ “ID”列定义AP元素名字,系统会给出默认名字,双击名字后可以更换名字。

④ “Z”列定义AP元素的显示级别,数字大的显示在数字小的元素上面。这个数字是相对值。

10.1.7 AP元素的操作

AP元素的操作与表格操作类似,文本、图像、表格等网页元素都可以插入到AP元素中。

1. 选中AP元素

单击AP元素边框选中该元素,按住Shift键逐个单击AP元素边框,选中多个AP元素。

2. 调整AP元素大小

选中AP元素后,AP元素的边框显示可调控的节点,称为“调节柄”,用鼠标拖动调节柄即可修改AP元素范围的大小。

选中AP元素后,在属性面板的“宽”和“高”框输入数值,精确定义AP元素的大小。如果选中多个AP元素,用“宽”和“高”框同时定义多个AP元素的大小。

3. 移动AP元素

用鼠标拖动AP元素左上角的手柄,可以将AP元素在页面中随意移动。如果选中多个AP元素,用鼠标拖动一个AP元素的手柄,选中的AP元素一起移动。

选中AP元素,在属性面板“左”和“上”框输入数值,精确移动AP元素到指定位置。

选中AP元素,按键盘的方向键,沿上、下、左、右方向微调AP元素位置,一次移动1像素。按住Shift键的同时用方向键微调,一次移动一个网格的距离。

4. 对齐多个AP元素

选中多个AP元素→“修改”菜单→“排列顺序”→在级联菜单中选择排列方式,多个AP元素会参照最后选定的AP元素的边框对齐。

用命令菜单不仅能使多个AP元素左右对齐或上下对齐,还能改变AP元素的层次顺序,能使AP元素大小相同,或防止AP元素重叠。

对齐多个AP元素的命令菜单如图10-8所示。

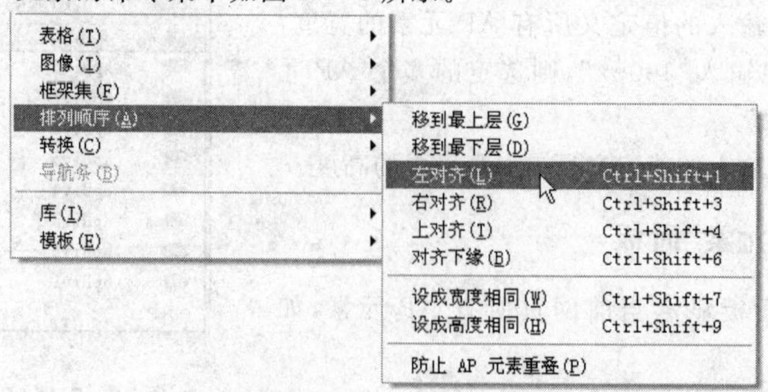

图10-8 对齐多个AP元素的命令菜单

10.1.8　AP 元素与表格相互转换

AP 元素与表格可以相互转换，然后用 AP 元素布局网页转换成表格编辑网页。

“修改”菜单→“转换”→级联菜单中选择命令，将 AP 元素转换成表格，或将表格转换成 AP 元素。

AP 元素与表格相互转换的命令如图 10－9 所示。

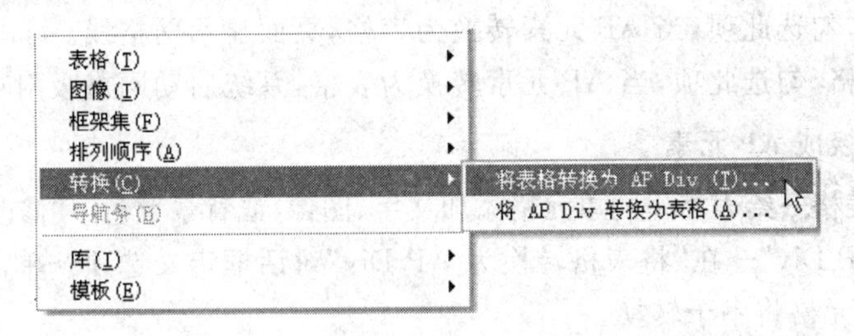

图 10－9　AP 元素与表格相互转换的命令

1. 将 AP 元素转换成表格

在页面绘制多个 AP 元素→“修改”菜单→“转换”→选择“将 AP Div 转换为表格”→在“将 AP Div 转换为表格”对话框定义选项→单击“确定”按钮。

“将 AP Div 转换为表格”对话框如图 10－10 所示。

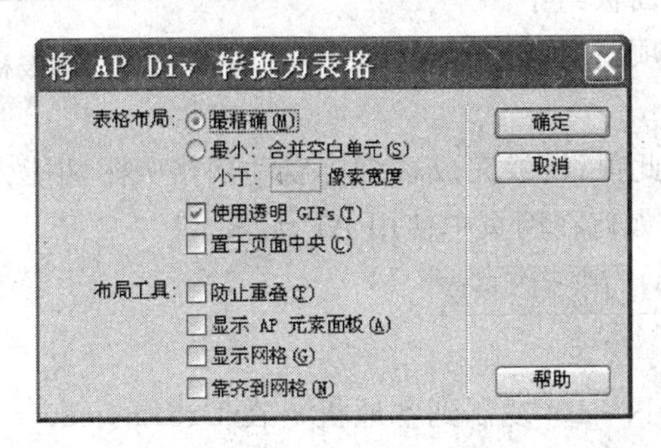

图 10－10　“将 AP Div 转换为表格”对话框

各选项含义如下：

① 最精确，以最精确方式给表格加单元格，并添加额外单元格以保持两个 AP 元素的相对位置，如图 10－11 所示。

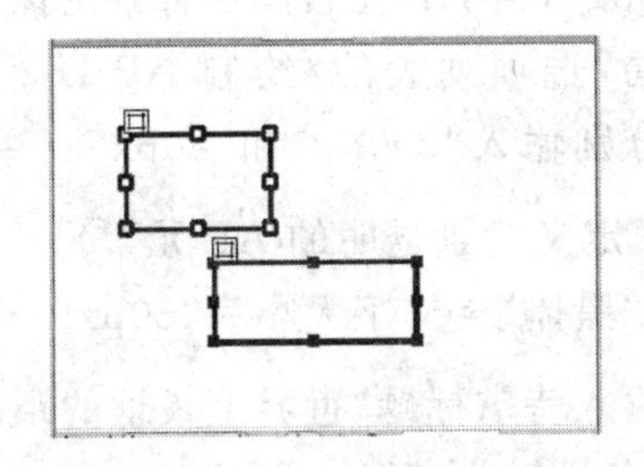

图 10－11　将 AP 元素转换为表格

② 最小，使转化后的表格存在最少的单元格。选择此项时，要设置小于多少像素宽度会

合并单元格。通常不选此项,以免生成的表格与希望的表格不符。

③ 使用透明GIFs,勾选此项,允许使用GIF图像填充表格最后一行。

④ 置于页面中央,勾选此项,转换后的表格位于页面中间。不选此项,转换后的表格位于页面左侧。

⑤ 防止重叠,勾选此项,AP元素不能重叠。

⑥ 显示AP元素面板,勾选此项,当AP元素转换为表格,面板组自动显示AP面板。

⑦ 显示网格,勾选此项,当AP元素转换为表格,页面显示网格线。

⑧ 靠齐到网格,勾选此项,当AP元素转换为表格,系统启动网格吸附功能。

2. 将表格转换成AP元素

在页面绘制表格→给表格里的单元格添加文字、图像、或背景颜色→"修改"菜单→"转换"→"将表格转换为AP Div"→在"将表格转换为AP Div"对话框定义选项→单击"确定"按钮。

说明:空的单元格将不予转换。

"将表格转换为AP Div"对话框如图10-12所示。

各选项含义如下:

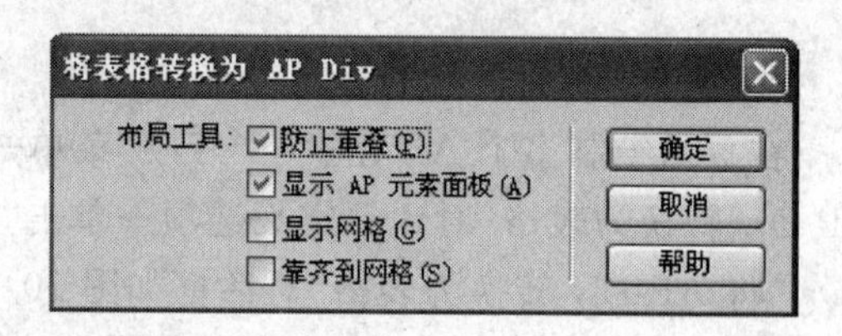

图10-12 "将表格转换为AP Div"对话框

① 防止重叠,勾选此项,防止转换后的AP元素发生重叠。

② 显示AP元素面板,勾选此项,转换完成后AP面板自动显示在面板组中。

③ 显示网格,勾选此项,转换完成后页面显示网格线。

④ 靠齐到网格,勾选此项,转换完成系统将启动网格吸附功能。

下面用一个实例介绍如何在网页中使用AP元素。

例10-1　在网页中使用AP元素

操作步骤如下:

① 将素材文件夹"wylx-10"复制到本地机→在Dreamweaver中建立同名站点指向本地机上的站点文件夹"wylx-10"。

② 在站点根目录新建网页文件"page1.html"→打开该文件。

③ "插入"菜单→"布局对象"→"AP Div",页面中自动插入默认大小的AP元素。

④ 选中AP元素→属性面板"宽"和"高"框分别输入"700px"和"800px"→单击"背景图像"框的"浏览"按钮→选"image"文件夹的"bji.jpg",给AP元素添加背景图像。

⑤ 选中AP元素→单击"插入"面板"布局"选项列表的"绘制AP Div"→绘制尺寸为"300px×40px"的AP元素→"左"框和"上"框分别输入"200px"和"80px"→单击"背景颜色"按钮→在颜料盒顶端选"无色"(注:用"无色"定义背景透明的AP元素)。

⑥ 光标在AP元素内部单击→定义字体为"黑体"→文字大小为"30px"→文字颜色为"黄色"(#FF0)→单击属性面板"居中"按钮→输入诗歌标题"世界上最远的距离"。

⑦ 绘制第2个AP元素→"宽"框和"高"框分别输入"380px"和"90px"→"左"框和"上"框分别输入"200px"和"170px"→文字大小为"20px"→文字颜色为"黄色"(#FF0)→输入诗歌第1段(见素材文件夹)。

⑧ 同样方法再绘制 4 个 AP 元素→依次输入几段诗歌文字→AP 元素的“左”框都是“200px”→垂直方向可适当调整。至此,大的 AP 元素内部嵌套了 6 个小的 AP 元素。

⑨ 预览网页,网页总体效果如图 10－13 所示。

图 10－13　在网页中使用 AP 元素

10.2　AP 元素样式

在 HTML 文档中,定义 AP 元素的 CSS 样式通常在网页头部,在网页主体用 Div 标记创建 AP 元素。

用 DIV 标记布局页面,用 CSS 样式控制页面外观,这种网页设计方法称为“DIV＋CSS”。下面介绍“DIV＋CSS”的最简单应用。

10.2.1　定义 AP 元素位置和大小的样式

用样式可以精确定义 AP 元素的位置和大小。

1. 定义 AP 元素位置

定义 AP Div 位置的常用属性有 3 个。

① position,取值有 absolute(绝对定位)和 relative(相对定位)。

② left,定义 AP 元素在页面左端的位置,单位是像素。

③ top,定义 AP 元素在页面顶端的位置,单位是像素。

说明:

相对定位是指相对于元素的原始起点进行移动。绝对定位的元素位置根据浏览器左上角计算得到。绝对定位的元素可以覆盖页面上的其他元素,

2. 定义AP元素大小

定义AP Div大小的常用属性有2个。

① width,定义AP元素的宽度,单位是像素。

② height,定义AP元素的高度,单位是像素。

3. 定义AP元素的显示层次

定义AP Div显示层次的常用属性是z-index。z-index的值是相对值,z-index数值高的AP元素显示在z-index的数值低的AP元素上层。

下面用一个实例介绍定义AP元素位置的样式。

例10-2　定义AP元素位置的样式

操作步骤如下:

① 建立文本文件"位置样式.txt"→改名为"位置样式.html"→用记事本方式打开文件"位置样式.html"(参见光盘第10章"AP DIV样式"文件夹中的网页文件)。

② 输入如下代码:

```
<html>
<head>
<meta http-equiv="Content-Type" content="text/html; charset=gb2312-80" />
<title>位置样式</title>
<style type="text/css">
<!--
#apDiv1 {
    position:absolute;
    left:65px;
    top:62px;
    width:168px;
    height:212px;
    background-color:#0000FF;
    z-index:1;
}
#apDiv2 {
    position:absolute;
    left:17px;
    top:19px;
    width:136px;
    height:113px;
    background-color:#FFC;
    z-index:2;
}
#apDiv3 {
    position:absolute;
```

```
        left:24px;
        top:159px;
        width:137px;
        height:31px;
        background-color:#0000FF;
        z-index:2;
        font-size: 24px;
        font-weight: bold;
        text-align: center;
        color: #FF0;
    }
    -->
    </style>
    </head>
    <body>
    <div id="apDiv1">
      <div id="apDiv2"><img src="cat1.jpg" width="136" height="113" /></div>
       <div id="apDiv3">我是黑猫！</div>
    </div>
    </body>
    </html>
```

③ 浏览网页，效果如图 10-14 所示。

说明：

本例定义了 3 个 AP 元素的样式，用<div>标记生成 3 个 AP 元素。其中，AP 元素“apDiv2”和 AP 元素“apDiv3”位于 AP 元素“apDiv1”内部，在“apDiv2”中插入了一个图像，在“apDiv3”中插入了一段文字。

图 10-14　定义 AP 元素位置的样式

10.2.2　控制 AP 元素的显示

绝对定位使得同一位置上可以层叠放置多个 AP 元素，对于层叠放置的 AP 元素可以用显示和隐藏属性来控制元素的显示与否。

定义 AP 元素是否显示的属性是“visibility”，若属性值取“visible”，则 AP 元素显示，若属性值取“hidden”，则 AP 元素隐藏。

下面用一个实例介绍如何控制 AP 元素的显示。

例 10-3　定义 AP 元素是否显示的样式

操作步骤如下：

① 建立文本文件“显示样式.txt”→改名为“显示样式.html”→用记事本方式打开文件“显示样式.html”(参见光盘第 10 章“AP DIV 样式”文件夹中的网页文件。)。

② 输入如下代码：

```
<html>
```

```
<head>
<meta http-equiv="Content-Type" content="text/html; charset=gb2312-80" />
<title>显示样式</title>
<style type="text/css">
<!--
#ys1{position:absolute;top:100;left:50;}
#ys2{position:absolute;top:100;left:50;visibility:hidden;}
p{color:red;font-weight:bolder;}
-->
</style>
</head>
<body>
<p>不管白猫黑猫逮住老鼠就是好猫</p>
        
<a href="#" onclick="ys1.style.visibility='visible';ys2.style.visibility='hidden'">
猫 1</a>
<a href="#" onclick="ys2.style.visibility='visible';ys1.style.visibility='hidden'">
猫 2</a>
<div id=ys1><img src=cat1.jpg><p>我是黑猫</div>
<div id=ys2><img src=cat2.jpg><p>我也是黑猫</div>
</body>
</html>
```

③ 浏览网页,同一位置有两张图片层叠放置,单击链接文字显示对应图片,使另一张图片隐藏,效果如图 10-15 所示。

图 10-15 定义 AP 元素是否显示的样式

10.3 认识行为

使用"行为"是网页制作的基本技能。Dreamweaver CS4 将网页的基本行为集中组合到"行为"面板上,给网页添加基本行为用"行为"面板完成。

10.3.1　什么是“行为”

行为是“事件”和“动作”的结合。例如,当鼠标移动到网页的图片上时图片变小,在这里,鼠标移动称为“事件”,图像变化称为“动作”,一般的行为都要由事件来激活。

使用行为首先要选择对象,然后在“行为”面板选择动作,最后确定触发该动作的事件。

10.3.2　什么是“事件”

事件是浏览器生成的消息,反映该页的访问者所执行的操作。

例如:用鼠标单击文字打开信息框,浏览器为该行为生成一个“onClick”事件。

每个浏览器都会提供一组事件,常用事件如下:

① onAbort,当终止下载传输时发生该事件。

② onBlur,当取消焦点时发生该事件。

③ onClick,用鼠标单击对象时发生该事件。

④ onDbClick,用鼠标双击对象时发生该事件。

⑤ onError,下载期间页面出现错误时发生该事件。

⑥ onFocus,产生焦点时发生该事件。

⑦ onLoad:网页载入时发生该事件。

⑧ onMouseOver,当鼠标移到对象上时发生该事件。

⑨ onMouseOut,当鼠标移出对象时发生。

⑩ onSelect,当选中对象时发生该事件。

⑪ onSubmit,当提交表单时发生该事件。

⑫ onUnload,重新下载页面时发生该事件。

10.3.3　什么是“动作”

动作是一组预先编写好的 JavaScript 代码,这些代码能完成特定任务。例如:交换图像、打开浏览器窗口等。Dreamweaver CS4 提供了很多动作,可以在“行为”面板的“行为”菜单中中查看。

10.3.4　“行为”面板

Dreamweaver CS4 中的所有行为都集中在“行为”面板中,使用“行为”面板不但能将行为添加到网页元素上,而且还能修改以前所添加的行为。

“窗口”菜单→“行为”,打开“行为”面板。“行为”面板中间显示定义的行为,每个行为占一行,每一行的左边是“事件”,右边是“动作”,事件和动作构成一个行为。

单击“事件”框下三角按钮,可以在“事件”列表中选择或更改事件。双击“动作”框的动作,可以重新编辑动作内容。

“行为”面板上方有 6 个按钮,从左到右依次为:显示当前对象的行为、显示全部行为、添加行为、删除行为、向上移动行为、向下移动行为。

具体介绍如下:

① 单击 按钮,显示附加到当前对象的行为。如图 10-16 所示。

② 单击 按钮，按字母顺序显示属于当前对象的所有事件和已定义的行为。如图 10－17 所示。

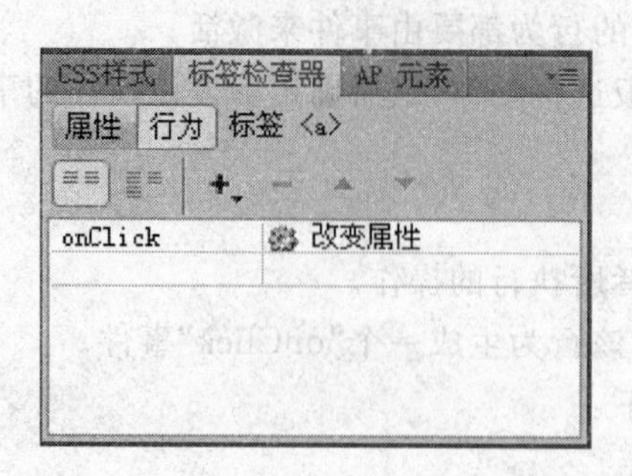

图 10－16 仅显示当前对象的行为

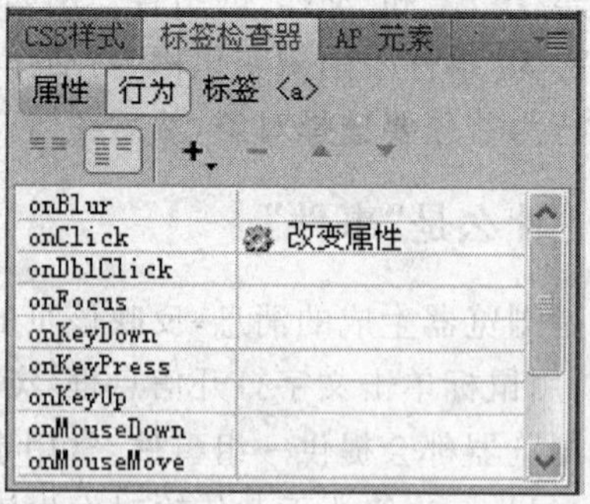

CSS样式 标签检查器 AP 元素
属性 行为 标签 <a>
onBlur
onClick 改变属性
onDblClick
onFocus
onKeyDown
onKeyPress
onKeyUp
onMouseDown
onMouseMove

图10－17 当前对象的所有事件和已定义的行为

③ 单击 按钮，显示“行为”菜单，菜单里包括了系统提供的全部动作。

④ 单击减号按钮 ，从“行为”列表删除选中的行为，按 Delete 键也能删除行为。

⑤ 单击上箭头按钮和下箭头按钮，在“行为”列表向上或向下移动“行为”的位置。

10.3.5 “行为”菜单

在“行为”面板单击“添加行为”按钮 ，显示“行为”菜单，“行为”菜单，如图 10－18 所示。“行为”菜单提供的动作选项如下：

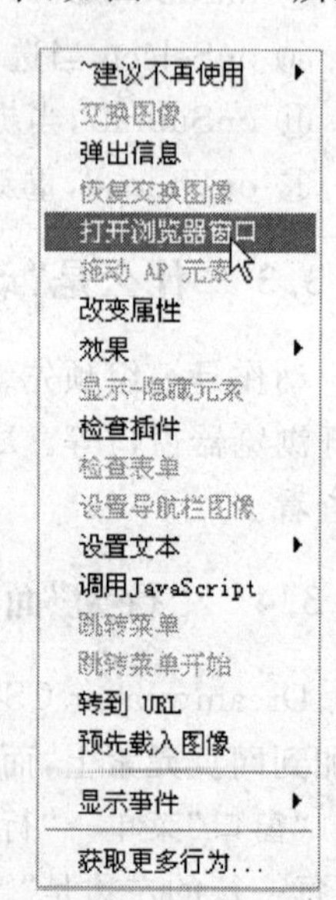

图 10－18 “行为”菜单

① 交换图像，事件触发时显示另一个图像。

② 弹出信息，事件触发时打开信息对话框。

③ 恢复交换图像，事件触发时显示原始图像。

④ 打开浏览器窗口，事件触发时打开一个浏览器窗口显示指定网页。

⑤ 拖动 AP 元素，事件触发时 AP 元素可拖曳。

⑥ 改变属性，事件触发时改变一些页面元素的属性。

⑦ 效果，事件触发时对象按指定效果显示，具体效果在级联菜单中选则。“效果”的级联菜单如图 10－19 所示。

⑧ 显示隐藏元素，事件触发时实现 AP 元素的显示或隐藏。

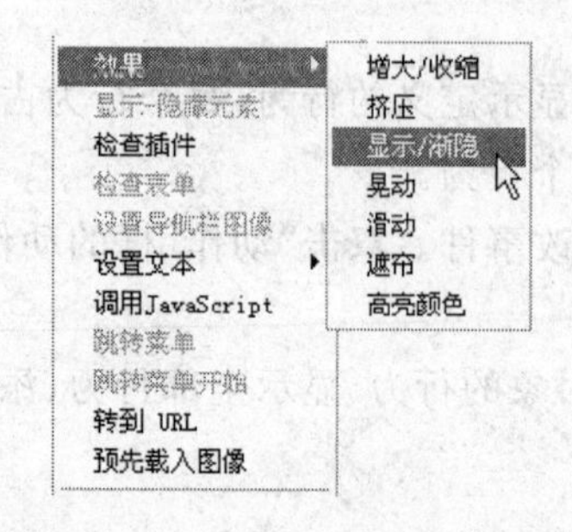

图 10－19 “效果”的级联菜单

⑨ 检查插件，判断浏览器是否已经安装了指定插件。

⑩ 检查表单，对表单进行检查。

⑪ 设置导航栏图像，制作动态按钮。

⑫ 设置文本，可以设置容器文本、文本域文字、框架文本、状态栏文本。

⑬ 调用 JavaScript，调用一段 JavaScript 程序。

⑭ 跳转菜单，在下拉列表中选中一个项目后，跳转到一个 URL 地址。

⑮ 跳转菜单开始，使用跳转菜单的网页元素。

⑯ 转到 URL，自动转到另一页面。

⑰ 预先载入图像，将网页上的图像下载到本地缓存中，加快图像下载。

⑱ 显示事件，选择浏览器版本。

⑲ 获取更多行为，下载第 3 方插件。

10.4　使用行为

Dreamweaver CS4 提供几十个内置行为，每一个行为都有独特的网页显示效果。下面用实例介绍几个常用行为的使用方法。

10.4.1　弹出信息框

有的网站一进入首页或某个页面会立即弹出一个信息框，信息框通常只有一个“确定”按钮，主要用来显示注意事项或公告等内容。

下面用一个实例介绍打开网页弹出信息框的制作方法。

例 10-4　打开网页弹出信息框

操作步骤如下：

① 在 Dreamweaver 选择“wylx-10”为当前站点。

② 打开网页文件“wf.html”→单击编辑窗口左下角的<body>标记。

③ 打开“行为”面板→单击 + 按钮→在“行为”菜单中选“弹出信息”→在“弹出信息”对话框输入文字“欢迎光临！”→单击“确定”按钮。

“弹出信息”对话框如图 10-20 所示。

图 10-20　在“弹出信息”对话框中输入文字

④ 观察“事件”框，系统自动选则“onLoad”事件。

⑤ 预览网页，打开网页时立即显示信息框。如图 10-21 所示。

10.4.2　打开浏览器窗口

信息框只能显示文字，若想显示更丰富的内容，要利用“打开浏览器窗口”的行为弹出网页窗口。例如，单击一个小图，打开一个较大的窗口显示与小图对应的较大的图像。

下面用一个实例介绍打开浏览器窗口的制作方法。

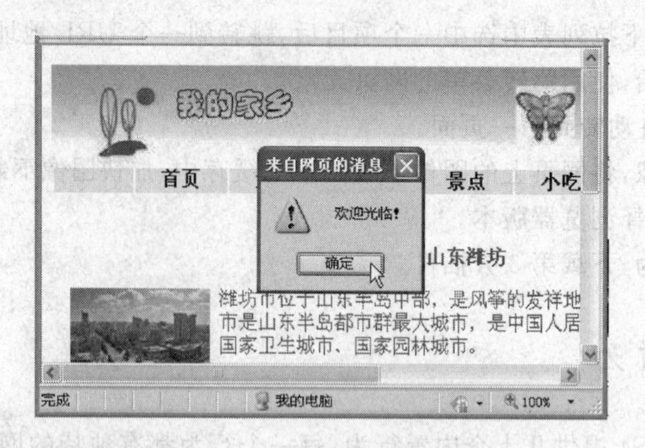

图 10-21 打开网页立即显示信息框

例 10-5 打开浏览器窗口

操作步骤如下：

① 在 Dreamweaver 中选择“wylx-10”为当前站点。

② 在站点根目录制作网页“page2. html”→网页中插入图像“wfsq. jpg”→设置图像大小为 480×319 像素。

③ 打开网页文件“wf. html”→选取文本左上角的图像→单击“行为”面板的“添加行为”按钮 +→在“行为”菜单中选“打开浏览器窗口”。

④ 在“打开浏览器窗口”对话框单击“浏览”按钮→选网页文件“page2. html”→“窗口宽度”框和“窗口高度”框中分别输入“480”和“319”→单击“确定”按钮。

“打开浏览器窗口”如图 10-22 所示。

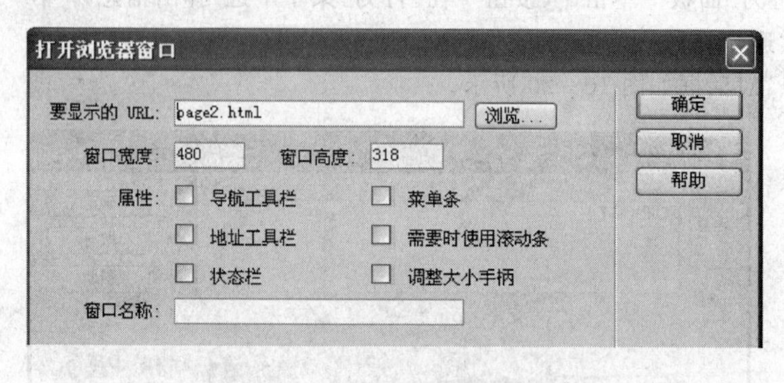

图 10-22 “打开浏览器窗口”对话框

各选项含义如下：

- 要显示的 URL，输入浏览器窗口的 URL(含相对路径)。
- 窗口宽度，设置浏览器窗口的宽度，单位是像素。
- 窗口高度，设置浏览器窗口的高度，单位是像素。
- 导航工具栏，勾选此项，浏览器窗口将显示导航工具栏。
- 地址工具栏，勾选此项，浏览器窗口将显示地址工具栏。
- 状态栏，勾选此项，浏览器窗口将显示状态栏。
- 菜单条，勾选此项，浏览器窗口将显示菜单条。

· 需要时使用滚动条，勾选此项，浏览器窗口将显示滚动条。

· 调整大小手柄，勾选此项，浏览器窗口大小可变。

· 窗口名称，给弹出的窗口起一个英文名字，若只弹出一个窗口可以不填，若同时弹出多个窗口，窗口名字必须填上，且不能重名。

⑤ 单击“事件”框下三角按钮→选“onMouseOver”。

⑥ 浏览网页“wf. html”，当鼠标指到小图时，自动打开浏览器窗口显示网页文件“page2. html”，效果如图 10－23 所示。

图 10－23　自动打开浏览器窗口

⑦ 在站点根目录新建网页“page3. html”→在网页中输入文字“第 22 届潍坊国际会的“风筝放飞”项目定于 4 月 20 日在浮烟山放飞场举行。特此公告”。

⑧ 在网页文件“wf. html”的底部输入文本“风筝会公告”→选中文本→属性面板“链接”框输入＃号。本操作给选定文字建立了空连接。

⑨ 选中文本→打开“行为”面板的“行为”菜单→选“打开浏览器窗口”→在“打开浏览器窗口”对话框单击“浏览”按钮→选网页文件“page3. html”→“窗口宽度”框和“窗口高度”框中分别输入 280 和 150→单击“确定”按钮。

⑩ “行为”面板“事件”框选“onClick”。

⑪ 预览网页“wf. html”，单击链接文字“风筝会公告”打开浏览器窗口，显示网页文件“page3. html”，效果如图 10－24 所示。

说明：从本例可见，以文字为链接源的超链接除了用前面学过的链接方法之外，还可以用行为来实现。首先给选中的文字建立空链接，使该文本成为链接对象，然后才能激活动作。

10. 4. 3　制作交换图像

浏览网页时，当鼠标移到图像上会显示另一幅图像，这种网页效果称为交换图像。

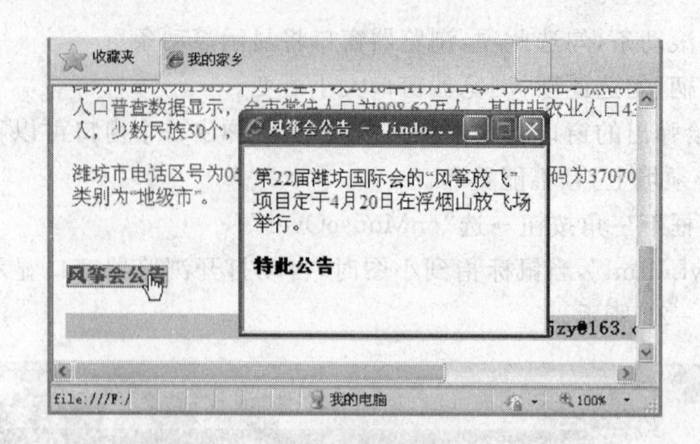

图 10-24　链接文字打开浏览器窗口

下面用一个实例介绍交换图像的制作方法。

例 10-6　交换图像

操作步骤如下：

① 在 Dreamweaver 中设置“wylx-10”为当前站点。

② 打开网页文件“wf. html”→选中文本右下角的图像→在“行为”面板的“行为”菜单中选“交换图像”。

③ 在“交换图像”对话框单击“浏览”按钮→选取站点的图像“wfyj-2. jpg”→单击“确定”按钮。wfyj-2. jpg 是要交换的图像。

④ 观察“行为”面板，“交换图像”动作定义在事件 onMouseOver 上，并且系统自动在事件 onMouseOut 上添加“恢复交换图像”动作。“行为”面板如图 10-25 所示。

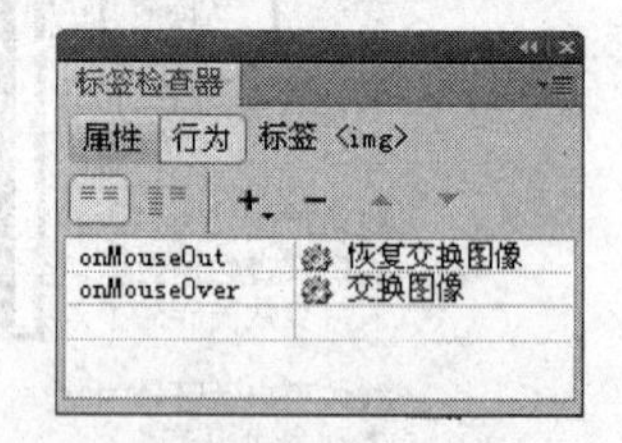

图 10-25　交换图像

⑤ 浏览网页“wf. html”，当鼠标移到右下角图像上，页面显示另一幅图像，如图 10-26 所示。

⑥ 当鼠标离开图像位置会显示原始图像，如图 10-27 所示。

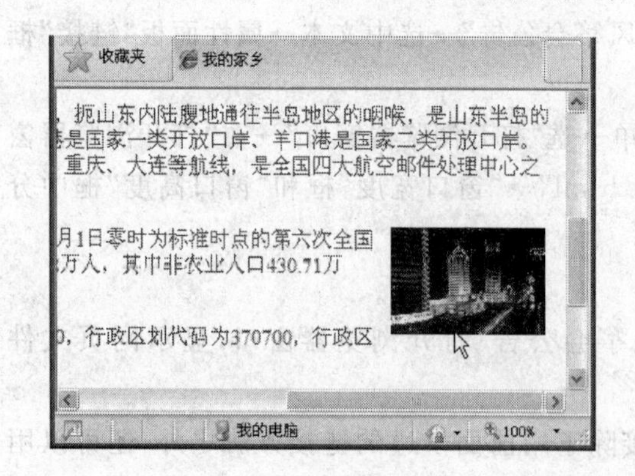

图 10-26　鼠标移到图像位置会显示另一幅图像

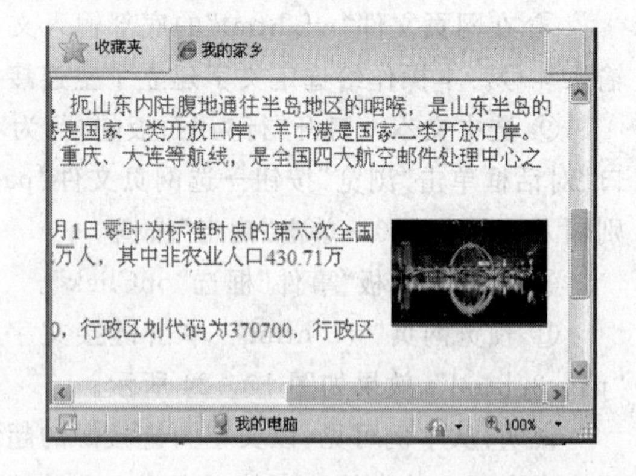

图 10-27　鼠标离开图像位置会显示原始图像

10.4.4　显示—隐藏 AP 元素

用“显示—隐藏元素”的行为可以制作多种网页效果。例如，鼠标指到图像上显示说明文字，鼠标离开图像隐藏说明文字。

下面用一个实例介绍“显示—隐藏元素”的使用方法。

例 10－7　显示—隐藏 AP 元素

操作步骤如下：

① 在 Dreamweaver 中设置“wylx－10”为当前站点→在站点根目录新建网页文件“page4.html”。

② 打开“page4.html”→设置背景色为“桔黄色”(＃F93)→插入 2 行 1 列表格→“填充”框输入 8→单元格里分别插入“image”文件夹的图像“湿地.jpg”和“十笏园.jpg”。

③ 在“湿地”图像旁绘制 AP 元素→背景色为“淡黄色”(＃FFC)→输入文字“湿地位于潍坊市区白浪河上游，面积超过 10 平方公里。保留了原生态的湿地风貌。”

④ 观察属性面板，AP 元素的默认名字是“apDiv1”。

⑤ 在“十笏园”图像旁绘制 AP 元素→背景色为“淡黄色”(＃FFC)→输入文字“十笏园位于市区胡家牌坊街，是中国北方园林袖珍式建筑。始建于明代，总建筑面积约 2000 m^2。”

⑥ 观察属性面板，AP 元素的默认名字是“apDiv2”。

设计窗口如图 10－28 所示。

图 10－28　插入图像和创建层

⑦ 分别选中两个 AP 元素→属性面板“可见性”框选“hidden”，设置 AP 元素默认状态为“隐藏”。

⑧ 选中“湿地”图像→在“行为”面板的“行为”菜单中选“显示　隐藏元素”→在对话框中选 AP 元素“apDiv1”→单击“显示”按钮→单击“确定”按钮→“事件”框选“onMouseOver”。当鼠标指到图像上显示 AP 元素。

“显示—隐藏元素”对话框如图 10－29 所示。

⑨ 再次单击“湿地”图像→“行为”菜单中选“显示—隐藏元素”→在对话框中选 AP 元素“apDiv1”→单击“隐藏”按钮→单击“确定”按钮→“事件”框选“onMouseOut”。当鼠标离开图

像时隐藏 AP 元素。

⑩ 查看“行为”面板,AP 元素“apDiv1”附加了 2 个行为,如图 10－30 所示。

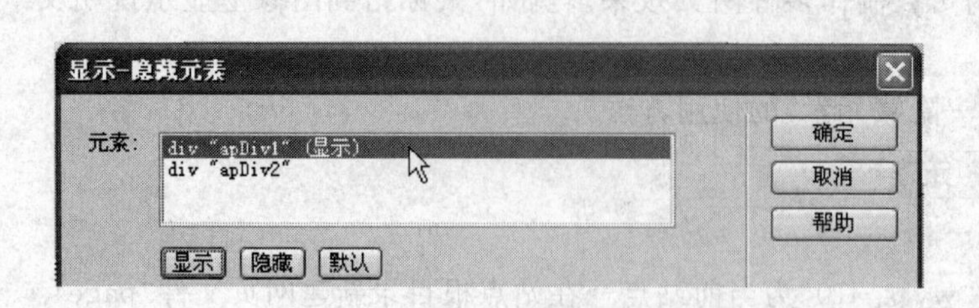

图 10－29 “显示—隐藏元素”对话框

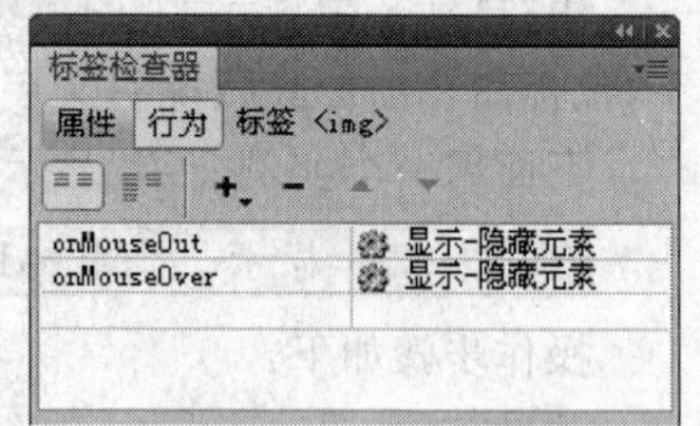

图 10－30 AP 元素附加了 2 个行为

⑪ 选中“十笏园”图像,同样方法设置 AP 元素 apDiv2 的显示与隐藏。

⑫ 浏览网页,鼠标指到图像显示 AP 元素,鼠标离开图像隐藏 AP 元素。网页显示效果如图 10－31 所示。

图 10－31 鼠标指到图像显示 AP 元素

10.4.5 改变对象属性

利用“改变属性”行为可以动态地改变对象的某个属性,例如,动态地改变 AP 元素的背景色,动态地更换图像等。

下面用一个实例介绍如何动态地改变 AP 元素的背景色。

例 10－8 动态地改变 AP 元素的背景色

操作步骤如下:

① 在 Dreamweaver 中设置“wylx－10”为当前站点→在站点根目录新建网页文件“page5.html”。

② 打开“page5.html”→写文字“粉色”和文字“黄色”。

③ 在文字下方制作 AP 元素“apDiv1”→AP 元素中输入文字“利用“改变属性”行为可以

动态地改变 AP 元素的背景色。”

设计窗口如图 10－32 所示。

④ 选中文字“粉色”→属性面板“链接”框输入＃号→“行为”面板的“行为”菜单中选“改变属性”，打开了“改变属性”对话框。

⑤ 对话框的“元素类型”框选“DIV”→“元素 ID”框选“DIV apDiv1”→单击“选择”单选项→“选择”框选“backgroundColor”（背景色）→“新的值”框输入“pink”（粉色）→单击“确定”按钮。

“改变属性”对话框如图 10－33 所示。

图 10－32　制作 AP 元素

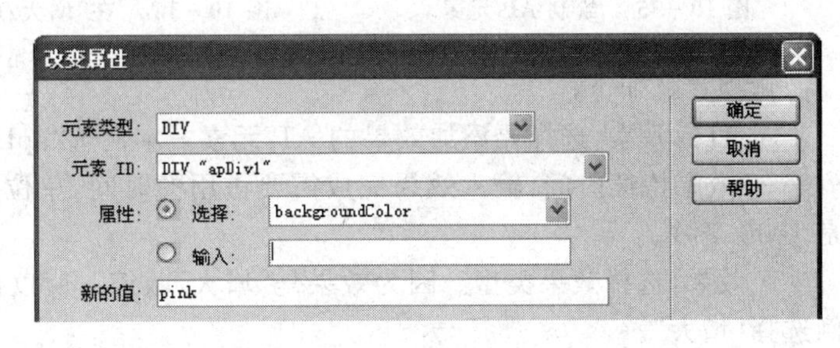

图 10－33　“改变属性”对话框

⑥ “行为”面板“事件”框选“onClick”。

⑦ 选中文字“黄色”→同样方法将 AP 元素背景色定义为黄色。

⑧ 浏览网页，单击文字“黄色”，AP 元素背景色变为黄色，单击文字“粉色”，AP 元素背景色变为粉色，效果如图 10－34 所示。

10.4.6　使用 AP 元素效果

利用“效果”中的行为可以制作许多网页效果，例如，扩大或收缩 AP 元素等。

下面用一个实例介绍如何使用 AP 元素效果。

例 10－9　使用 AP 元素效果

操作步骤如下：

① 在 Dreamweaver 中设置“wylx－10”为当前站点→在站点根目录新建网页文件“page6. html“。

② 打开“page6. html”→“修改”菜单→“页面属性”→定义网页背景图像为站点文件夹的“bj2. jpg”。

③ 绘制 AP 元素“apDiv1”→定义 AP 元素大小为“350px×350px”→AP 元素中输入站点中的图像“牡丹. jpg”，如图 10－35 所示。

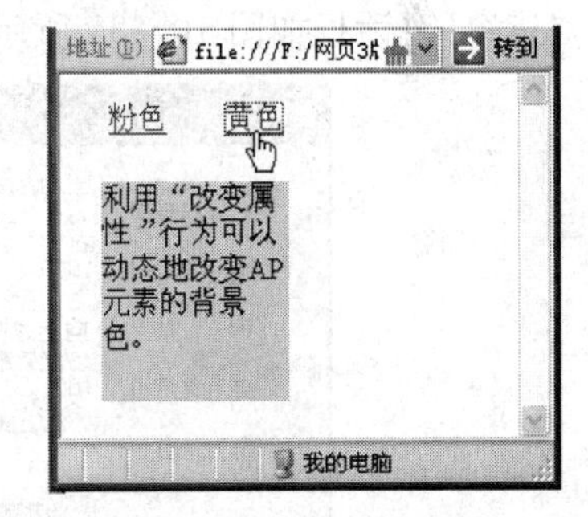

图 10－34　改变 AP 元素背景色

④ 选中 AP 元素→打开“行为”面板的“行为”菜单→在“效果”的级联菜单中选择“增大/收缩”→在“增大/收缩”对话框输入参数。

“增大/收缩”对话框如图 10－36 所示。

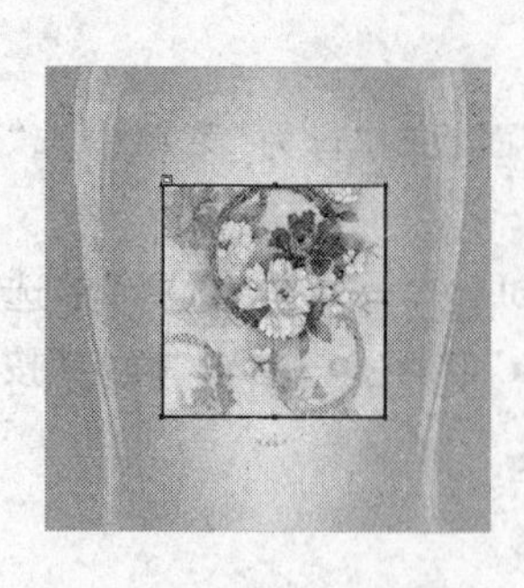

图 10-35　绘制 AP 元素

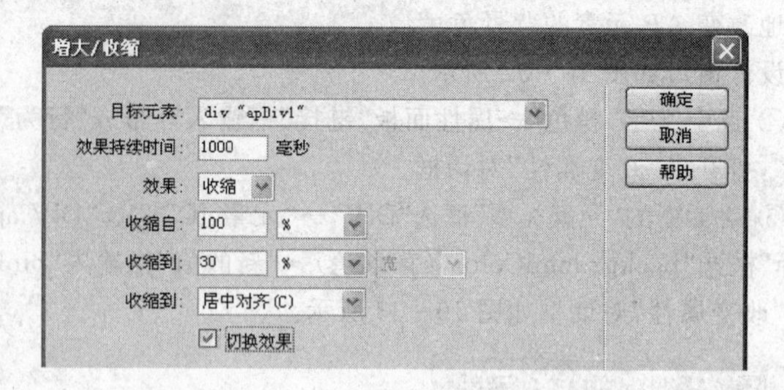

图 10-36　在"增大/收缩"对话框输入参数

选项含义如下:

· 目标元素,选择要添加效果的 AP 元素。本例选"apDiv1"。

· 效果持续时间,输入效果完成需要占用的时间,单位是"毫秒",1 秒=1000 毫秒,本例是 1000 毫秒。

· 效果,选择效果类型。因为效果是"增大/收缩",所以提供"增大"和"收缩"两个选项,本例选择"增大"。

· 收缩自,是 AP 元素的初始状态,本例选 100%,单位还可以选像素。

· 收缩到,是 AP 元素的改变以后的状态,本例选 30%,收缩到 30%停止。

· 收缩到,这个"收缩到"是指改变后的 AP 元素相对于初始状态的位置,系统提供"左上角"和"居中对齐"两个选项,本例选"居中对齐"。

· 切换效果,勾选此项,AP 元素不但有收缩效果,还同时有增大效果。本例勾选此项。

⑤ 设置参数后单击"确定"按钮,系统自动在"事件"框添加"onClick"事件。

⑥ 同样方法再绘制 AP 元素"apDiv2"→插入图像"牡丹.jpg"→在"效果"的级联菜单中选"遮帘"→在"遮帘"对话框输入参数→单击"确定"按钮→单击"事件"框下三角按钮→将系统指定的"onClick"事件更改为"onMouseOver"事件。

"遮帘"对话框如图 10-37 所示。

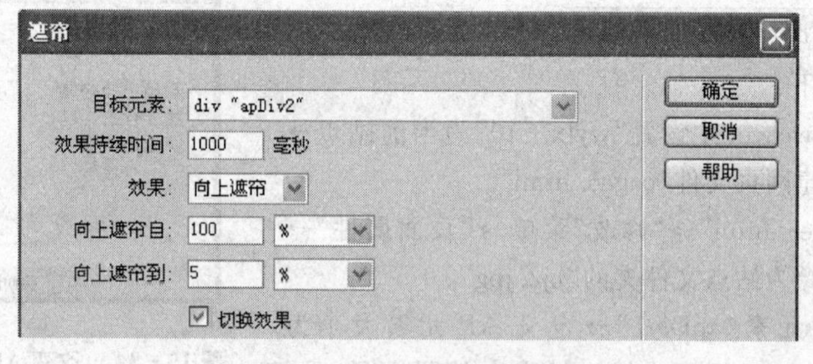

图 10-37　"遮帘"对话框

选项设置如下:

· 目标元素,本例选"apDiv2"。

· 效果持续时间,用默认值 1000 毫秒,本例用 1000 毫秒。

· 效果,本例选"向上遮帘"。

· 向上遮帘自,本例选"100%"。

· 向上遮帘到,本例选"5%"。

· 勾选“切换效果”项。

⑦ 预览网页，鼠标单击第 1 个 AP 元素，图像缩小为 30%大小到原位置中央，单击缩小的 AP 元素，图像回到原来状态。鼠标指到第 2 个 AP 元素上，图像卷帘向上剩余 5%，鼠标指到 AP 元素的剩余部分，图像又回到原来状态。

10.4.7　设置状态栏文本

设置状态栏文本可以起到宣传作用，鼠标指向某个网页元素，状态栏显示相应文本。

下面用一个实例介绍如何设置状态栏文本。

例 10－10　设置状态栏文本

操作步骤如下：

① 在 Dreamweaver 中设置“wylx－10”为当前站点→新建网页文件“page7. html”。

② 打开“page7. html”→设置背景颜色为“桔黄色”(＃F93)→插入 1 行 2 列表格→表格“间距”为 8→表格在页面居中→单元格中分别插入“湿地. jpg”和“十笏园. jpg”。

③ 选中“湿地”图像→在“行为”面板的“行为”菜单选“设置文本”→在级联菜单中选“设置状态栏文本”→在对话框输入文本“湿地位于市区白浪河上游，面积超过 10 平方公里。”→单击“确定”按钮。

“设置状态栏文本”对话框如图 10－38 所示。

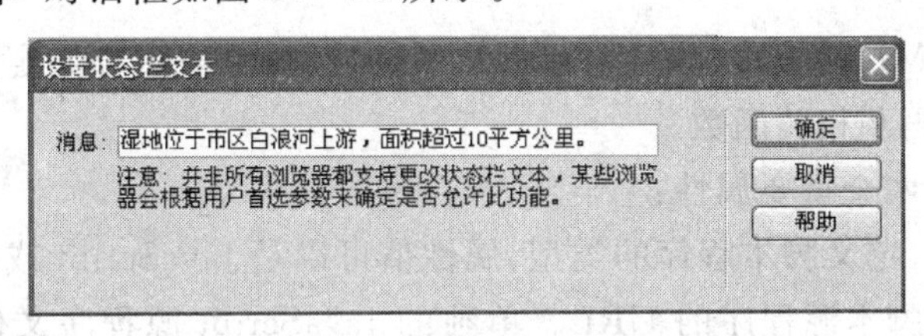

图 10－38　“设置状态栏文本”对话框

④ 选中“十笏园”图像→同样方法定义状态栏文本“十笏园位于市区胡家牌坊街，是中国北方园林袖珍式建筑。”。

⑤ 观察“行为”面板，系统自动给动作分配了“onMouseOver”事件。

⑥ 预览网页“page7. html”，当鼠标指到图像上，状态栏会显示与图像对应的文本，效果如图 10－39 所示。

图 10－39　设置状态栏文本

10.5 调用 JavaScript

网页制作越来越多的使用 JavaScript 脚本,本节只介绍 JavaScript 脚本最简单的应用,读者若想了解更深层的知识,可以参考其他专门介绍 JavaScript 脚本的书籍。

10.5.1 认识 JavaScript

1. JavaScript 简介

JavaScript 是一种基于对象和事件驱动、并具有较高安全性能的脚本语言,可用来编写功能模块,前面介绍的各种行为就是用 JavaScript 编写的。

嵌入到 HTML 文档的 JavaScript 脚本要包括在标记<script>和</script>中,脚本代码可以放在 HTML 文档的任何位置,但为了程序清晰方便阅读,通常将脚本放在文档头部。

JavaScript 脚本区分大小写。

如果把<script>和</script>括起来的脚本放到 HTML 的注释标记<! --与 -->之间,那么遇到不支持 JavaScript 语言的浏览器,脚本语句也不会显示出来。

2. 编程标记<script>

<script>是 HTML 的编程标记,<script>与</script>用来界定程序的开始和结束,之间的部分是脚本代码和相关函数。

<script>标记有两个重要属性:

① language 属性,定义脚本程序的类型,属性值可以是 JavaScript 或 VBScript。

② src 属性,指出脚本源程序的 URL。单独的 JavaScript 源程序文件以 js 为扩展名,用 src 属性链接。如果没有 src 属性,浏览器默认所有 JavaScript 源代码都在<script>与</script>之间。

3. 嵌入式 JavaScript 脚本

位于<script>与</script>之间 JavaScript 脚本称为嵌入式 JavaScript 脚本。

下面用一个实例介绍嵌入式 JavaScript 脚本。

例 10-11 嵌入式 JavaScript 脚本

操作步骤如下:

① 在文件夹“JavaScript 练习”中新建文件“javalx1. html”。

② 用“记事本”方式打开文件“javalx1. html”→输入如下代码:

```
<html>
<head>
<title>第 1 个 JavaScript 程序</title>
<script language = "JavaScript">
document.write("编写第 1 个 JavaScript 程序")
</script>
</head>
<body>
```

```
<script language="JavaScript">
alert("欢迎使用 JavaScript 语言")
</script>
</body>
</html>
```

③ 保存文件→浏览网页，效果如图 10－40 所示。

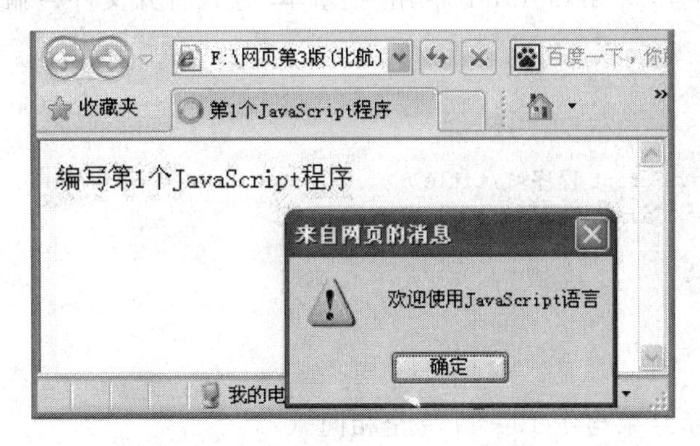

图 10－40 嵌入式 JavaScript 脚本

说明：

① document. write()能将括号里的内容显示在网页主体中。

② alert()能将括号里的内容显示在消息框中。

③ 由本例可知，JavaScript 脚本可以放在 HTML 文档的任何位置。

下面修改本例代码，将所有脚本代码放在文件头部，网页显示结果完全相同。

```
<html>
<head><title>第 1 个 JavaScript 程序</title>
<script language="JavaScript">
document. write("编写第 1 个 JavaScript 程序")
alert("欢迎使用 JavaScript 语言")
</script>
</head>
<body></body>
</html>
```

4. 外部 JavaScript 脚本

建立以"js"为扩展名的脚本文件，存放在脚本文件中的 JavaScript 脚本称为"外部 JavaScript 脚本"。

如果 HTML 文档中既调用了外部脚本，也使用嵌入式脚本，则由 src 属性指定的外部脚本先被处理，然后再处理嵌入在 HTML 文档中的脚本。

下面用一个实例介绍外部 JavaScript 脚本。

例 10－12 外部 JavaScript 脚本

把例 10－11 的脚本代码单独保存到脚本文件中，然后在 HTML 文档中调用脚本。

操作步骤如下：

① 在“JavaScript 练习”文件夹→用“记事本”方式打开文件→输入代码→保存文件。输入的代码如下：

```
document.write("编写第 1 个 JavaScript 程序")
alert("欢迎使用 JavaScript 语言")
```

② 在同文件夹新建“javalx3.html”→用“记事本”方式打开文件→输入代码→保存文件。输入的代码如下：

```
<html>
<head>
<title>第 1 个 JavaScript 程序</title>
<script language = "JavaScript" src = "jiaoben1.js">
</script>
</head>
<body></body>
</html>
```

③ 浏览网页，显示结果与例 10－11 完全相同。

5. 用事件触发 JavaScript 脚本

前面讲的是直接运行的脚本，如果把脚本放在函数中，就能用事件触发函数，从而执行脚本内容。

首先简单介绍函数。

(1) 函数

函数是能够完成某种功能的语句集合。函数由设计人员自己定义，可以在程序中反复调用。

(2) 定义函数的格式

function 函数名(参数表){函数体； return 表达式； }

(3) 定义函数的说明

① 对函数的调用通过函数名实现，函数名区分大小写。

② 参数表是可选部分，如果多于一个参数，之间用逗号分隔。

③ 函数体是脚本代码，用花括号括起来。(注:脚本的所有符号都是半角符号。)

④ return 语句用来返回函数值，如果函数无返回值，return 语句可省略。

下面用一个实例介绍用事件触发 JavaScript 函数。

例 10－13　用事件触发 JavaScript 函数

把例 10－11 的脚本放进函数中，保存为脚本文件，在 HTML 文档中用事件触发函数。

操作步骤如下：

① 在文件夹新建文件“jiaoben2.js”→用“记事本”方式打开文件→输入代码→保存文件。输入的代码如下：

```
function abc(){
document.write("编写第 1 个 JavaScript 程序")
alert("欢迎使用 JavaScript 语言")
}
```

② 在同文件夹新建“javalx4. html”→用“记事本”方式打开文件→输入代码→保存文件。输入的代码如下：

```
<html>
<head><title>第 1 个 JavaScript 程序</title>
<script language = "JavaScript" src = "jiaoben2. js">
</script>
</head>
<body onload = "abc()">
</body>
</html>
```

③ 浏览网页，显示结果与例 10 - 11 完全相同。

10. 5. 2　“调用 JavaScript”行为

“调用 JavaScript”行为可以调用自定义的函数或 JavaScript 代码。当指定事件发生时，执行自定义的函数或 JavaScript 代码。

下面用一个实例介绍“调用 JavaScript”行为。

例 10 - 14　“调用 JavaScript”行为

操作步骤如下：

① 在 Dreamweaver 中设置“wylx - 10”为当前站点→打开网页文件“page1. html”。

② 在页面底部右下方绘制 AP 元素→元素大小为“70px×20px”→在 AP 元素中输入文字“关闭窗口”。

③ 选中文字→属性面板“链接”框输入“#”号→在“行为”面板的“行为”菜单中选“调用 JavaScript”→在“调用 JavaScript”对话框输入代码“window. close()”→单击“确定”按钮。

“调用 JavaScript”对话框如图 10 - 41 所示。

图 10 - 41　“调用 JavaScript”对话框

④ 观察“行为”面板，系统自动将“onClick”事件显示在“事件”框中。

⑤ 预览网页“page1. html”，单击文字“关闭窗口”显示系统提示对话框，单击“是”按钮，关闭当前浏览器窗口，系统提示对话框如图 10 - 42 所示。

说明：脚本“window. close()”用来关闭当前浏览器窗口。

图 10 - 42　“调用 JavaScript”行为

10.5.3 使用其他方法插入 JavaScript 脚本

1. 显示脚本标记符

页面文档中插入脚本以后,如果希望在插入脚本的位置看到脚本标记符,需要做相应设置,因为脚本标记符默认是不显示的。

设置步骤如下:

① “编辑”菜单→“首选参数”→“分类”列表中选“不可见元素”→在“不可见元素”选项中勾选“脚本”,如图 10-43 所示。

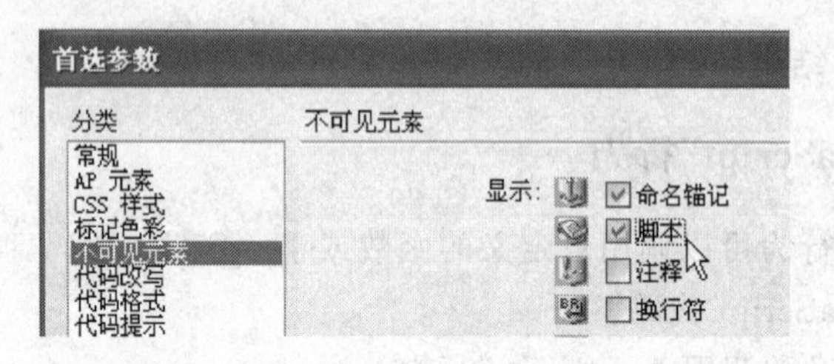

图 10-43 勾选“脚本”

② “查看”菜单→“可视化助理”→使“不可见元素”前带对勾。

2. 插入 JavaScript 脚本

除了使用行为,还可以用其他方法插入 JavaScript 脚本。

方法 1:确定插入点→在“插入”面板单击“常用”卡的“脚本”按钮→在脚本列表项中选择“脚本”→在“脚本”对话框输入脚本代码→单击“确定”按钮。“插入”面板如图 10-44 所示。

方法 2:确定插入点→“插入”菜单→“HTML”→“脚本对象”→“脚本”→在“脚本”对话框输入脚本代码→单击“确定”按钮。“插入”菜单如图 10-45 所示。

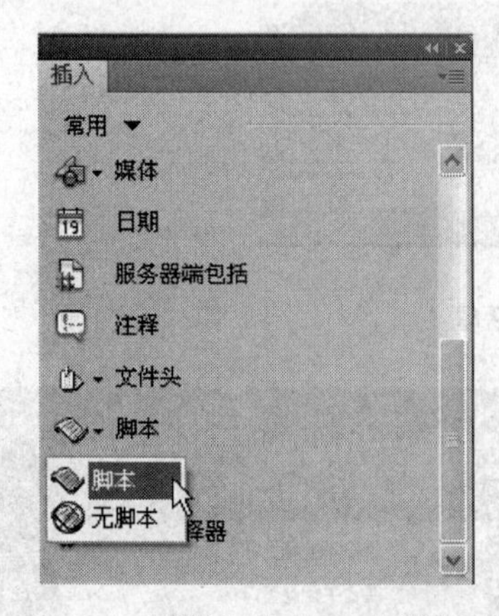

图 10-44 在“插入”面板单击“脚本”按钮

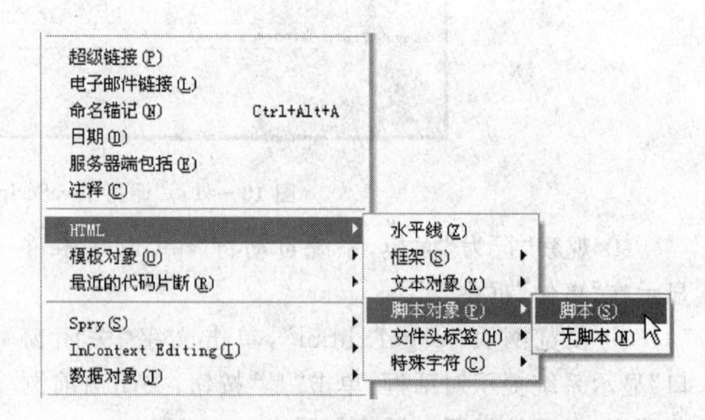

图 10-45 在“插入”菜单选择“脚本”选项

方法 3:转到“代码”视图,在 HTML 代码中直接插入脚本代码。

下面用一个实例介绍用其他方法插入 JavaScript 脚本。

例 10-15 插入 JavaScript 脚本

操作步骤如下：

① 在 Dreamweaver 中设置“wylx - 10”为当前站点→打开网页文件“page1. html”。

② 单击状态栏<body>标记→单击“插入”面板的“脚本”按钮→在“脚本”对话框输入脚本代码：alert("世界上最远的距离-泰戈尔")→单击“确定”按钮。

“脚本”对话框如图 10 - 46 所示。

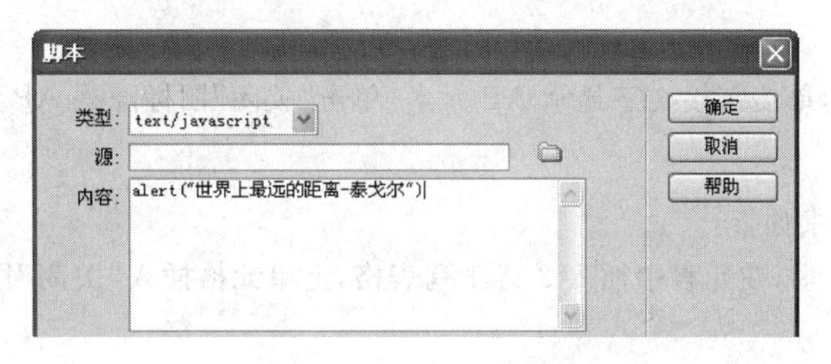

图 10 - 46　“脚本”对话框

③ 预览网页，打开网页会自动显示对话框，效果如图 10 - 47 所示。

图 10 - 47　插入 JavaScript 脚本

说明：alert()是 JavaScript 函数，生成一个消息框。

3. 编辑 JavaScript 脚本标记

对脚本标记可以像对普通文本一样剪切、复制、粘贴、移动、删除等。

编辑 JavaScript 脚本常用两种方法：

方法 1：选取一个脚本标记→在属性面板单击“编辑”按钮打开“脚本属性”对话框→在对话框编辑 JavaScript 脚本的内容。“脚本”对象的属性面板如图 10 - 48 所示。

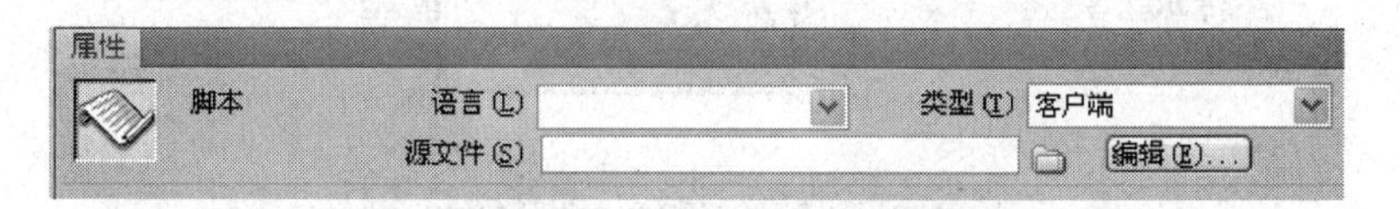

图 10 - 48　“脚本”对象的属性面板

方法 2：选取一个脚本标记→转到“代码”视图→编辑脚本的内容。

10.6 上机实验 使用AP元素和行为

10.6.1 实验1——隐藏和显示AP元素

1. 实验目的

建立AP元素,单击链接文字显示AP元素,单击“关闭”图标隐藏AP元素。

2. 实验要求

实验的具体要求如下:

① 建立AP元素,在元素中插入2行1列表格,上单元格插入“关闭”图像,下单元格插入“潍坊地图”图像。

② 在页面中插入文字“查看地图”,在文字上附加行为,单击文字显示AP元素。

③ 在“关闭”图标上附加行为,单击图标隐藏AP元素。

3. 实验步骤

操作步骤如下:

① 在Dreamweaver中设置“wylx-10”为当前站点→复制网页文件“wf.html”→将复制的文件改名为“page8.html”→打开文件→在页面内容最后添加文本文本和(查看地图)。

② 绘制AP元素→AP元素大小为“210px×260px”→选取AP元素→属性面板“左”框输入“450px”→属性面板“上”框输入“250px”。

③ 在AP元素中插入2行1列表格→上方单元格插入“关闭”图像并使图像右对齐→下方单元格插入“潍坊地图”图像。如图10-49所示。

图10-49 绘制AP元素

④ 选中文字“查看地图”→属性面板“链接”框中输入“#”号→打开“行为”面板的“行为”菜单→选“显示/隐藏元素”→在对话框的“元素”列表中选“DIV apDiv1”→单击“显示”按钮→单击“确定”按钮。

⑤ 选中“关闭”图像→属性面板“链接”框输入“#”号→打开“行为”面板的“行为”菜单→选“显示/隐藏元素”→在对话框的“元素”列表中选“DIV apDiv1”→单击“隐藏”按钮→单击“确定”按钮。

⑥ 选中 AP 元素→在“AP 元素”面板单击眼睛图标使其关闭。本操作使 AP 元素的初始状态为“隐藏”。

⑦ 预览网页，单击文字“查看地图”显示地图，单击“关闭”图像隐藏地图。

10.6.2　实验 2——用 JavaScript 脚本显示日期和星期

1. 实验目的

在网页指定位置插入 JavaScript 脚本，显示计算机系统的日期和星期。

2. 实验要求

实验的具体要求如下：

① 编写 JavaScript 脚本，用于显示系统当前的日期和星期。

② 在网页指定位置插入 JavaScript 脚本，使日期和星期显示在该位置。

3. 实验步骤

操作步骤如下：

① 在 Dreamweaver 中设置“wylx－10”为当前站点→复制网页文件“page8.html”→将复制的文件改名为“page9.html”→打开文件。

② 按住 Ctrl 键单击导航菜单左边空单元格→设置单元格宽度为 20 像素→设置有文字的 7 个单元格宽度为 50 像素。本操作压缩前面单元格宽度，增加了右边单元格宽度。

③ 光标置于导航菜单右边单元格→设置光标在单元格居中→单击“插入”面板“脚本”按钮→在“脚本”对话框输入代码→单击“确定”按钮。

输入的代码如下：

```
today = new Date();
y = today.getFullYear();
m = today.getMonth() + 1;
d = today.getDate();
w = today.getDay();
document.write("今天是:" + y + "年" + m + "月" + d + "号" + "  ");
switch (w){
case 1: document.write("星期一");break;
case 2: document.write("星期二");break;
case 3: document.write("星期三");break;
case 4: document.write("星期四");break;
case 5: document.write("星期五");break;
case 6: document.write("星期六");break;
case 0: document.write("星期日");
}
```

“脚本”对话框如图 10－50 所示。

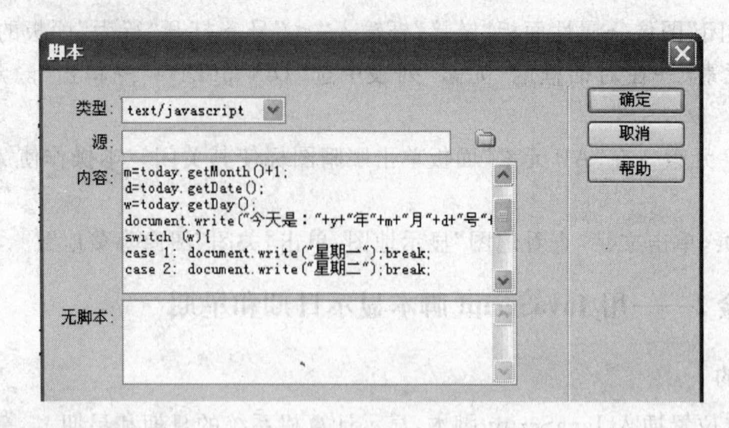

图 10－50 “脚本”对话框

“设计”窗口如图 10－51 所示。

图 10－51 “设计”窗口

④ 预览网页,网页导航条右边显示系统当前日期和星期,效果如图 10－52 所示。

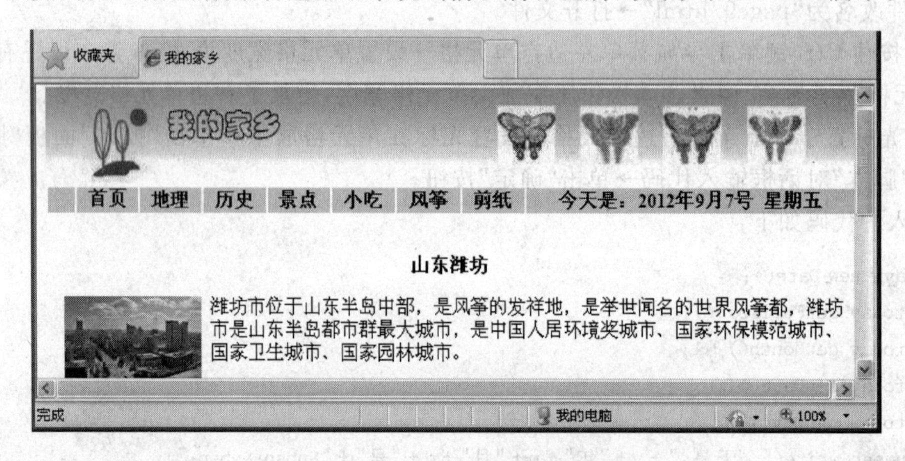

图 10－52 显示系统当前日期和星期

说明:

JavaScript 用 Date 对象的方法取得日期、星期和时间。首先创建对象的实例,然后用实例和方法取得日期、星期和时间。

① 创建 Date 对象实例的格式:实例名＝new Date()

例如:today＝new Date();

② 用实例和方法取得日期、星期和时间。

例如:y＝today.getFullYear();

③ Date 对象的常用方法如表 10－1 所列。

表 10-1　Date 对象的常用方法

方法名	功　能
getYear()	返回 Date 对象的年份
getFullyyear()	返回 Date 对象 4 位数表示的年份
getMonth()	返回 Date 对象的月份，用 0～11 表示
getDate()	返回 Date 对象月中的某一天
getDay()	返回 Date 对象星期的某一天
getHours()	返回 Date 对象的小时数，用 0～23 表示
getMintes()	返回 Date 对象的分钟数，用 0～59 表示
getSeconds()	返回 Date 对象的秒数，用 0～59 表示

10.6.3　实验 3——综合使用 AP 元素、CSS 样式、JavaScript 函数

1. 实验目的

综合使用 AP 元素、CSS 样式、JavaScript 函数，建立 4 个位置相同的 AP 元素，单击不同文字显示对应的 AP 元素。

2. 实验要求

实验的具体要求如下：

① 建立 JavaScript 函数，用于显示指定 AP 元素。

② 建立 CSS 样式，定义 4 个相同大小的 AP 元素。

③ 建立 4 个文字超链接，单击文字显示对应的 AP 元素。

④ 以上均用代码完成。

3. 实验步骤

操作步骤如下：

① 在 JavaScript 练习文件夹新建"javalx5.html"→用"记事本"方式打开文件。

② 输入如下代码：

```
<html>
<head>
<meta http-equiv="Content-Type" content="text/html; charset=gb2312" />
<title>风景如画</title>
<script language="javascript">
function ShowDiv(Tdiv) <! --本函数显示一个 AP 元素隐藏其他 AP 元素 -->
{
document.all.aa.style.display="none";<! --先将所有 AP 元素设置为不可见 -->
document.all.bb.style.display="none";
document.all.cc.style.display="none";
document.all.dd.style.display="none";
Tdiv.style.display=""; <! --将传递给函数的 AP 元素设置为可见 -->
}
```

```
</script>
<style  type="text/css"><! --定义 4 个 AP 元素的 CSS 样式 -->
#aa{position:relative; width:500px; height:240px;z-index:1;}
#bb{position:relative; width:500px; height:240px;z-index:2;}
#cc{position:relative; width:500px; height:240px;z-index:3;}
#dd{position:relative; width:500px; height:240px;z-index:4;}
</head>
</style>
<! --以下在 body 标记中用 topmargin 属性设置页面上边矩 -->
<body bgcolor="#FFFFCC" topmargin="50">
<div align="center"><! --定义内容居中显示 -->
<! --以下单击链接文字转去执行 javascript 函数 -->
<a href="javascript:ShowDiv(document.all.aa)" ><b>草原</b></a>  
<a href="javascript:ShowDiv(document.all.bb)" ><b>海岛</b></a>  
<a href="javascript:ShowDiv(document.all.cc)" ><b>瀑布</b></a>  
<a href="javascript:ShowDiv(document.all.dd)" ><b>森林</b></a>
<p><p>
<div id="aa"><img src="images/草原.jpg"></div>
<div id="bb" style="display:none;"><img src="images/海岛.jpg"></div>
<div id="cc" style="display:none;"><img src="images/瀑布.jpg"></div>
<div id="dd" style="display:none;"><img src="images/森林.jpg"></div>
</div>
</body>
</html>
```

③ 保存文件，浏览文件，在网页中单击一个链接文字会显示对应的 AP 元素。显示效果如图 10-53 所示。

图 10-53　单击一个链接文字显示对应的 AP 元素

思考题与上机练习题十

1. 思考题

(1) 什么是AP元素?

(2) AP元素对应的HTML标记是什么?

(3) 定义AP Div位置的position属性有哪些取值?

(4) 定义AP Div是否显示的属性是什么?

(5) 什么是行为?

(6) "onClick"是什么事件?

(7) 专门用来保存JavaScript脚本的外部文件的扩展名是什么?

(8) 写出调用外部JavaScript脚本文件"jiaoben.js"的语句。

(9) HTML代码与JavaScript脚本代码,哪一个是区分大小写的代码?

2. 上机练习题

(1) 仿照实验1制作AP元素,显示一个广告(广告内容自己组织)。

(2) 制作网页,内容自己组织,将日期和星期显示在网页内容的顶端。

第 11 章 制作简单动态网页

能与服务器进行信息交互的网页称为动态网页,动态网页用来动态地响应用户要求,自动更新网页内容。本章介绍简单 ASP 动态网页的制作和使用,包括:制作和使用表单、制作和使用 ASP 动态网页、连接 ACCESS 数据库等。

11.1 制作表单

表单是用户与服务器进行信息交流的主要工具,能为动态网页提供交互功能。表单按照统一模式从用户收集信息,然后将信息提交给服务器进行处理。

11.1.1 认识表单

一个完整的表单应该包含两个部分:一个是表单对象,用来在网页中收集信息,另一个是表单处理程序,用来处理表单。表单处理程序在 Web 服务器上,当提交一个表单时程序开始执行。只有将网页中的表单与某个表单处理程序关联之后才能实现表单功能。

一个网页可以有多个表单,但表单中不能嵌入表单。

“登录”界面是动态网页经常使用的表单,如图 11-1 所示。

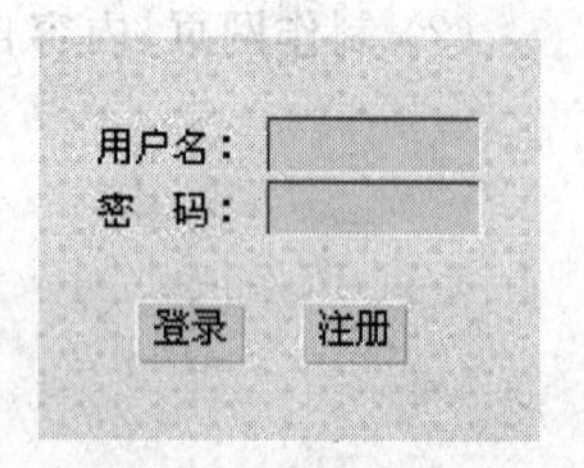

图 11-1 “登录”表单

11.1.2 插入表单

插入表单可采用两种方法:“插入”面板与“插入”菜单。

1. 用“插入”面板

步骤如下:

① 确定光标位置→单击“插入”面板的“表单”选项卡→单击“表单”按钮,设计窗口中生成用红色虚线围成的表单域。

② 在表单域中插入文本和各种表单控件。

“插入”面板的“表单”选项卡包含了所有表单控件,如图 11-2 所示。

2. 用“插入”菜单

用“插入”菜单步骤如下:

① 确定光标位置→“插入”菜单→“表单”→级联菜单中选“表单”,设计窗口内显示红色虚线围成的表单域。

② 在表单域中插入文本和各种表单控件。

“表单”的级联菜单包含了所有表单控件,如图 11-3 所示。

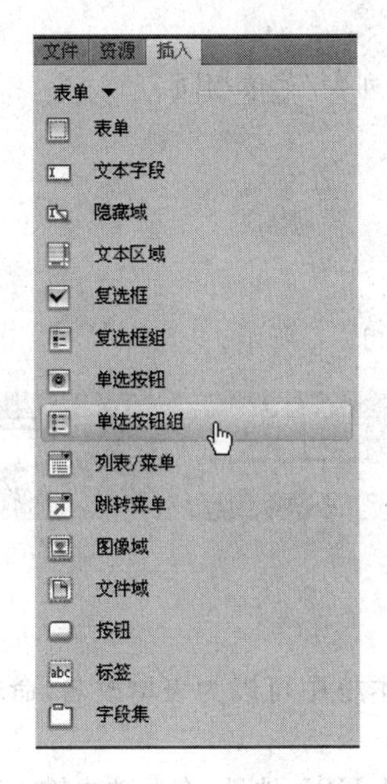

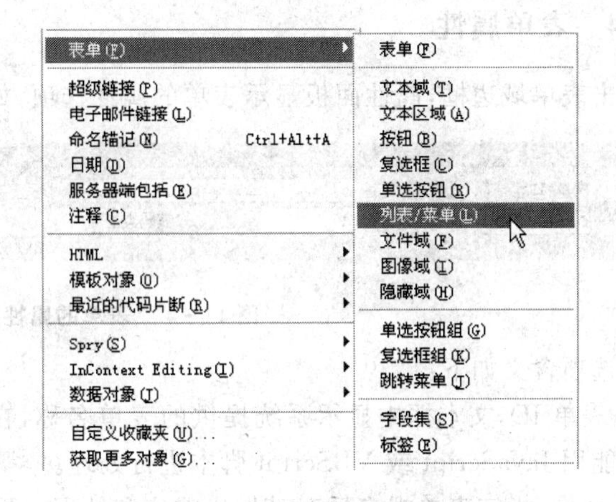

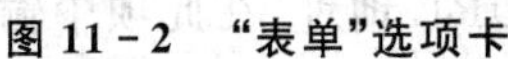

图 11-2　“表单”选项卡　　　　**图 11-3　“表单”的级联菜单**

11.1.3　表单控件

表单收集信息和提交信息由表单控件完成，所以，表单的主要内容是表单控件，访问者在表单中输入信息，单击“提交”按钮将信息传给服务器，由服务器处理收集到的信息，并将这些信息保存到指定文件中。

表单控件用来生成表单对象，在“表单”的级联菜单或“表单”选项卡选中某个控件，表单中就会生成该对象。

按照“表单”级联菜单的顺序逐一介绍表单控件。

① 表单：创建表单对象，设计窗口中生成用红色虚线围成的表单域。

② 文本域，在表单中加入文本域。文本域有单行、多行、密码 3 种类型。

③ 文本区域，输入多行文本，创建时要指定输入的文本行数。

④ 按钮，生成一个命令按钮，用于提交表单、重置表单或调用某个函数。

⑤ 复选框，有勾选和未勾选两种状态，选中时复选框中有对勾。

⑥ 单选按钮，有选中和未选中两种状态，选中时单选按钮中有圆点。

⑦ 列表/菜单：创建一个列表，访问者可以在一组选项列表中进行选择。

⑧ 文件域，产生一个文件域和一个浏览按钮，提供查找文件功能，浏览本地计算机上的文件，确定后显示在文件域中，该文件成为表单数据。

⑨ 图像域，在表单中插入图像，如照片等。

⑩ 隐藏域，存储用户输入的信息，如姓名、电子邮件地址等，用户下次访问此站点时可以使用这些数据。

⑪ 单选按钮组，创建一组单选按钮，代表互相排斥的选择，选择其中一项，其他项的选择自动取消。

⑫ 复选框组,创建一组复选框,允许同时选择多个选项。

⑬ 跳转菜单,用下拉式列表方式实现链接跳转,外观与列表/菜单相同。

⑭ 字段集,插入一组字段,用于数据库。

⑮ 标签,建立标签,标签上输入文字,用于控件说明。

11.1.4 表单属性

单击表单域边框,属性面板显示表单的属性选项,如图11-4所示。

图11-4 表单的属性面板

各选项含义如下:

① 表单ID,文本框中显示系统提供的表单名称,在文本框中可以为表单改名,命名后的表单才能用JavaScript或VBScript脚本进行处理。

② 动作,指定表单提交后对其做出响应和处理的程序的URL地址,在此项中输入程序的路径名称,或者单击"浏览"按钮,选择要运行的程序或带有脚本的网页。

③ 目标,指定窗口,显示处理表单后所返回的信息。

④ 方法,指定表单的提交方法,有POST方法和GET方法两种。用POST方法实现表单的整体传递,用GET方法对表单进行字符串传递。用GET方法传递保密性差,通常用POST方法提交表单。

⑤ 编码类型,指定表单的编码类型,在下拉列表中选择。

⑥ 类,用CSS样式格式化表单。

11.1.5 添加表单对象

添加表单对象的步骤为:插入表单域→在表单域确定光标位置→插入表单控件。通常在表单域中用表格来定位表单控件。

下面用一个实例介绍可视化方法制作表单。

例11-1 可视化方法制作表单

操作步骤如下:

① 将素材文件夹wylx-11复制到本地机→在Dreamweaver中建立站点wylx 11指向本地机上的同名文件夹。

② 在站点根目录新建网页文件"page1.html"→在Dreamweaver中打开该文件。

③ 在设计窗口插入一个表单,表单域用红色虚线包围。

④ 在表单域中插入6行2列表格→定义表格边框为1→左边单元格宽度为60像素。

⑤ 光标置于表格第1行左单元格→输入文字"姓名:"→光标置于第1行右单元格→单击"插入"面板的"文本字段"控件按钮→在第1行右单元格中生成了单行文本域→选取文本域→属性面板"文本域"框输入"xm"→"字符宽度"框输入20→"最大字符数"框输入16→类型选"单行"。

“文本域”属性面板如图 11－5 所示。

图 11－5 “文本域”属性面板

⑥ 第 2 行左单元格输入“性别:”→光标置于第 2 行右单元格→单击“插入”面板“单选按钮组”控件按钮→在“单选按钮组”对话框输入名称“xb”→选中标签列表第 1 项→输入“男”→选中标签列表第 2 项→输入“女”→单击“确定”按钮。

“单选按钮组”对话框如图 11－6 所示。

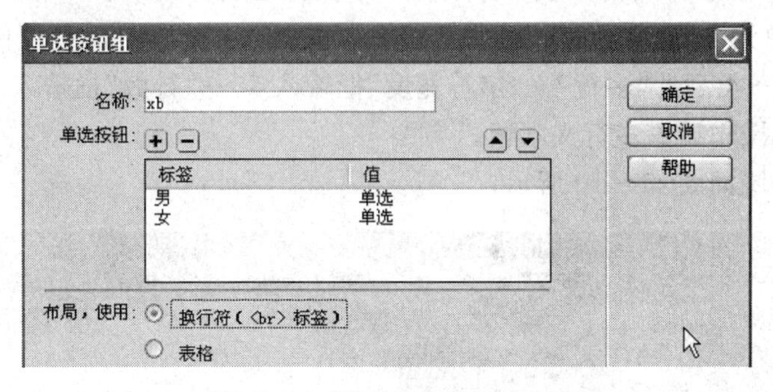

图 11－6 “单选按钮组”对话框

⑦ 将生成单选按钮的下一行拖动到第一行按钮后面，使两个按钮在同一行。

⑧ 选中单选按钮“男”→属性面板中单击“已勾选”，本操作设置单选按钮“男”的初始值为“已勾选”，如图 11－7 所示。

图 11－7 设置单选按钮组的初始值

⑨ 第 3 行左单元格输入“密码:”→光标置于第 3 行右单元格→插入“文本域”控件→属性面板中为文本域起名为 mm→类型选“密码”→“字符宽度”框和“最多字符数”框均输入 10→“初始值”框输入“000000”。

设置密码属性如图 11－8 所示。

图 11－8 设置密码属性

⑩ 第 4 行左单元格输入“籍贯:”→第 4 行右单元格插入“列表/菜单”控件→选中控件→属性面板单击“列表”单选项→单击“列表值”按钮→对话框中单击“＋”号添加项目→“项目标签”依次输入:山东、山西、河南、河北→“值”依次输入:1、2、3、4→单击“确定”按钮→属性面板中为列表起名为“jg”。

输入列表值对话框如图 11－9 所示。

⑪ 第 5 行左单元格输入“爱好:”→第 5 行右单元格插入 3 个“复选框”控件→在控件后分

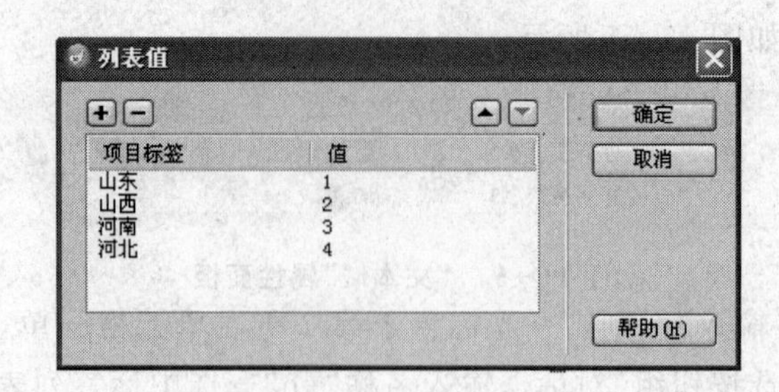

图 11-9 输入列表值

别输入:旅游、读书、唱歌→属性面板中分别为 3 个控件起名为:ah1、ah2、ah3。

⑫ 第 6 行左单元格输入“留言:”→第 6 行右单元格插入“文本区域”控件→属性面板中为文本域起名为“ly”→类型选“多行”→“字符宽度”框输入 20→“行数”框输入 6→“初始值”框输入“我要留言”。本操作设置多行文本域。

设置多行文本域如图 11-10 所示。

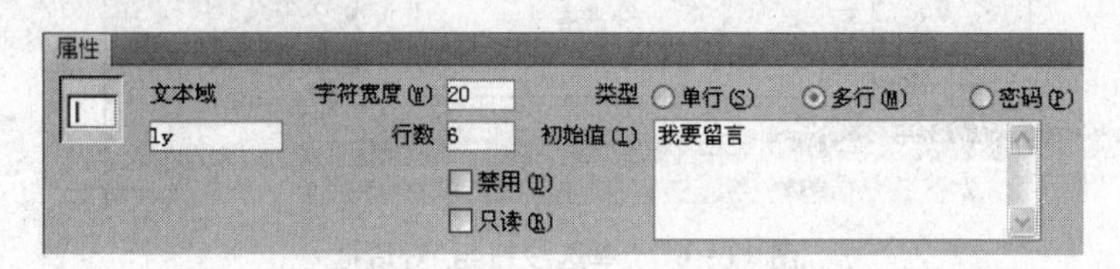

图 11-10 设置多行文本域

⑬ 光标置于表格下方→插入两个“按钮”控件→选中第 2 个按钮控件→属性面板中单击“重设表单”选项。

⑭ 设计窗口如图 11-11 所示。

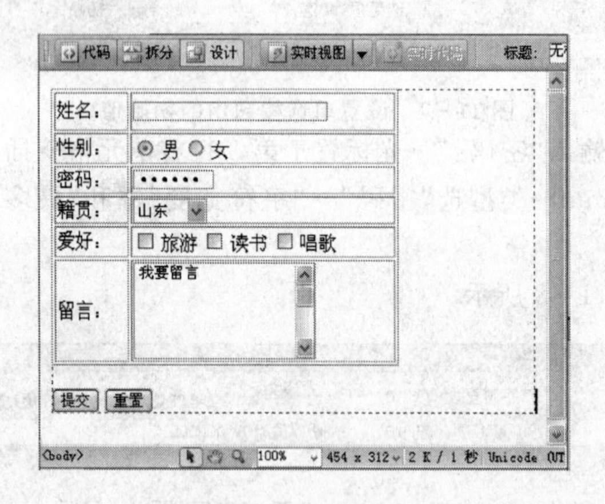

图 11-11 建立表单

11.2 表单的 HTML 标记

了解表单的 HTML 标记,对动态网页制作很有帮助。这里介绍几个表单的常用标记,使读者对表单标记有初步认识。

11.2.1　表单域标记<form>

<form>是双标记，用来构建表单域，也就是设定表单的起始和终止位置。<form>是容器标签，其他表单控件的 HTML 标记必须放置在<form>与</form>之间。

<form>标记的语法结构如下：

<form action=URL method=get/post name=表单名 target=表单处理结果显示窗口>

.....

</form>

说明：

① action 属性，指定处理表单的程序，提交表单后，转去执行指定的 ASP 应用程序。

② method 属性，指定传递表单数据到服务器的方式，有 post 和 get 两种方式，post 方式可传送大量数据，get 方式只传送低于 1K 的数据。

③ name 属性，用来给表单起名，便于处理表单。

④ target 属性，指定表单处理结果的显示窗口。

例如：

```
<form action = "aa.asp"method = "post"name = "myform"target = "_blank">
```

该表单被提交给“aa. asp”处理，提交方法为“post”，表单名字为“myform”，处理结果显示在空白窗口。这里的表单处理程序“aa. asp”与表单网页文件位于同一目录下。

11.2.2　输入标记<input>

<input>是单标记，用来定义一个用户的输入区域。

<input>标记的语法如下：

<input name=控件名
value=输入区域的默认值
type=输入区域类型
maxlength=可输入的最大字符数
size=显示的最大字符数
src=图像的 URL
checked
onclick=处理函数名
onselect=处理函数名
>

说明：

① name 属性，给控件起一个名字，调用控件时使用控件名字。

② value 属性，设定初始值。

③ type 属性，决定输入区域的类型，有以下几种：

- type="text"，单行文本输入框。
- typet="textarea"，多行文本输入框。

注:多行文本输入框也可以直接用标记<textarea>和</textarea>创建。

· type="passWord",密码输入框,输入的字符将用星号表示。

· type="checkbox",复选框,可同时选中一个或多个复选项作为输入信息。

· type="radio",单选项,只能选中所有单选项中的一项作为输入信息。

注:多个单选项控件在一起时 name 属性要相同,才能产生多选一的效果。

· type="submit",提交按钮,按钮上的文字用 value 属性设置。单击按钮将表单的信息提交给服务器。

· type="reset",重置按钮,按钮上的文字用 value 属性设置。单击按钮清除表单数据,以便重新输入。

· type="button",普通按钮,按钮上的文字用 value 属性设置。单击按钮执行某个事件或函数。

· type="hidden",隐藏区域,用来传递用户不可见的数据。

例如:<input type="hidden" value="1020" name="ss">

· type="image",图像按钮,图像源文件用 src 属性指定,具有提交功能。

例如:<input type="image" src="bb\tu. jpg">

④ axlength 属性,指定文本框可输入的最大字符个数。

⑤ size 属性,指定文本框可显示的最大字符个数,即文本框的长度,默认 20 个字符。

⑥ src 属性,为图像按钮指定图像源文件。

⑦ checked 属性,指定单选项或复选项的初始状态为选中状态。

⑧ onclick 属性,指定单击按钮时调用的处理程序。

⑨ onselect 属性,指定当前项被选中时调用的处理程序。

下面用一个实例介绍表单的 HTNL 标记。

例 11-2　用 HTML 标记制作表单

操作步骤如下:

① 在站点根目录“wylx-11”中新建网页文件”page2. html”。

② 用记事本方式打开文件→输入代码→保存文件。

代码如下:

```
<html>
<head><title>表单标记</title></head>
<body>
<form action = "" method = "post">
您的性别:
<input type = "radio" name = "h3" value = "男">先生
<input type = "radio" name = "h3" value = "女" checked>女士<p>
您的爱好:
<input type = "checkbox" name = "h1" value = "旅游" checked>旅游
<input type = "checkbox" name = "h2" value = "上网">上网
<input type = "checkbox" name = "h2" value = "运动">运动<p>
</form>
</body>
```

</html>

③ 浏览网页，网页效果如图 11－12 所示。

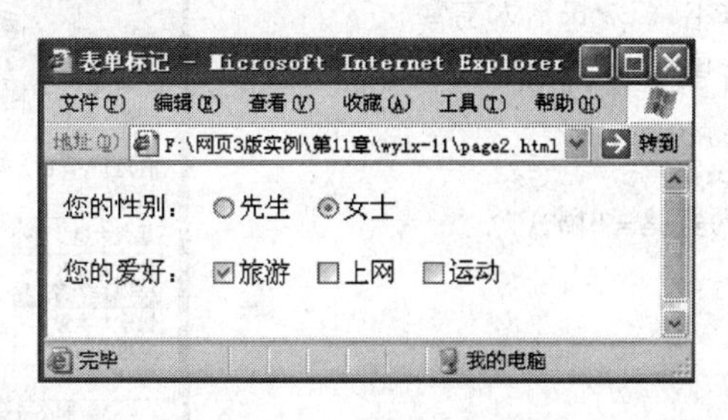

图 11－12　使用表单标记

11.2.3　<select>和<option>标记

<select>标记要与<option>标记联合使用，在表单中创建下拉列表框。<select>和</select>确定列表框的开始和结束，列表中的每一选项用<option>标记定义。

语法如下：

<select name＝控件名称 size＝n multiple>
<option selected value＝值 1>选项 1
<option selected value＝值 2>选项 2
⋮
</select>

说明：

① name 属性，指定下拉列表框的名称。

② size 属性，指定列表框高度，即列表框中能够显示几个选项，默认值 1。

③ multiple 属性，添加此属性后可以进行多选。

④ selected 属性，添加此属性后该选项为被选中状态。

⑤ value 属性，指定选项对应的值，选项被选中之后，对应的值被传递到服务器。

下面用一个实例介绍下拉列表框标记。

例 11－3　下拉列表框标记

操作步骤如下：

① 在站点根目录“wylx－11”中新建网页文件”page3.html”。

② 用记事本方式打开文件→输入代码→保存文件。

代码如下：

```
<html>
<head><title>下拉列表框标记</title></head>
<body>
请选择节目，单击按钮确认。
<form action = "bb.asp" method = "post">
<select name = "yule" size = 1>
```

```
<option selected value="星光大道">星光大道
<option value="开心辞典">开心辞典
<option value="快乐大本营">快乐大本营
<option value="梦想中国">梦想中国
</select>
    
<input type="submit" value="确认">
</form>
</body>
</html>
```

③ 浏览网页,显示结果如图 11-13 所示。

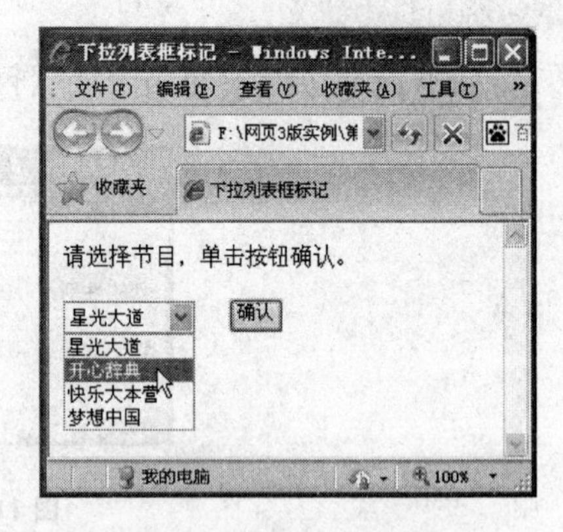

图 11-13 使用下拉列表框标记

11.2.4 表单验证

1. 调用事件

在 VBScript 中事件是一些具体的操作行为,触发事件后,接受事件的对象将按照某种方式响应,以便完成某种任务。(注:VBScript 是 ASP 的默认脚本语言。)

调用事件要使用事件过程名,事件过程名由 on 与事件名称组成,事件过程的具体内容可以是语句、方法或函数。表单验证中常用的事件过程名有“onclick”与“onsubmit”。

VBScript 的常用事件如表 11-1 所列。

表 11-1 常用事件

事件名	功 能
blur	失去鼠标或焦点
focus	得到鼠标或焦点
change	失去鼠标或焦点其值发生改变
click	鼠标单击
dbclick	鼠标双击
load	加载窗口或框架
unload	关闭窗口或框架
mouseup	鼠标按键在对象上释放
mousedown	鼠标按键在对象上按下
mousemove	鼠标指针在对象上方经过
mouseout	鼠标指针离开对象
select	选定文本
submit	提交表单
subreset	重置表单

2. 表单验证

表单验证是在表单提交之前对表单所做的一些必要处理,对表单数据做有效性验证。

访问表单的格式:document.表单名.表单中的控件名。

VBScript 中使用验证函数对表单进行有效性验证,验证函数返回一个布尔值。常用验证函数如表 11－2 所列。

表 11－2　常用验证函数

函数名	功　能
isnumeric	验证表达式是否为数值，是数值返回 true
isdate	验证表达式是否可以转换为日期，可转换返回 true
isnull	验证表达式是否为无效数据，是无效数据返回 true
isempty	验证变量是否初始化，未初始化返回 true
isarray	验证变量是否为数组，是数组返回 true
iserror	验证表达式是否为一个错误值，有错误返回 true
isobject	验证标识符是否为对象变量，是对象变量返回 true

下面用一个实例介绍表单验证。

例 11－4　表单验证

本例在文本框中输入数字，验证输入的数字是否符合要求。

操作步骤如下：

① 在站点根目录"wylx－11"中新建网页文件"page4.html"。

② 用记事本方式打开文件→输入代码→保存文件。

代码如下：

```
<html>
<head><title>表单验证练习</title>
<Script Language = "VBScript">
sub button1_onclick
set f = document.form1                                  '定义对象变量
if isnumeric (f.text1.value) = true then                '判断文本框的值是否为数字
   if f.text1.value<1 OR f.text1.Value>10 then
         MsgBox "请输入 1 到 10 之间的数字!"
   else
         MsgBox "输入数据正确,谢谢!"
         f.submit                                       '提交表单
   end if
else
   MsgBox "请输入数字!"
end if
end sub
</script>
</head>
<body>
<form name = "form1">输入一个 1 到 10 之间的数:
<input name = "text1" type = "text" size = "4">
<input name = "button1"   type = "button"   value = "提交">
</form>
```

```
</body>
</html>
```

③ 浏览网页,在文本框输入字母,单击"提交"按钮,显示结果如图 11-14 所示。

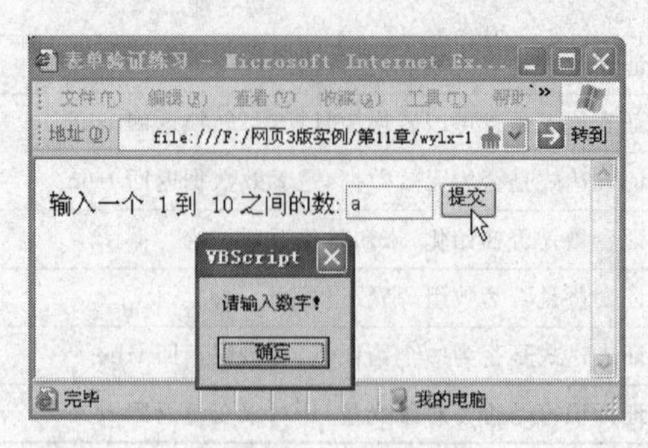

图 11-14 表单验证

11.3 ASP 简介

ASP(Active Server Pages)是位于服务器端的脚本运行环境,由微软公司 1996 年底推出。它内含于 IIS (Internet Information Server)中,用来制作动态网页。

编写 ASP 代码不用另外安装专门的程序编辑环境,只需将脚本嵌入到 HTML 中,所以本章选用 ASP 制作简单动态网页。如果读者想对动态网页有更深入了解,可以学习其他动态网页开发技术。

以下操作需安装 IIS 服务器环境,在此不再赘述 IIS 的安装。另外,用"绿色 IIS"软件模拟服务器环境,也是练习 ASP 的一种不错的选择。

11.3.1 ASP 的特点

作为动态网页开发技术,ASP 有以下特点:

① ASP 的代码在服务器端执行,将执行结果返回客户端,减轻客户端浏览器的负担。

② ASP 可以方便地访问数据库。

③ ASP 用 VBScript 或 JavaScript 作为脚本编写语言,用普通文本编辑器进行编辑。

④ 凡是能执行 HTML 代码的浏览器都能浏览 ASP 网页。

⑤ 源程序不会传到客户端,保护程序源代码,提高程序安全性。

⑥ ASP 是面向对象的。

11.3.2 动态网页的常见功能

常见的动态网页功能有:

① 将表单提交的信息存入数据库。

② 显示数据库信息。

③ 在主页中添加计数器,显示网站访问量。

④ 设置访问者权限,根据不同访问者显示不同信息。

⑤ 在网页中添加留言簿、公告板等。

11.3.3　ASP 程序格式

ASP 程序格式如下：

① ASP 代码放在"<%"和"%>"中，保存时文件扩展名为".asp"。位于"<%"和"%>"中的代码由服务器端处理。

② ASP 代码用 VBScript 或 JavaScript 编写，默认脚本语言是 VBScript。在程序第一行声明所使用的脚本。

声明代码如下：

<% @ Language=VBScript %>，声明 ASP 代码用 VBScript 编写。

<% @ Language=JavaScript %>，声明 ASP 代码用 JavaScript 编写。

③ 如果一条 ASP 语句过长，可以分成几行写，除最后一行以外的行末加下划线。

④ ASP 代码用 rem 语句或单引号注释。

下面用一个简单的 ASP 程序介绍 ASP 网页的编写和执行过程。

例 11-5　第一个 ASP 程序

操作步骤如下：

① 在素材文件夹的"asp"文件夹新建文本文件→命名为"p1.asp"。

② 用记事本方式打开文件→输入代码→保存文件。

代码如下：

```
<% @ Language = VBScript %>
<html>
<head><title>第一个 ASP 程序</title></head>
<body>
<% Response.write("<b>这是我的第一个 ASP 程序。</b>") %>
</body>
</html>
```

③ 将文件复制到"c:\Inetpub\wwwroot"文件夹中。

④ 打开浏览器，地址栏输入"http://127.0.0.1/p1.asp"或"http://localhost/p1.asp"，浏览器显示结果如图 11-15 所示。

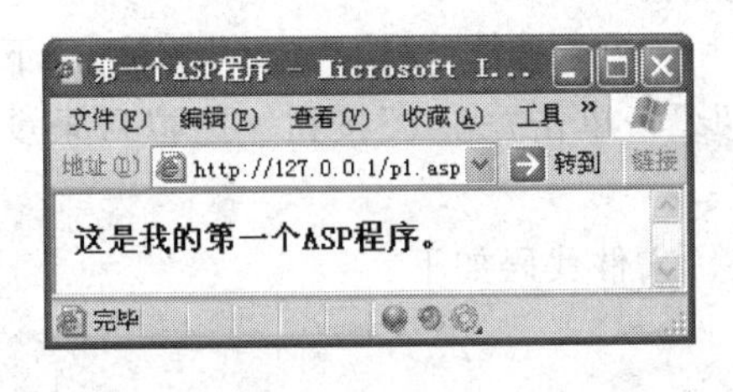

图 11-15　第一个 ASP 程序

说明：

① "127.0.0.1"是默认服务器的 IP 地址，"localhost"是默认服务器的域名。

② 用 VBScript 编写的 ASP 代码不区分字母大小写，用 JavaScript 编写的 ASP 代码区分字母大小写（注：本书后面的 ASP 代码均用 VBScript 编写）。

③ 如果使用 VBScript 脚本语言编写 ASP 代码，则声明语句可以省略。

11.3.4　设置虚拟目录

安装了 IIS 的本地机具有服务器功能，默认站点主目录为"c:\Inetpub\wwwroot"，站点主目录的 IP 地址为“127.0.0.1“,域名为“localhost”。

ASP 文件要用浏览器查看结果,首先把 ASP 文件或 ASP 文件所属站点文件夹复制到服务器的站点主目录中,然后用站点主目录的 IP 地址或域名查看文件。

为了避免站点主目录内容过多,同时也为了方便站点管理,可以在主目录之外建立虚拟目录。虚拟目录是指物理上未包含在站点主目录下,但使用中被 IIS 视为包含在站点主目录下的文件夹。使用虚拟目录时需为虚拟目录起一个别名,通过别名访问真实文件夹,提高安全性。

下面用一个实例介绍虚拟目录的使用方法。

例 11－6　使用虚拟目录访问 ASP 文件

本例将 D 盘文件夹 asplx 设置为虚拟目录,给虚拟目录起别名为“pp”,将文件“p2.asp”放在 asplx 文件夹中,用浏览器访问“p2.asp”。

操作步骤如下：

① 右击“我的电脑”→快捷菜单中选“管理”→在“计算机管理”左窗口展开“服务和应用程序”项→展开“Internet 信息服务”项→展开“网站”项→右击“默认网站”→“新建”→“虚拟目录”。如图 11－16 所示。

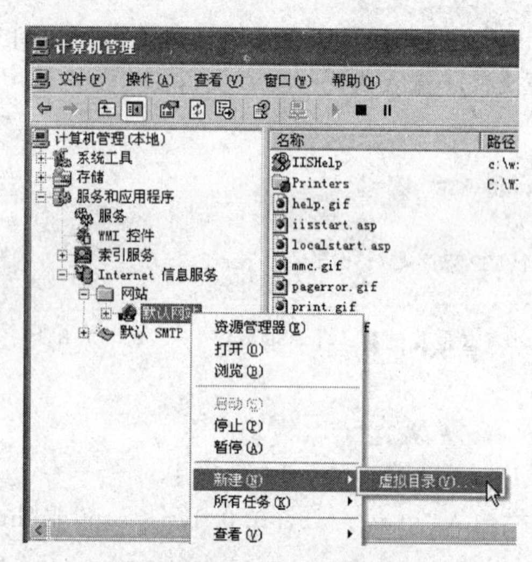

图 11－16　新建虚拟目录

② 在“虚拟目录创建向导”窗口单击“下一步”按钮→在“别名”框输入“pp”→单击“下一步”→在“目录”框输入“d:\asplx”→两次单击“下一步”→单击“完成”按钮。虚拟目录设置完成。

③ 将素材文件夹的“p2.asp”复制到 asplx 文件夹。文件代码如下：

```
＜% @ Language = VBScript %＞
＜html＞
＜head＞ ＜title＞虚拟目录练习＜/title＞＜/head＞
＜body＞
＜% ="这是虚拟目录中的 ASP 程序。＜p＞" %＞
今天是:＜% =date() %＞
＜/body＞
```

</html>

④ 在浏览器地址栏输入“http://127.0.0.1/pp/p2.asp”，显示结果如图 11-17 所示。

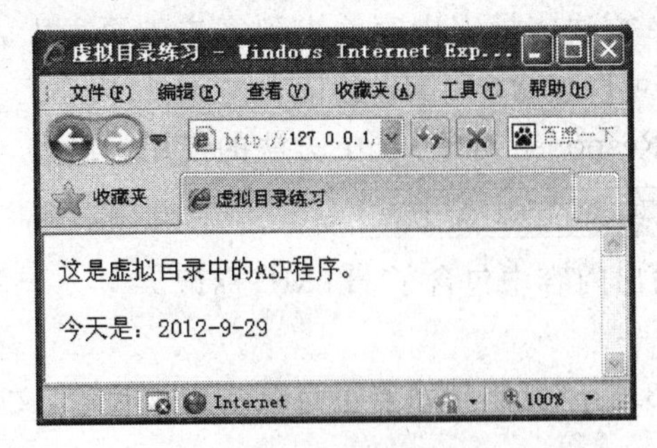

图 11-17　访问虚拟目录中 ASP 文件

说明：

① ASP 代码中“=”号的作用与 Response.write 方法的作用相同。

② “date()”是脚本函数，显示系统当前日期。

11.3.5　使用绿色 IIS

将绿色 IIS 文件拷贝到某个文件夹，运行绿色 IIS 文件，当前文件夹被模拟成站点主目录，在浏览器地址栏输入站点主目录的 IP 地址或域名，访问当前文件夹的 ASP 文件就像访问站点主目录的 ASP 文件完全一样。

11.4　ASP 的内置对象

ASP 是面向对象的程序设计语言，提供了可以在脚本中使用的内置对象，用来实现客户端浏览器与服务器的交互。

11.4.1　ASP 的基本内置对象

ASP 有 5 个基本内置对象，都在服务器端执行。内置对象不需要声明，直接使用。

内置对象及功能如表 11-3 所列。

表 11-3　ASP 的基本内置对象

对象名	功　能
Response	发送信息给浏览器或重定向浏览器
Request	从浏览器端取得数据给服务器
Application	存储数据供多个用户使用
Session	存储特定的用户会话所需信息
Server	进行服务器上的相关操作

11.4.2　Response 对象

Response 对象用来从服务器给用户发送信息，包括发送信息给浏览器、重定向浏览器到另一个URL、将一个Cookie值写入用户硬盘。

Response对象有许多方法,完成不同任务,这里只介绍Response对象的write方法。

Response对象用write方法将指定内容输出到客户端页面上,用write方法能输出任何类型的数据,输出的内容中可以包含HTML标记。

下面用一个实例介绍Response对象write方法的使用。

例11-7 Response对象的write方法

本例在write方法的输出内容中包含了HTML标记。

操作步骤如下:

① 将素材文件夹的"p3.asp"复制到站点主目录或虚拟目录,文件代码如下:

```
<%@Language=VBScript%>
<html>
<head><title>write方法练习</title></head>
<body>
<%
response.write "<font color=red>"                        '文字颜色为红色
response.write "<div  align=center>"                     '文字居中显示
response.write "欢迎光临!"                                '文字内容
response.write "</div>"
response.write "</font>"
response.write "<hr width=200 align=center>"             '添加直线
%>
</body>
</html>
```

② 在浏览器运行程序,显示结果如图11-18所示。

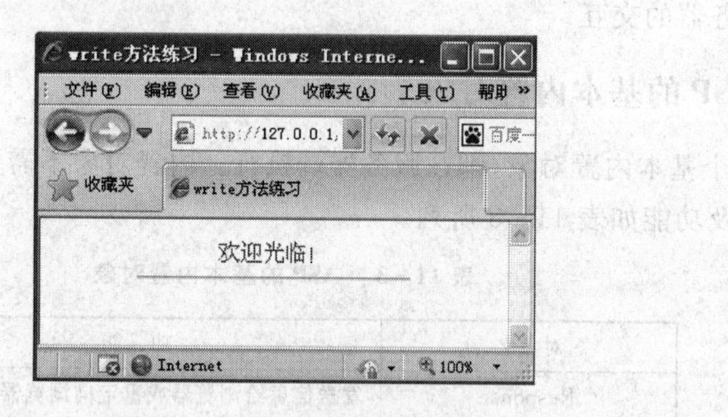

图11-18 使用write方法

11.4.3 Request对象

Request对象用来取得浏览器提交的数据,主要取得表单数据。

1. Request对象的form集合

用post方法提交表单以后,所有表单中的数据都被保存在Request对象的form集合中,集合元素从1开始编号。

(1) 取得表单元素的值

格式 1:Request. form(表单中元素名)

功能:按照控件名取得某个表单控件的值。

格式 2:Request. form(索引值)

功能:按照索引值取得某个表单控件的值。

(2) 计算表单某元素值的个数

格式:Request. form(表单中元素名). count。

功能:计算表单中某元素值的个数。

说明:用于有多个选项的控件,如,单选按钮组。

下面用一个实例介绍用 Request 对象的 form 集合取得表单数据。

例 11-8　用 Request 对象的 form 集合取得表单数据

本例在“p4. asp”中制作表单,处理程序为“q4. asp”。

操作步骤如下:

① 将素材文件夹的“p4. asp”复制到站点主目录或虚拟目录。文件代码如下:

```
<html>
<head><title>form 集合练习</title></head>
<body>
<form method = "post" action = "q4.asp" name = "abc">
<p>输入您的爱好:</p>
<input name = "ah" type = checkbox value = "旅游">旅游
<input name = "ah" type = checkbox value = "上网">上网
<input name = "ah" type = checkbox value = "唱歌">唱歌
<input name = "ah" type = checkbox value = "打球">打球
<p>
<input type = "submit" value = "提交">
<input type = "reset" value = "重置">
</form>
</body>
</html>
```

② 将素材文件夹的“q4. asp”复制到“p4. asp”所在目录。文件代码如下:

```
<% @ Language = VBScript %>
<html>
<head><title>取得表单数据</title></head>
<body>
您的爱好有
<% = request.form("ah").count %>
种,它们是:<p>
<%
for each i in request.form("ah")
  response.write i
  response.write " "
```

```
next
%>
</body>
</html>
```

③ 在浏览器输入地址“http://127.0.0.1/p4.asp”，显示结果如图 11-19 所示。

④ 在“p4.asp”的表单中勾选 3 个选项，单击“提交”按钮，由“q4.asp”取得表单数据，并显示处理结果，如图 11-20 所示。

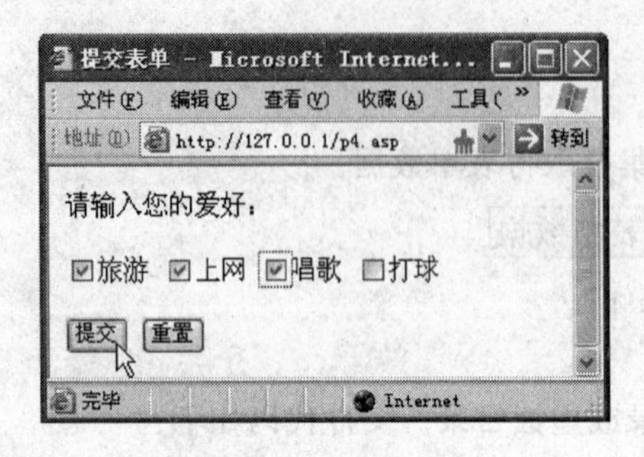

图 11-19　提交表单

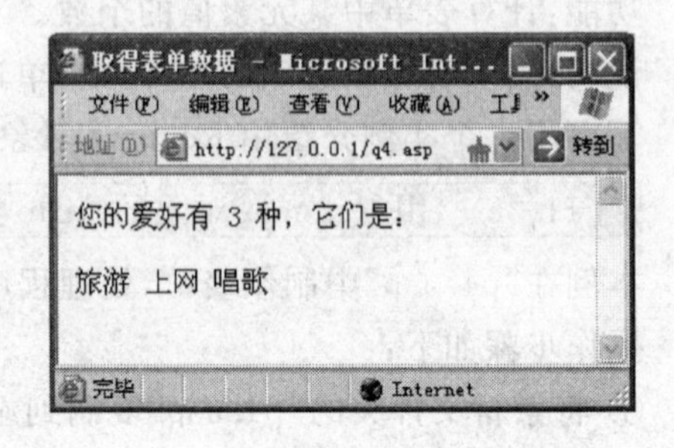

图 11-20　取得表单数据

2. Request 对象的 form 数组

Request 对象的 form 集合也可以作为数组看待，数组元素从 1 开始编号。

下面用一个实例介绍如何使用 Request 对象的 form 数组。

例 11-9　用 Request 对象的 form 数组取得表单数据

本例在“p5.asp”中制作表单，用处理程序“q5.asp”显示表单。

操作步骤如下：

① 将素材文件夹的“p5.asp”复制到站点主目录或虚拟目录。文件代码如下：

```
<html>
<head><title>form 数组练习</title></head>
<body>
<form method = "post" action = "q5.asp">
<p>姓名：
<input type = "text" size = "10" name = "name" >
<p>性别：
<select name = "sex" size = "1">
    <option value = "帅哥">帅哥</option>
    <option value = "美女">美女</option>
</select>
<p>电子邮箱：
<input type = "text" size = "30" name = "email" >
<p>
<input type = "submit" value = "提交">
<input type = "reset" value = "重置">
</form>
```

```
</body>
</html>
```

② 将素材文件夹的“q5. asp”复制到“p5. asp”所在目录。文件代码如下：

```
<% @ Language = VBScript %>
<%
dim a(3)                                             '定义数组 a
a(1) = "您的姓名是："                                 '给数组 a 赋值
a(2) = "您是一位："
a(3) = "您的邮箱是："
for i = 1 to 3
response.write(a(i) & request.form(i) & "<br>")      '使用 form 数组
next
%>
```

③ 在浏览器地址栏输入“http://localhost/p5. asp”，显示结果如图 11－21 所示。

④ 在“p5. asp”中填写表单选项，单击“提交”按钮，由“q5. asp”取得表单数据，并显示处理结果，如图 11－22 所示。

图 11－21　显示表单

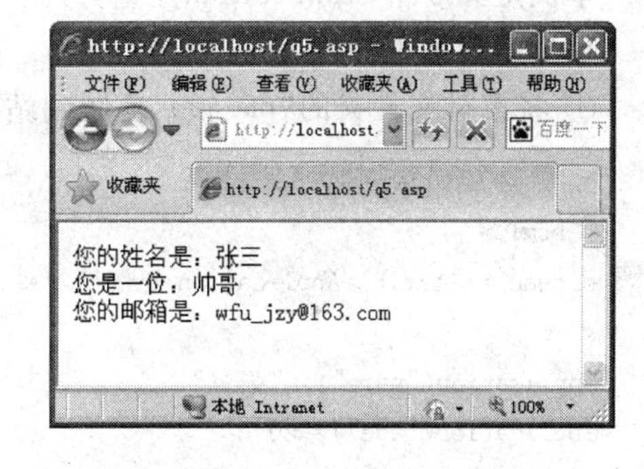

图 11－22　显示表单处理结果

说明：可以将输出内容括起来，如：response. write(a(i) & request. form(i) & "<br>")，符号“&”可以把输出内容当作字符串连起来。

11.4.4　Application 对象

Application 对象用来创建公共变量，存储应用程序的共享信息，如：站点访问人数。

Application 对象成员有集合、方法和事件，没有属性。

1. 定义 Application 变量

格式：Application("变量名")＝值

功能：创建 Application 变量，用来存储应用程序的共享信息。

例如：Application("name")＝"zhangsan"

说明：

① Application 变量会持久存在,直到结束 Web 服务器的服务为止。

② Application 变量中的数值可以被应用程序的所有用户读取。

2. Application 对象的集合

Application 对象有 Contents 集合,集合包含对象所有变量的值,可以使用 for each 循环遍历所有元素。集合元素的个数用 Contents. count 计算。

3. 访问 Contents 集合中元素

访问 Contents 集合中某元素,可以采用下面 3 种格式:

格式 1:Application. Contents("元素名")

格式 2:Application. Contents(索引号)

格式 3:Application("元素名")

说明:

① 新建 Application 变量可以增加 Contents 集合的成员。

② Application. Contents. Remove("元素名"),删除 Contents 集合的一个成员。

③ Application. Contents. RemoveAll(),删除 Contents 集合的所有成员。

下面用一个实例介绍 Application 变量的使用。

例 11 - 10　Application 变量练习

本例定义 3 个 Application 变量,并显示变量值,文件保存为"p6. asp"。

操作步骤如下:

① 将素材文件夹的"p6. asp"复制到站点主目录或虚拟目录。文件代码如下:

```
<% @ Language = VBScript %>
<html>
<head><title>Application 变量练习</title>
<%
application("name") = "张三"
application("age") = 20
application("sex") = "男"
%>
</head>
<body>
<%
for each i in application.contents
response.write i & " = "                      '输出变量名和等号
response.write application.contents(i)        '输出变量值
response.write "  "                 '插入空格
next
%>
</body>
</html>
```

② 在浏览器地址栏输入"http://localhost/p6. asp",结果如图 11 - 23 所示。

图 11-23　Application 变量练习

4. Application 对象的方法

Application 对象有两个方法，都是用于处理多个用户对 Application 变量写入的问题。

(1) Lock 方法

锁定 Application 对象，确保同一时刻仅有一个用户操作 Application 变量，避免多用户同时修改数据产生并发冲突。

(2) Unlock 方法

解除对 Application 对象的锁定，以便其他用户操作 Application 变量。

说明：Lock 方法与 Unlock 方法总是成对出现，确保 Application 变量中的数据对所有用户的完整性和一致性。

下面用一个实例介绍 Application 方法的使用。

例 11-11　Application 方法练习

本例是一个网站访问计数器，文件保存为“p7.asp”。

操作步骤如下：

① 将素材文件夹的“p7.asp”复制到站点主目录或虚拟目录。文件代码如下：

```
<html>
<head><title>Application 方法练习</title>
<%
dim n
application.lock                              '锁定后只允许一个用户操作变量
application("n") = application("n") + 1       '变量增加 1
application.unlock                            '解锁
%>
</head>
<body><b>
您是本网站的第
<% response.write application("n")            '显示计数器的值
%>
位访客，欢迎您！</b>
</body>
</html>
```

② 在浏览器地址栏输入“http://localhost/p7.asp”，程序运行时，每刷新一次页面访客的

数字就增加一个。结果如图 11－24 所示。

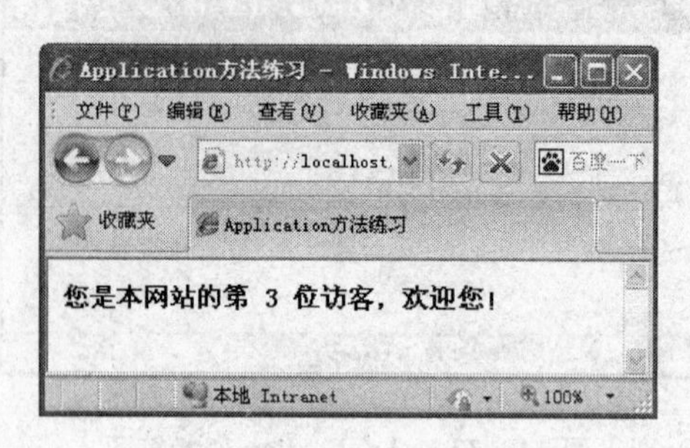

图 11－24　网站访问计数器

11.4.5　Session 对象

Session 对象用来创建私有变量，存储单个用户的私有信息，如：个人密码。

Application 对象与 Session 对象的共同点是它们都存储在服务器端，都用来记录浏览器端特定信息。不同之处在于前者是多用户共享的，后者是单用户私有的。例如，当前有 5 个用户在线，他们共享同一个 Application 对象，他们各自拥有自己的 Session 对象。

1. 定义 Session 变量

格式：Session ("变量名")＝值

功能：创建 Session 变量，用来存储单个用户的私有信息。

例如：Session ("name")＝"zhangsan"

说明：当用户打开应用程序的某个页面时，如果该用户没有 Session 对象，服务器会自动为其创建一个私有的 Session 对象。

2. Session 对象的 Contents 集合

Session 对象的 Contents 集合包含所有 Session 变量，可以使用循环语句显示所有元素。集合元素个数由“Contents. count”给出。

下面用一个实例介绍 Session 对象的使用。

例 11－12　Session 对象练习

本例建立 Session 变量，用循环显示 Session 对象的 Contents 集合，文件名为“p8. asp”。

操作步骤如下：

① 将素材文件夹的“p8. asp”复制到站点主目录或虚拟目录。文件代码如下：

```
<% @ language = "VBScript" %>
<html>
<head><title>session 对象练习</title>
<%
session("name") = "张三"                    '建立 session 变量
session("sex") = "男"
session("age") = 20
%>
</head>
```

```
<body>
集合共有
<% =session.contents.count %>项<p>
<%
for each i in session.contents                    '用循环显示元素
   response.write(i & " = " & session.contents(i) & "  ")
next
%>
</body>
</html>
```

② 在浏览器地址栏输入"http://localhost/p8.asp",程序执行结果如图 11-25 所示。

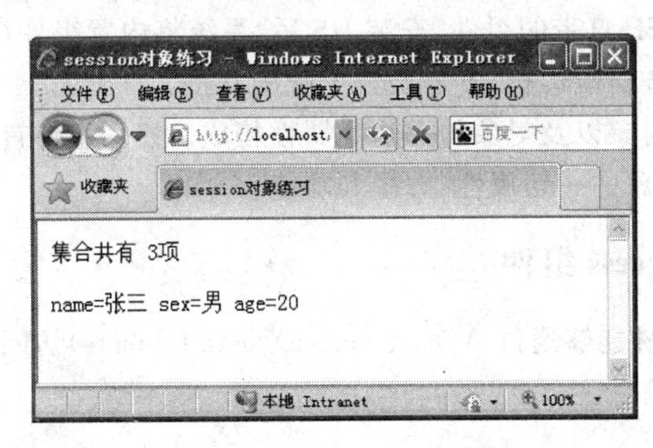

图 11-25　Session 对象练习

11.4.6　Server 对象

Server 对象提供对服务器的相关操作,Server 对象有两个非常实用的方法,即 CreateObject 方法和 MapPath 方法。

1. Server 对象的 CreateObject 方法。

Server 对象用 CreateObject 方法创建服务器组件的实例,通过组件实例完成数据库连接和其他操作。

格式:Set　实例名称= Server.CreateObject("服务器组件名称")

例如:set conn=createobject("adodb.connection")

功能:建立 connection 组件的实例"conn"。

说明:清除实例的格式为"Set　实例名称=nothing"。

2. Server 对象的 MapPath 方法

Server 对象用 MapPath 方法获取当前文件在服务器上的绝对路径。

格式:Server.MapPath ("文件名称")

例如:server.MapPath("lyb.mdb")

功能:获取数据库文件"lyb.mdb"在服务器上的绝对路径。

11.5 用 ASP 处理数据库信息

表单中的数据通常要存入数据库中,ASP 用 Database Access 组件进行数据库的操作,这是 ASP 最实用的功能。

11.5.1 ASP 内置组件简介

组件是能够完成某些具体任务的应用程序,以文件方式存储在服务器上,主要是包含可执行代码的动态链接库(.dll)或可执行文件(.exe)。通过调用组件完成 ASP 不容易完成的任务。

ASP 内置组件是 ASP 自带的组件,安装 IIS 后,系统将内置组件存储在服务器上,可以直接调用。内置组件在服务器端运行,不需要客户端的支持。

组件由一个或多个对象以及对象的方法和属性构成。使用组件首先要创建组件对象的实例,创建的实例具有原对象的一切属性、方法和功能。

11.5.2 Database Access 组件

Database Access 组件能够通过 ADO (ActiveXData Objects)访问服务器端的数据库或其他表格化数据结构中的信息。

1. ADO 简介

ADO 是一种功能强大的数据访问编程模式,ASP 使用 ADO 的脚本可以访问各种数据库,包括 SQL server、Access、Oracle 等。另外,ADO 命令语句比较简单,容易掌握,具有查询处理功能,访问速度快,内存需要较小。

数据库操作主要有连接数据库、修改数据和查询数据。ADO 本身由 7 个对象组成,分别提供各种数据库操作行为。

2. ADO 对象的 3 个主体对象

ADO 对象中有 3 个主体对象,能完成数据库的主要操作,在这里只介绍主体对象的使用方法。使用对象之前要先用 server 对象的 createobject 方法建立实例。

ADO 主体对象如表 11-4 所列。

表 11-4 ADO 的主体对象

对象名	功 能
Connection	连接对象,创建 ASP 脚本与数据库的连接
Command	命令对象,传递 SQL 命令,对数据库提出请求
Recordset	记录集对象,浏览操作从数据库中取得的数据

① 用 Connection 对象建立与数据源的连接.

② 用 Command 对象给出对数据库操作的命令。

③ 用 Recordset 对结果集数据进行浏览、维护等操作。

11.5.3　连接对象 Connection

Connection 对象主要负责 ASP 与服务器端数据库的连接。

连接数据库有多种方法，最方便灵活的方法是用连接字串。比较常用的连接字串是 OLEDB 连接字串。

因为 Access 数据库是 Office 的组件之一，与 ASP 同属于微软公司开发的产品，所以在下面的实例中均使用 Access 数据库，采用 OLEDB 连接字串。

1. OLEDB 连接字串

OLEDB 连接字串用指定数据源的方法书写，其中的数据库名可以用物理路径标识，也可以用 server 对象的 mappath 方法找出实际路径。后面实例中的连接字串都 mappath 方法找出实际路径。

(1) 连接字串的格式

set 实例名＝server. createobject("adodb. connection")

实例名. open　"provider＝microsoft. jet. oledb. 4. 0；data source＝"& server. mappath("数据库名")

(2) 说明

Connection 对象用 open 方法初始化一个连接以后，与数据库的连接立即生效。

例如，"lyb. mdb"是 Access 数据库，"conn"是 Connection 对象的实例，则 OLEDB 连接字串如下：

set conn＝server. createobject("adodb. connection")

conn. open　" provider ＝ microsoft. jet. oledb. 4. 0；data source ＝ " & server. mappath ("lyb. mdb")

2. 关闭和释放连接

关闭连接格式：实例名. close

释放连接格式：set　实例名＝nothing

说明：

关闭连接以后对象仍然占用内存，还可以用 open 方法打开。释放连接以后对象占用的资源才真正释放，若想再使用 Connection 对象，必须重新创建。

3. Connection 对象的 Execute 方法

Connection 对象用 Execute 方法执行针对数据库的 SQL 语句。

例如：

```
set conn = createobject("adodb.connection")
aa = "provider = microsoft.jet.oledb.4.0;data source = " & server.mappath("lyb.mdb")
conn.open aa
ss = "delete from lywhere 昵称 = '小龙女'"
conn.Execute(ss)
```

执行 Execute 方法后，"ly"表中昵称为"小龙女"的记录被删除。

11.5.4　命令对象 Command

Command 对象主要用来传递指定的 SQL 命令，它的作用类似一个查询，查询数据库并返回记录集，也可以对数据库的结构进行操作。

1. 建立 Command 对象

建立 Command 对象的实例有两种方法：

(1) 用 Connection 对象创建 Command 对象

每个 Command 对象都有相关联的 Connection 对象，先建立 Connection 对象再建立 Command 对象，通过 Command 对象的 activeconnection 属性使它们相连。

例如，"conn"是 Connection 对象的实例名，"cmd"是 Command 对象实例名，"lyb"是数据库名，用 Connection 对象创建 Command 对象的格式如下：

```
set  conn=server.createobject("adodb.connection")
conn.open   "provider=microsoft.jet.oledb.4.0; data source="& server.mappath
("lyb.mdb ")
set  cmd=server.createobject("adodb.command")
cmd.activeconnection=conn
```

(2) 直接建立 command 对象

如果把 command 对象的 activeconnection 属性设置为连接字串，此时 ADO 自动创建一个隐含的 connection 对象，就可以省去建立 connection 对象的步骤。

格式如下：

```
set  cmd=server.createobject("adodb.command")
cmd. activeconnection="数据库的连接字串"
```

例如，"cmd"是 command 对象的实例名，"lyb"是数据库名，直接建立 Command 对象的格式如下：

```
set  cmd=server.createobject("adodb.command")
aa=" provider = microsoft.jet.oledb.4.0; data source = " & server.mappath ( "lyb.
mdb")"
cmd.activeconnection=aa
```

2. command 对象的常用属性

command 对象的常用属性如表 11-5 所列。

表 11-5　command 对象的常用属性

属性名	功　能
Activeconnection	command 对象与数据库的连接
CommandText	指定对数据库的查询命令，通常是 SQL 语句
CommandType	指定数据查询查询信息的类型，为 ADO 常量
CommandTimeout	指定执行命令的最长等待时间，默认 30 秒

其中,CommandType 的值为 1 表示 CommandText 是 SQL 命令,CommandType 的值为 2 表示 CommandText 是表的名字。

3. command 对象的 Execute 方法

command 对象用 Execute 方法执行各种操作,主要是数据库查询。执行的结果是一个虚拟记录集。

下面的实例用 command 对象显示记录。

例 11 - 13　用 command 对象显示记录

本例有 Access 数据库"lyb. mdb",库中有"ly"表,用"p9. asp"显示表内容。

"ly"表中有 2 条记录,如图 11 - 26 所示。

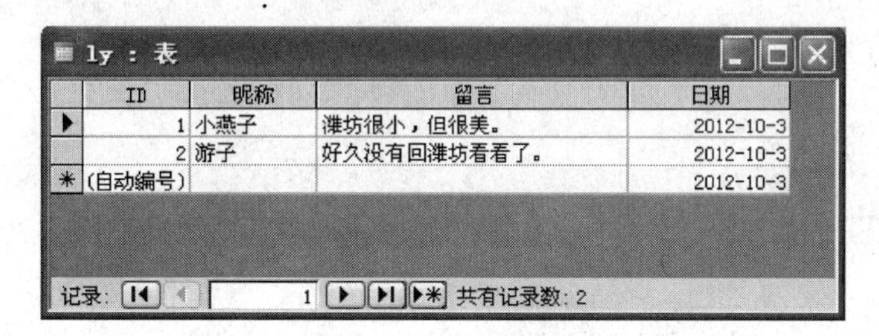

图 11 - 26　"ly"表

操作步骤如下:

① 将素材文件夹的"p9. asp"和"lyb. mdb"拷贝到站点主目录或虚拟目录。"p9. asp"文件代码如下:

```
<% @ Language = VBScript %>
<% Response.Buffer = True %>
<html>
<head><title>Command 对象练习</title>
<%
sub rs_Display()                                   '定义 sub 过程
set conn = Server.CreateObject("ADODB.Connection")
aa = "Provider = Microsoft.Jet.OLEDB.4.0;Data Source = " & server.MapPath("lyb.mdb")
conn.Open aa
set cm = Server.CreateObject("ADODB.Command")
set cm.ActiveConnection = conn
cm.CommandText = "select * from ly"
cm.CommandType = 1                                   '指定查询信息类型为 SQL 语句
set rs = cm.Execute                                  '用 Execute 方法执行 SQL 语句
if rs.EOF then
   Response.Write "没有查询到记录!"
   exit sub
end if
'将查询信息显示在表格里
Response.Write "<table border = 1>"
Response.Write "<tr><td width = 50 align = center><b>序号</b></td>"
```

```
Response.Write "<td width = 60 align = center><b>昵称</b></td>"
Response.Write "<td width = 300 align = center><b>留言</b></td>"
Response.Write "<td width = 100 align = center><b>时间</b></td>"
'循环显示每条记录
do Until rs.EOF
Response.Write "<tr><td width = 50 align = center>" & rs("ID") & "</td>" &_
           "<td width = 60>" & rs("昵称") & "</td>" &_
           "<td width = 300>" & rs("留言") & "</td>" &_
           "<td width = 100>" & rs("日期") & "</td>" &_
           "</td></tr>"
rs.MoveNext                                         '指针向下移动一位
loop
Response.Write "</table>"
rs.Close
conn.Close
end sub
%>
</head>
<body>
<div align = "center"><h4>Command 对象练习</h4>
<% call rs_Display()                                '调用 sub 过程
%>
</div>
</body>
</html>
```

② 在浏览器地址栏输入“http://localhost/p9.asp”,程序执行结果如图 11-27 所示。

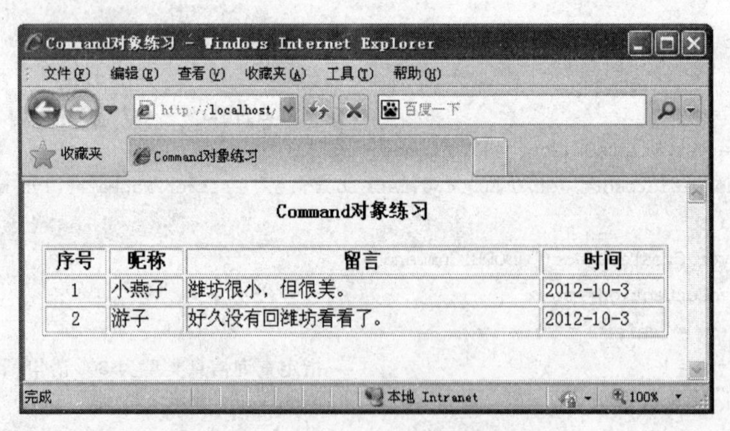

图 11-27　用 command 对象显示记录

11.5.5　记录集对象 recordset

Recordset 对象是一个二维表形式的记录集合,记录来自基本表,或者是一条 SQL 命令的结果。用 Recordset 对象可以对记录内容进行所有操作。

Recordset 对象创建的记录集合用虚拟表格方式提供给 ASP 程序处理，每一行代表一条记录，每一列代表一个字段。

1. 创建 Recordset 对象

创建 Recordset 对象可以采用 3 种方法。

方法 1：先建立 Connection 对象，然后在 Connection 对象上创建 Recordset 对象。

例如，“rs”是 Recordset 对象的实例，“conn”是 Connection 对象的实例，“ly”是数据库“lyb”的表，创建 Recordset 对象的格式如下：

```
set rs=server.createobject("adodb.recordset")
sql="select * from ly"
rs.open sql,conn
```

方法 2：用 Recordset 对象的 activeconnection 属性建立 Recordset 对象。

例如，“rs”是 Recordset 对象的实例，“lyb”是 Access 数据库，创建 Recordset 对象的格式如下：

```
aa="Provider=Microsoft.Jet.OLEDB.4.0;Data Source=" & server.MapPath("lyb.mdb")
set rs.activeconnection=aa
```

方法 3：用 Connection 对象的 Execute 方法建立 Recordset 对象。

例如，“rs”是 Recordset 对象的实例，“conn”是 Connection 对象的实例，“ly”是数据库“lyb”的表，创建 Recordset 对象的格式如下：

```
sql="select * from ly"
set rs=conn.execute (sql)
```

2. Recordset 对象的常用方法

Recordset 对象的常用方法如表 11-6 所列。

表 11-6　Recordset 对象的常用方法

方法名	功　能
Open	打开记录集
Close	关闭记录集
Move(n)	将记录指针移到指定的位置
MoveFirst	将记录指针移到第一条记录处
MoveLast	将记录指针移到最后一条记录处
MoveNext	将记录指针移到下一条记录处
MovePrevious	将记录指针移到前一条记录处
AddNew	添加一条记录
Delete	删除当前记录
Update	将对当前记录所做的修改结果保存到数据库中
CancelUpdate	取消对当前记录所做的一切修改
UpdateBatch	将缓冲区内批量修改结果保存到数据库中
Supports	判断记录集是否支持指定的功能

3. Recordset 对象的常用属性

Recordset 对象的常用属性如表 11-7 所列。

表 11-7　Recordset 对象的常用属性

属性名	功　能
ActiveConnection	定义 Recordset 对象与数据库的连接
AbsolutePage	设置或返回当前记录所在的页号,可使当前记录跳到指定的页
AbsolutePosition	设置或返回当前记录在记录集中的位置。可使某记录成为当前记录
BOF	若记录指针位于第一条记录之前,返回 True,否则为 False
EOF	若记录指针位于最后一条记录之后,返回 True,否则为 False
RecordCount	返回记录集所包含的记录条数
PageSize	返回每个逻辑页中包含的记录数。默认值为 10
CursorType	设置记录集所用的游标类型,取值如下: 1:只能向下浏览记录。是默认值 2:其他用户可修改记录,但不能增加或删除记录。全功能浏览 3:其他用户可增加、删除或修改记录,全功能浏览 4:支持向下或向上浏览
LookType	设置记录集所用的锁定类型,取值如下: 1:以只读方式打开记录集 2:当编辑时立即锁定记录 3:可增加、删除、修改记录,只在调用 update 时才锁定记录 4:增加、删除、修改记录以批处理方式进行,不锁定
Filter	获取特定的记录
EditMode	返回当前记录编辑状态的值,取值如下: 0:当前处理过程中没有编辑操作 1:当前记录已被更改,但尚未保存到数据库 2:用 AddNew 方法写入的新记录在当前缓冲区内,尚未保存到数据库 3:当前记录已被删除
PageCount	记录集所包含的逻辑页数,每页记录数由 PageSize 决定
Sort	设置记录集的排序方式
Source	设置记录集数据来源,可以是 Command 对象、SQL 语句、表名
State	确定记录集的打开/关闭状态,取值如下: 0:表示记录集已关闭 1:表示记录集已打开 2:表示正在连接 3:表示记录集正在执行一个命令 4:表示记录集正在获取数据

4. 打开 Recordset 对象的格式

打开 Recordset 对象的格式如下:

set rs=server. createobject("adodb. recordset")

rs. open "表名",连接对象,游标类型,锁定类型,数据查询类型

例如,“rs”是 Recordset 对象的实例,“conn”是 Connection 对象的实例,“ly”是 Access 数据库“lyb”中的表,打开 Recordset 对象的格式为:

```
sql="select * from ly"
set rs=Server. CreateObject("ADODB. RecordSet")
rs. open sql,conn,3,2,1
```

说明:数据查询类型的值为 1 是 SQL 命令,值为 2 是数据表。

5. 用 Recordset 对象的方法查看记录

下面的实例用 Recordset 对象的方法查看记录。

例 11－14　用 Recordset 对象的方法查看记录

本例显示“ly”表中全部记录,数据之间用水平线分隔,文件名为“p10. asp”。

操作步骤如下:

① 将素材文件夹的“p10. asp”和"lyb. mdb"拷贝到站点主目录或虚拟目录。“p10. asp”文件代码如下:

```
<% @ Language = VBScript %>
<html>
<head><title>显示表中全部记录</title></head>
<body>
<%
set conn = createobject("adodb. connection")
aa = "provider = microsoft. jet. oledb. 4. 0;data source = " & server. MapPath("lyb. mdb")
conn. open aa
set rs = server. createobject("adodb. recordset")
sql = "select * from ly"
rs. open sql,conn
%>
<div align = center><b>查看全部留言</b></div>
<hr>
<% do until rs. EOF %>
<% =rs("ID") %>  
昵称:<% =rs("昵称") %>  
留言:<% =rs("留言") %>  
时间:<% =rs("日期") %><hr>
<% rs. MoveNext
loop %>
<%
rs. close
set rs = nothing
conn. close
set conn = nothing
%>
</body>
```

```
</html>
```

② 在浏览器地址栏输入“http://localhost/p10.asp”,程序执行结果如图 11 - 28 所示。

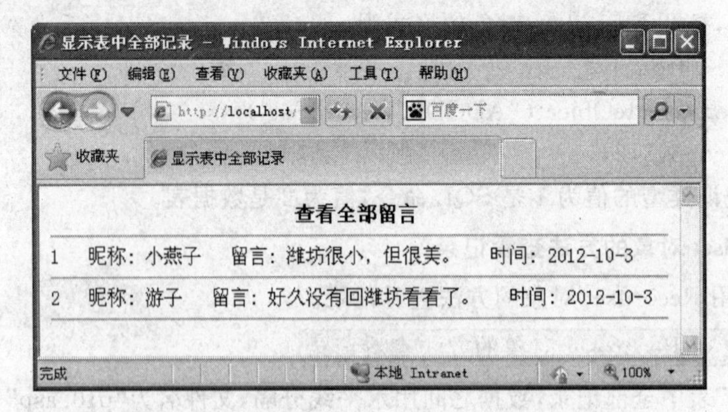

图 11 - 28　用 Recordset 对象的方法查看记录

6. 用 Recordset 对象的方法添加记录

下面的实例介绍用 Recordset 对象的方法给数据表添加记录。

例 11 - 15　用 Recordset 对象的方法添加记录

本例给“ly”表增加一条记录,文件名为“p11.asp”。

操作步骤如下:

① 将素材文件夹的“p11.asp”和"lyb.mdb"拷贝到站点主目录或虚拟目录。“p11.asp”文件代码如下:

```
<% @ Language = VBScript %>
<%
set conn = createobject("adodb.connection")
aa = "provider = microsoft.jet.oledb.4.0;data source = " & server.MapPath("lyb.mdb")
conn.open aa
sql = "insert into ly(昵称,留言) values('春泥','家乡变化很大哦。')"
conn.Execute(sql)
set rs = createobject("adodb.recordset")
sql2 = "select * from ly"
rs.open sql2,conn
response.write("<hr>")
do until rs.eof
    response.write(rs.fields("ID"))
    response.write(" ")
    response.write(rs.fields("昵称") + ":" + " ")
    response.write(rs.fields("留言") + " ")
    response.write(rs.fields("日期"))
    response.write(" " + "<hr>")
    rs.movenext
loop
rs.close
set rs = nothing
```

```
conn.close
set conn = nothing
%>
```

② 程序运行结果如图 11－29 所示。由本例可知,asp 文件可以只包含 ASP 代码。

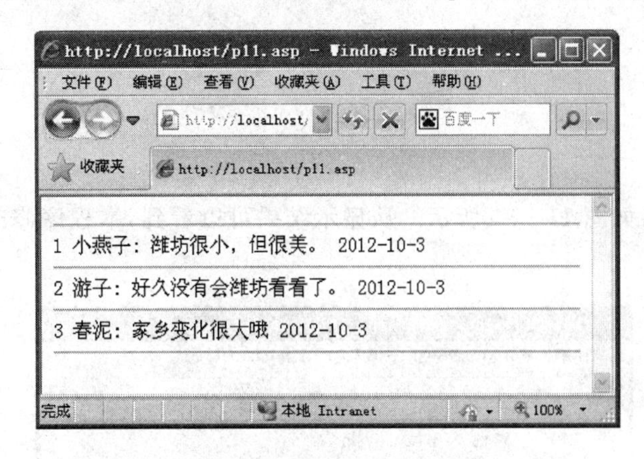

图 11－29　用 Recordset 对象的方法添加记录

7. 用 Recordset 对象的方法修改记录和删除记录

下面的实例用 Recordset 对象的方法修改记录和删除记录。

例 11－16　用 Recordset 对象的方法修改和删除记录

本例修改“ly”表的记录,并且删除一条记录,文件名为“p12.asp”。

操作步骤如下：

① 将素材文件夹的“p12.asp”和"lyb.mdb"拷贝到站点主目录或虚拟目录。“p12.asp”文件代码如下：

```
<% @ language = "VBScript" %>
<%
set conn = createobject("adodb.connection")
aa = "provider = microsoft.jet.oledb.4.0;data source = " & server.MapPath("lyb.mdb")
conn.open aa
s1 = "Update ly set 留言 = 留言 + '祝爸妈身体健康！' where 昵称 = '春泥'"
conn.Execute(s1)
s2 = "delete from ly where 昵称 = '游子'"
conn.Execute(s2)
set rs = createobject("adodb.recordset")
s3 = "select * from ly"
rs.open s3,conn
response.write("<hr>")
do until rs.eof
    response.write(rs.fields("ID"))
    response.write(" ")
    response.write(rs.fields("昵称") + ":" + " ")
    response.write(rs.fields("留言") + " ")
```

```
        response.write(rs.fields("日期"))
        response.write(" " + "<hr>")
        rs.movenext
    loop
    rs.close
    set rs = nothing
    conn.close
    set conn = nothing
    %>
```

② 程序运行结果如图 11－30 所示。从显示结果可以看到,本程序修改了一条记录,删除了一条记录。

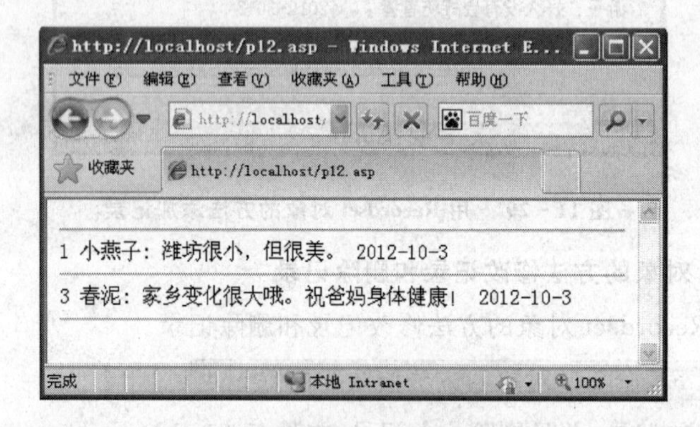

图 11－30　修改记录和删除记录

8. 用 Recordset 对象的方法将表单提交的数据添加到数据库

下面的实例用 Recordset 对象的方法将表单提交的数据添加到数据库。

例 11－17　将表单提交的数据添加到数据库

本例将表单提交的数据存入"changjia"表,表结构与"ly"表相同。文件"p13.asp"中建立表单和验证表单数据,文件"q13.asp"中将表单提交的信息存入"changjia"表,并且显示所有记录。

操作步骤如下:

① 将素材文件夹的"p13.asp"和"lyb.mdb"复制到站点主目录或虚拟目录。"p13.asp"文件的代码如下:

```
<html>
<head><title>表单数据存入数据库</title>
<script language = "vbscript">
function check()
    if form1.b1.value = "" then                          '如果文本框 b1 为空
        msgbox "请输入昵称!"
        window.event.returnvalue = false                 '不提交表单
      exit function
    end If
    if form1.b2.value = "" then                          '如果文本框 b2 为空
```

```
        msgbox "请输入留言!"
        window.event.returnvalue = false
       exit function
     end If
end function
</script>
</head>
<body>
国庆长假你怎么过的<br>
<form name = "form1" method = "post" action = "q13.asp" onsubmit = "return check()">
<input type = "text" name = "b1" >
<input type = "text" name = "b2" >
<input type = "submit" name = "button1" value = "提交">
</form>
</body>
</html>
```

② 将“q13.asp”复制到“p13.asp”所在目录，“q13.asp”文件的代码如下：

```
<% @ language = "VBScript" %>
<div align = "center">全部留言</div><hr>
<%
set conn = createobject("adodb.connection")
aa = "provider = microsoft.jet.oledb.4.0;data source = " & server.MapPath("lyb.mdb")
conn.open aa
set rs = server.createobject("adodb.recordset")
sql = "select * from changjia"
rs.open sql,conn,1,3
rs.addnew
rs("昵称") = request.form("b1")
rs("留言") = request.form("b2")
rs.update
rs.moveFirst
%>
<% do until rs.EOF %>
昵称：<%  = rs("昵称") %>  
留言：<%  = rs("留言") %>  
时间：<%  = rs("日期") %><hr>
<% rs.MoveNext
loop
rs.close
set rs = nothing
%>
```

③ 用浏览器查看“p13.asp”，如果某个文本框空着，单击“提交”按钮会显示消息框提示，表单不会提交，如图 11 - 31 所示。

④ 在表单输入完整信息,单击“提交”按钮,如图 11－32 所示。

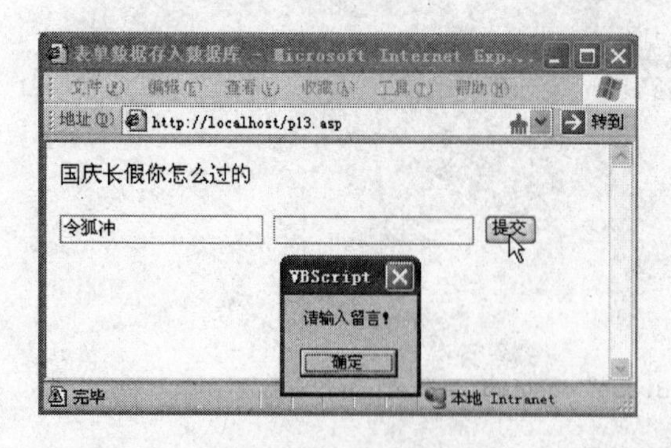

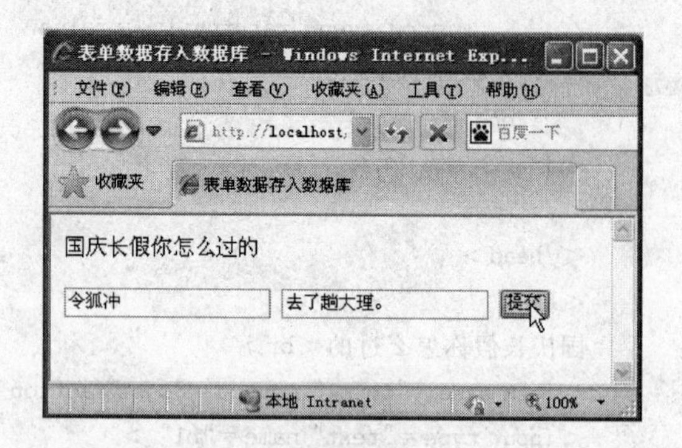

图 11－31　表单检验　　　　图 11－32　在表单输入信息

⑤ 提交表单后转到“q13. asp”,“q13. asp”负责将留言存入数据库,并显示数据库全部记录,如图 11－33 所示。

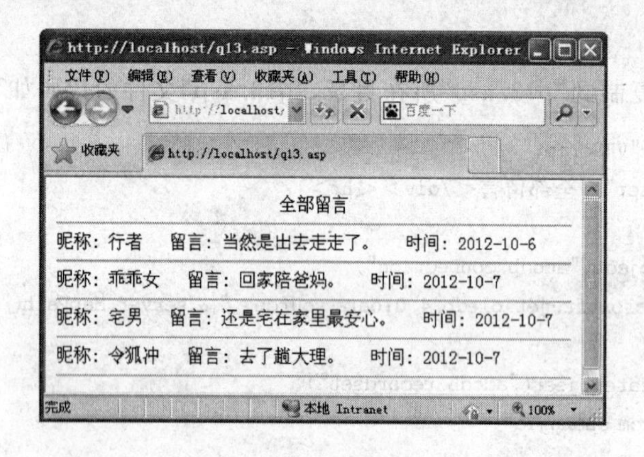

图 11－33　将信息存入数据库并显示全部记录

11.6　上机实验　制作留言簿

1. 实验目的

建立留言簿,用户能够提交留言和查看留言。

2. 实验要求

实验的具体要求如下:

① 在站点文件夹建立 Access 数据库“lyb. mdb”,在“lyb. mdb”中建立“ly”表,“ly”表的字段如表 11－8 所列。

② 在主页“default. asp”中插入表单,单击“提交”按钮转到“tijiao. asp”将表单信息存入数据库,单击链接文字“查看留言”转到“xianshi. asp”显示数据库中所有信息。

表 11－8　"ly"表的字段

字段名	字段类型	字段大小	备　注
昵称	文本	20	
留言	文本	50	
日期	日期/时间		默认值为 date()

3. 实验步骤

操作步骤如下：

① 在 Dreamweaver 选择"wylx－11"为当前站点→复制主页文件"index. html"以及主页所使用的相关图像到当前文件夹→将主页改名为"default. asp"。

② 在 Dreamweaver 中打开网页文件"default. asp"→在页面下方增加一个用于布局的 1 行 1 列表格→表格宽度与上面表格相同→表格在页面居中→单元格背景色为"＃FDEBC7"。

③ 在表格内插入表单域→表单域中插入 2 行 2 列表格→表格在表单域居中→表格第 1 行拆分成 4 个单元格。

④ 表格第 1 行第 1 格输入文字"昵称："→第 2 格插入名称为"b1"的单行文本域→第 3 格插入名称为"botton1"的按钮→第 4 格插入文字"查看留言"。

⑤ 表格第 2 行第 1 格输入文字"留言："→第 2 格插入名称为"b2"的多行文本域→选中多行文本域控件→属性面板"字符宽度"框输入为 50→"行数"框输入 5。

"留言簿"的表单设置如图 11－34 所示。

图 11－34　"留言簿"的表单设置

⑥ 转到"代码"视图→在<head>与</head>之间输入表单验证函数的代码。

表单验证函数的代码如下：

```
<script language = "vbscript">
function check()
     if form1.b1.value = "" then
         msgbox "请输入昵称!"
         window.event.returnvalue = false
        exit function
     end If
     if form1.b2.value = "" then
         msgbox "请输入留言!"
         window.event.returnvalue = false
        exit function
      end If
end function
```

```
</script>
```

⑦ 将表单的<form>标记改写为如下形式：

```
<form name="form1" method="post" action="tijiao.asp" onSubmit="return check()">
```

⑧ 新建“tijiao.asp”→输入代码→保存文件。该网页负责将表单信息存入数据库，显示“提交成功”信息，单击链接文字“返回”回到主页。

“tijiao.asp”代码如下：

```
<% @ language="VBScript" %>
<%
set conn=createobject("adodb.connection")
aa="provider=microsoft.jet.oledb.4.0;data source=" & server.MapPath("lyb.mdb")
conn.open aa
set rs=server.createobject("adodb.recordset")
sql="select * from ly"
rs.open sql,conn,1,3
rs.addnew
rs("昵称")=request.form("b1")
rs("留言")=request.form("b2")
rs.update
%>
<font size="5">提交成功！</font><p>
<a href="default.asp">返回</a>
<%
rs.close
set rs=nothing
%>
```

⑨ 新建“xianshi.asp”→输入代码→保存文件。该网页负责显示“ly”表全部记录。

“xianshi.asp”代码如下：

```
<% @ language="VBScript" %>
<div align="center"><font size="5"><b>全部留言</b></font></div><hr>
<%
set conn=createobject("adodb.connection")
aa="provider=microsoft.jet.oledb.4.0;data source=" & server.MapPath("lyb.mdb")
conn.open aa
set rs=server.createobject("adodb.recordset")
sql="select * from ly"
rs.open sql,conn
%>
<% do until rs.EOF %>
昵称：<% =rs("昵称") %> 
留言：<% =rs("留言") %> 
时间：<% =rs("日期") %><hr>
<% rs.MoveNext
```

```
loop
rs.close
set rs = nothing
%>
```

⑩ 选中主页表单的文字“查看留言”→拖动属性面板的“指向文件”图标到站点文件“xianshi. asp”，本操作给文字建立了超链接。

⑪ 将站点文件夹定义成虚拟目录或将全部文件拷贝到站点主目录→在浏览器地址栏输入“http://localhost/default. asp”→在表单输入一条留言，如图 11-35 所示。

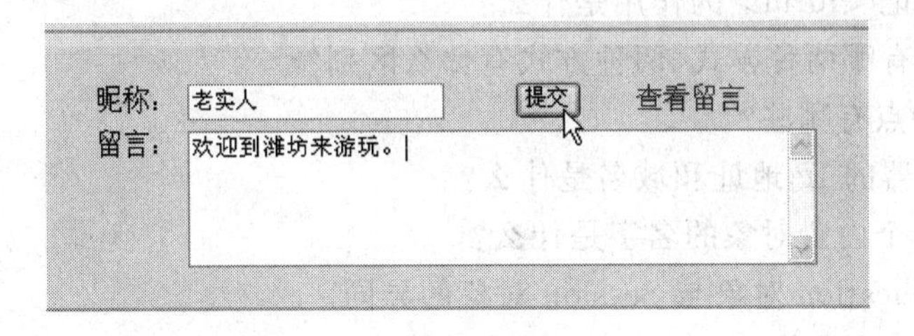

图 11-35　在表单输入内容

⑫ 单击“提交”按钮→转到网页“tijiao. asp”保存表单信息→网页显示文字“提交成功”→单击链接文字“返回”回到主页，如图 11-36 所示。

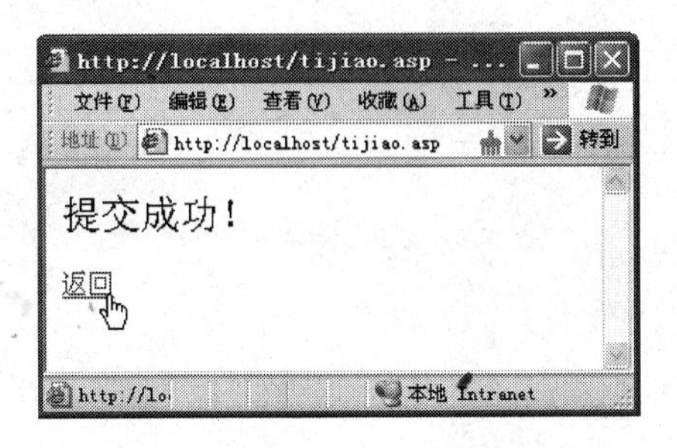

图11-36　网页“tijiao. asp”保存表单信息

⑬ 在主页单击链接文字“查看留言”→转到“xianshi. asp”显示“lyb”数据库中“ly”表的全部记录，显示结果如图 11-37 所示。

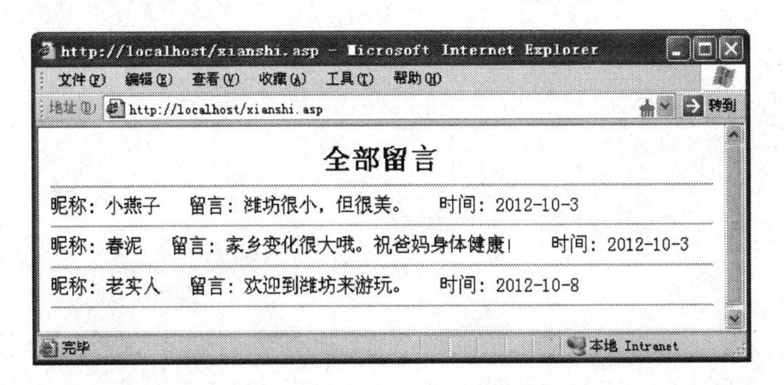

图 11-37　网页“xianshi. asp”显示数据库所有记录

⑭ 单击浏览器的“后退”按钮回到主页。

思考题与上机练习题十一

1. 思考题

(1) 表单的作用是什么?

(2) 一个完整的表单应该包含哪两个部分?

(3) 表单的文本域控件有几种类型?

(4) 表单域标记＜form＞的作用是什么?

(5) 提交表单有哪两种方式,两种方式有什么区别?

(6) ASP 的特点有哪些?

(7) 默认服务器的 IP 地址和域名是什么?

(8) ASP 的 5 个内置对象的名字是什么?

(9) 简述 Application 对象与 Session 对象的异同。

(10) ADO 的三个主体对象是什么? 各自的主要作用是什么?

2. 上机练习题

仿照上机实验,综合前面所学知识,制作一个带有留言簿的网站。

参考文献

1. 马永强. Dreamweaver CS4 多媒体教学经典教程[M]. 北京:清华大学出版社. 2009.
2. 张玉孔. ASP 动态网页开发案例教程[M]. 北京:北京航空航天大学出版社. 2009.

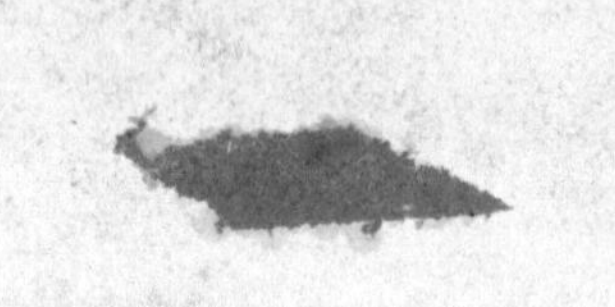